전기·전자회로 보는 법

§ 이 책을 공부할 대상

전기/전자/기계계열/통신/항공/자동차

신 원 향 편저

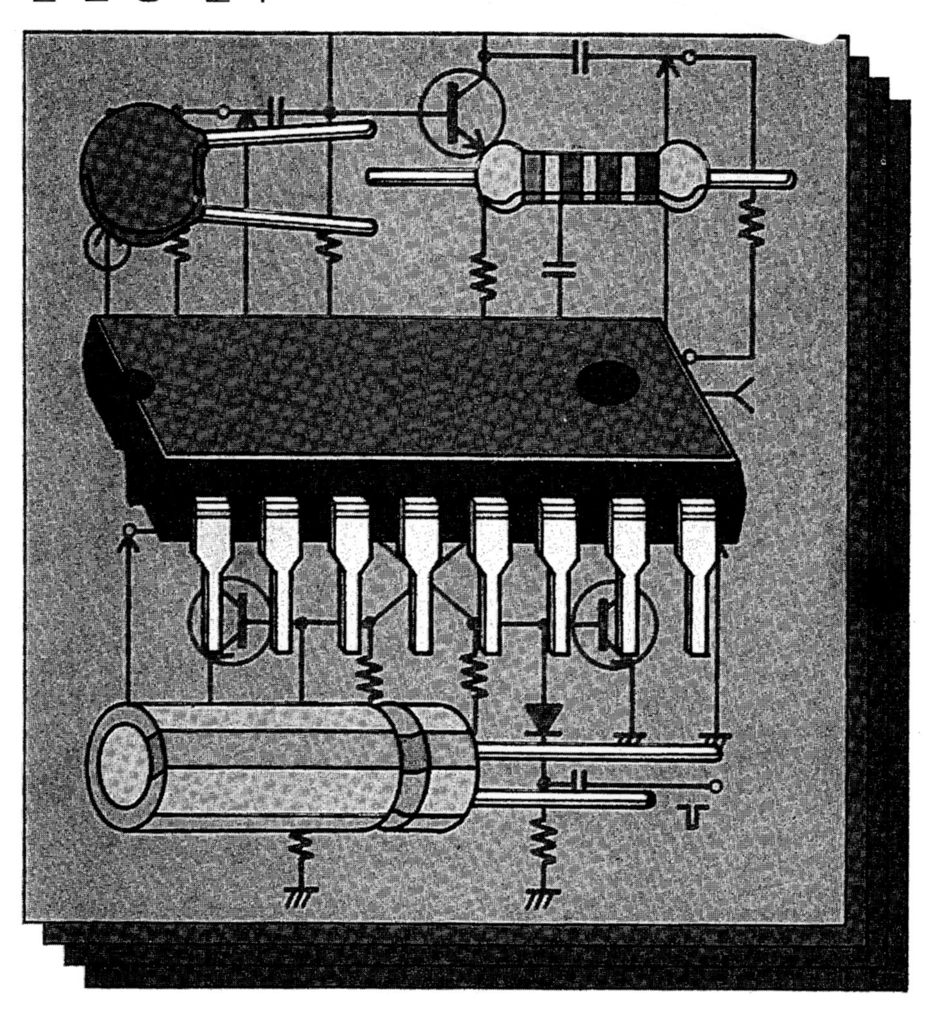

머 리 말

「듣지도 보지도 못하는 심지어 만져도 알 수 없는 전기 · 전자 회로들」

트랜지스터, IC회로, 전기회로를 쉽게 보는 방법은 없을까……?

이것들을 습득키 위해 부단한 노력으로 접근하였지만 "어렵다"라는 생각에만 젖어버린 학생들에게 가장 알기 쉽게 이해할 수 있는 길을 이 책은 제시하고 있다.

이 책을 서술하는데 주안점을 둔 것은 (i) 예를 들거나 일러스트를 많이 사용하였고, (ii) 수식의 사용은 되도록이면 피하였으며, (iii) 이해하기 쉽도록 계단식 설명으로 나열하였다.

따라서 각 장의 특징이자 여러분들의 궁금증들은 문제 제기와 함께 그 명쾌한 해답을 다음과 같이 풀어 놓았다.

제 1장 : 전기와 자기란 도대체 무엇인가?
제 2장 : 교류란 무엇인가?
제 3장 : 인덕턴스(L), 캐패시턴스(C), 저항(R)은 무엇인가?
제 4장 : 복소수란 무엇인가?
제 5장 : L. C. R을 결합하면 무엇이 일어나는가?
제 6장 : 반도체와 그 회로는 어떻게 구성되었는가?
제 7장 : 현재 널리 사용되고 있는 회로와 IC는 무엇인가?
부 록 : 이 책을 보는데 가장 기본적으로 알아야 할 숙제는 무엇인가?

끝으로 이 책을 탐독하고 난뒤 독자여러분들에게 작은 보탬이 되었다면 더이상의 바람은 없을 것이며 선배제현께서는 날카로운 지적으로 힐책을 가하여 주신다면 더없는 고마움이라 생각하면서 차기에 반드시 수정 보완할 것이다.

아울러 이 책을 펴는데 물심양면으로 아끼지 않으신 도서출판 골든벨 대표 김범준님과 그 직원들에게 심심한 감사를 드린다.

1991년 9월에 저자가……

§ 목적에 따라 이 책을 보는 방법 §

<table>
<tr><th>처음으로 전기를 접하는 학생</th><th>전기를 공부하고 있으나 잘 이해를 못하는 학생</th><th>전기회로의 수학에 익숙하지 못한 학생</th><th>반도체의 포인트를 알고자 하는 학생</th></tr>
<tr><td>부록
↓
제1장
↓
제2장
↓
제3장
↓
제4장
↓
제5장
↓
제6장</td><td>제2장
↓
제3장
↓
또는
제5장</td><td>부록
↓
제2장
↓
제4장
↓
제5장
4. 5</td><td>제6장</td></tr>
<tr><td colspan="4">제7장은 현재 널리 사용하고 있는 회로, IC와 관련된 테크놀러지를 다루었다. 아울러 제6장까지의 내용을 바탕으로 조금 높은 수준으로 설명하였으며 필요한 학생에게만 읽기를 권하는 바이다.</td></tr>
</table>

차 례

제1장 전기와 자기(磁氣)

제2장 교류란

제3장 전기 회로의 L.C.R

제4장 복소수의 이해요령과 실제

제5장 전기회로망의 특성과 계산법

제6장 트랜지스터의 회로 특성과 사용법

제7장 FET, 오퍼레이셔널 앰플리파이어, 스위치회로의 포인트를 터득한다

부　　록

제1장

전기와 자기(磁氣)

학습요점

전류, 전압, 그리고 자기(磁氣)의 개념은 전기회로의 기본일뿐 아니라 엔지니어가 현장에서 직면하는 여러 가지 기술문제를 해결할 때의 근거가 된다.

전기는 눈에 보이지 않으므로 초보자는 감각적으로 파악하기 어려우므로 중도에서 단념하는 사람이 많은 데 먼저 전기(전류, 전압)와 자기에 대한 용어부터 구분할 줄 알아야 한다.

1 전류는 전자의 흐름

전기가 전선이나 컴퓨터 속을 흐를 때, 「그곳에 전류가 있다」, 「그곳에 전류가 흐르고 있다」고 말한다. 전류라는 용어는 전자 공학의 기초가 되는 현상을 나타낸 용어이므로 지금부터 전기에 관한 공부를 시작하기로 하자.

전류는 수도의 파이프 속을 흐르는 물의 흐름이라고 생각하면 틀림없다(그림1).

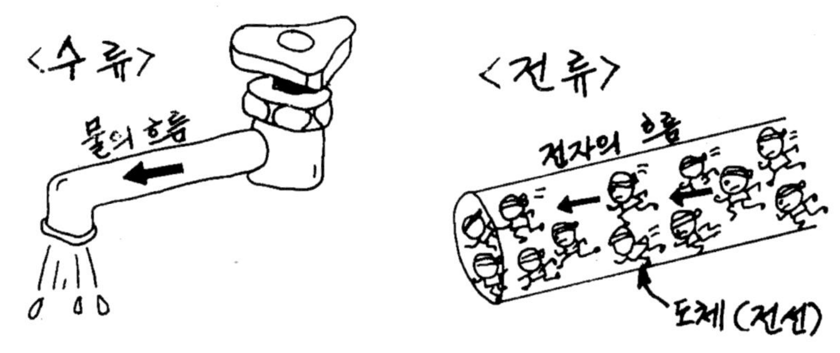

그림1 전류는 물의 흐름(水流)과 같은 전자의 흐름

물의 흐름은 우리의 눈이나 손발, 목에 느끼는 감각으로 쉽게 그 존재를 알 수 있으나, 전류는 물과 같이 사람의 감각으로 직접 느끼는 것은 곤란하다. 그래서 전기는 테스터기 등을 이용하여 측정하기 전에는 흐름이나 전력 상태를 알 수 없다.

전류는 무엇이 흐르고 있는가? 전류는 전자(Electron)라는 극히 작은 입자의 흐름이라고 생각하고 있다. 또 그 입자의 질량과 전하(電荷)는 표(1)과 같이 정밀하게 측정하여 명확하게 표시되어 있다.

이 표에서, 9.1×10^{-31}kg이라는 전자의 질량은 감이 잡히지 않을 것이다. 이 수치에서, 전자 몇 개가 모이면 1g이 되는지 계산해 본다.

〈표1〉 전자의 질량과 전하

전자의 질량	$m = 9.1 \times 10^{-31}$ [kg]
전자가 갖는 전하	$e = 1.60 \times 10^{-19}$[C]
	(⊖ 전하)

[C]는 전하단위 쿨롱이다.

1g을 9.1×10^{-28}g으로 나누면 필요한 개수가 나온다. 답은 1.0989×10^{27}개이다. 이것도 천문학적인 수이며 1억개 (10^8개)의 1억배의 또 그 1억배에 또 그 1000배가 되는 개수의 전자를 의미한다.

이와 같이 인간의 일상 감각을 크게 벗어난 작은 입자이므로 원자의 틈새를 자유로이 빠져 나가 전선 속에서 흐를 수 있는 것이다.

2 전자란

전하는 전기가 항상 갖고 있는 특유의 성질이며, 이것이 바로 여기서 설명하려고 하는 전기의 근원이자 자체이다.

17세기부터 18세기에 걸쳐서 전기의 연구가 유럽을 중심으로 시작된 시기에 전하는 **정전기(靜電氣)**의 형태로 알려지고 있었다.

그림2 전자에는 전하가 항상 붙어 있다.

학교에서 에보나이트(Ebonite) 막대를 모피에 마찰하여 정전기를 일으키는 실험을 한 기억이 있을 것이다. 정전기는 일상 생활 속에서 체험하는 기회가 다음과 같이 많을 것이다. 건조한 겨울에 자동차의 문에 손을 대면 짜릿하게 오는 전기적인 쇼크, 그리고 몸에 달라붙는 옷, 여름에 흔한 천둥, 모두가 정전기에 의해 일어나는 현상이다.

이 정전기란 오늘날에는 전자(전하)가 물통의 물과 같이 괴어 있는 상태라 할 수 있다.

전류는 전자의 흐름이라고 말하나, 실제로는 전자의 흐름에 의해 전자의 변신인 전하가 이동함으로써 일어나는 현상이라고 하는 것이 타당하다. 전자(전하)가 괴어 있느냐 움직이느냐로, **정전기 현상, 전류현상**이 일어난다고 할 수 있다(그림 3). 전류가 흐른다는 원인은 전자가 갖는 전하이다.

그림3 전하가 축적되면 정전기 현상, 움직이면 전류현상

그런데 전하(Charge)에는 **정전하(正電荷)**, **부전하(負電荷)**의 2종류가 있다. 부(負)의 전하는 전자가 갖는 전하이나, 정(正)의 전하란 전자 1개가 튀어 나가서 껍질이 된 원자가 갖는 전하이다.

그림(4)의 모델과 같이 **원자**는 부(負)전하를 가진 복수의 전자와, 전자의 수에 해당하는 정(正)의 전하를 가진 **원자핵**으로 구성되어 있으며, 일반적으로 양쪽의 전하가 같기 때문에 ⊕와 ⊖가 상쇄되어 외부에서 보면 전하는 나타나지 않는다. 그러나 전자 1개가 튀어나가면 원자의

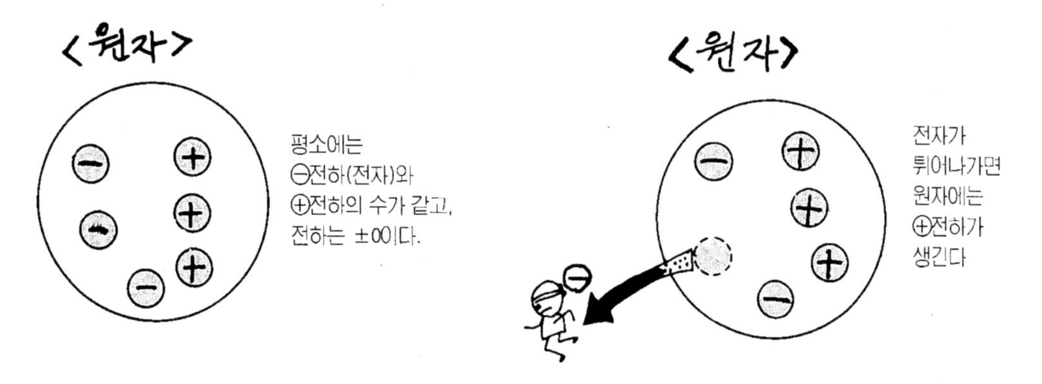

그림4 정전하는 전자가 튀어나간 원자에 생긴다.

전하 밸런스가 깨져 원자는 정(正)의 전하 상태로 된다. 이것이 정전하의 발생 원인이며, 일반적으로는 일일이 원자의 구조까지 생각하지 않고, 정(正)의 전하, 부(負)의 전하로 취급할 수 있다.

재미있는 것은 정과 부의 2종류의 전하 사이에는 **전기력**이라는 독특한 힘이 작용한다. 종류가 다른 전하(⊕와 ⊖) 사이에서는 인력(引力)이 작용하고, 같은 종류의 전하(⊕와 ⊕, ⊖와 ⊖) 사이에서는 반발력(서로 멀리하는 힘)이 작용한다. 서로 끌어당기는 다른 종류의 전하가 접근하여 합치면 플러스와 마이너스가 제로(0)가 되어 전하는 없어진다.

이 상황을 원자와 전자의 관계에서 생각해 보면, 정전하란 전자 1개가 부족한 원자의 상태이므로 그 곳에 부전하(전자)가 들어가서 완전한 원자로 된 상태를 의미한다.

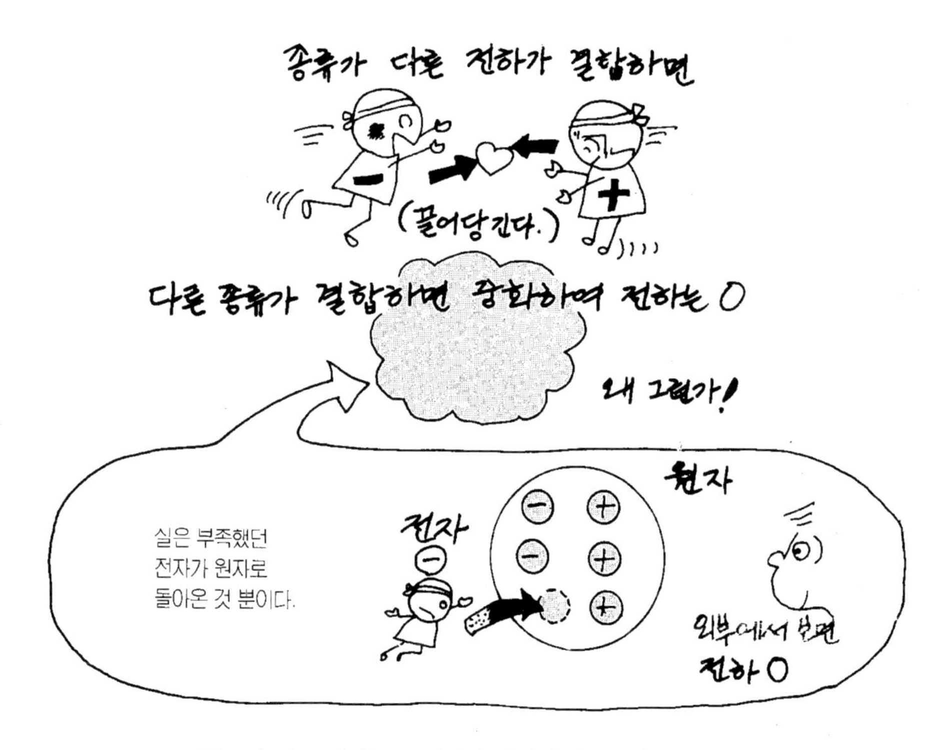

그림5 종류가 다른 전하는 끌어당겨 결합하면 ±0이며 전하는 없어진다.

3 전류, 전하의 단위(암페어, 쿨롱)

전기의 근원인 전하, 이 전하가 이동하면 전류가 된다는 생각을 가졌으므로 이것들을 양적으로 계산하기 위해 단위를 명확하게 정한다.

1쿨롱은 운반하는 1A의 전류가 1초간에 운반하는 전기량이라는 것을 항상 기억해 둬야 한다.

◆ 전류와 전하의 식 ◆

> 전하의 양(量) 기호를 Q, 단위 기호를 C (쿨롱 : Coulomb)
> 전류의 양(量) 기호를 I, 단위 기호를 A (암페어 : Ampere)
> 시간의 양(量) 기호를 t, 단위 기호를 S (세컨드 : second)
> 로 나타내면, t초간에 전하Q[C]가 일정하게 흐를 때의 전류의 양 I[A]를,
> $I[A]=\frac{Q}{t}[C/S]$ ·········(1)
> 로 정한다.

1A의 전류란, 1초간에 1C(쿨롱)의 전하가 흐르고 있는 상태이다. 5초간에 10C의 전하가 흐를 때는,

$$\frac{10}{5}[C/s]=2A$$

의 전류가 된다.

전류의 양은 위와 같이 A(암페어)로 나타낸다. 이 양은 일일이 전하의 양을 측정하지 않아도 직접 그림(6)과 같이, **전류계**로 전류가 몇 암페어 흐르고 있는지 측정할 수 있다. 또 이 그림과 같이 전류계는 측정하려고 하는 전류가 이 전류계를 통해서 흐르는 형식(**직렬로 접속한다**)으로 연결한다.

예 제 도선에 1A의 전류가 흐르고 있다. 1시간에는 몇C(쿨롱)의 전하가 이동하게 되는가.

풀 이 (1)식에서

$Q=I \cdot t \quad I=1A, \quad t=3600s$

$\therefore Q=1\times3600=3600C$

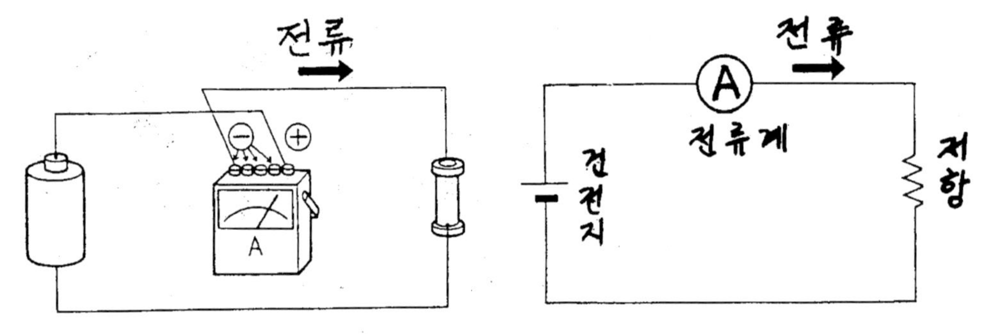

그림6 전류계로 전류를 측정

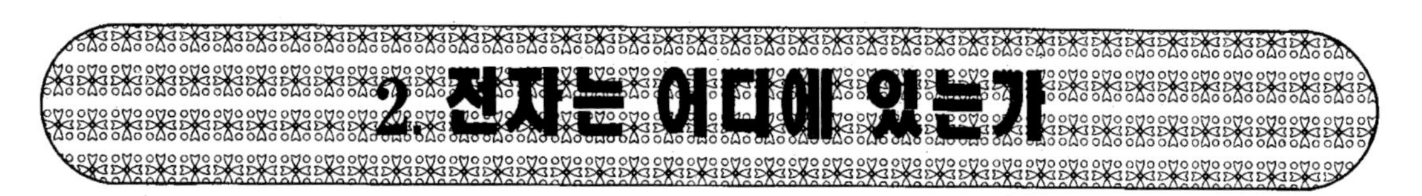

1 전자는 어디에나 있는 입자

전자라하면 무슨 특별한 것으로 생각하는 경향이 있으나, 실은 어디에나 있는 것이다. 예를 들면, 사람의 주위에 있는 모든 물건, 즉 정원의 나무, 벽, 바닥, 책상, 그리고 사람의 체내에도 전자는 함유하고 있다. 그러므로 모든 물질은 전자가 없이 성립되지 않는 중요한 요소이다.

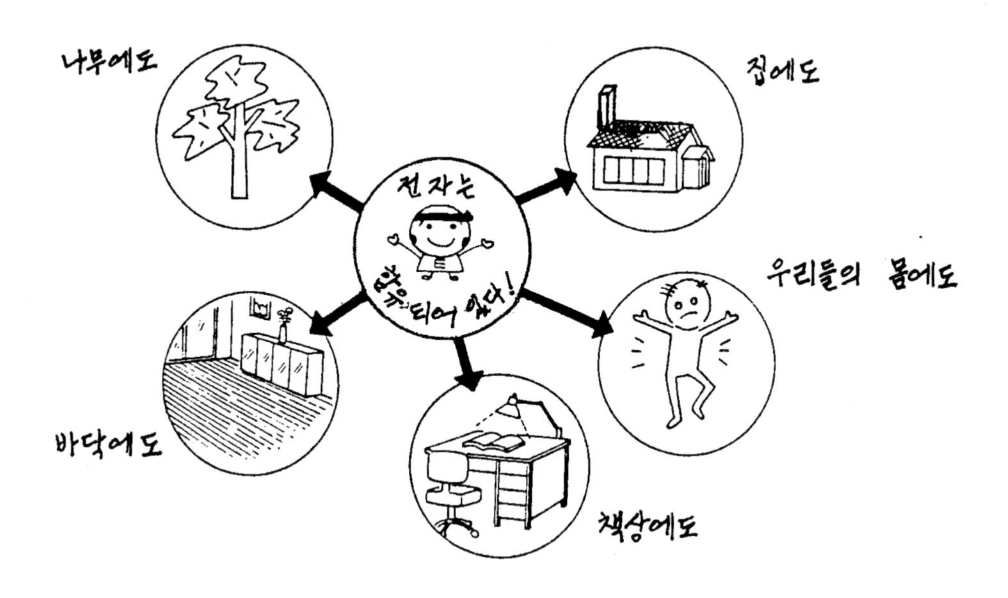

그림7 전자는 어디에나 있다.

지구상 뿐만 아니라, 우주의 모든 물질은 대충 100종류의 원자의 결합으로 구성되어 있다. 그런데 이 100종류의 원자 내부를 조사해 보면 그림(8)의 탄소 원자의 예와 같이 원자핵과 그 주위에 있는 전자로 구성되어 있다. 원자의 종류, 성질 등은 원자핵과 그 주위에 있는 전자의 수로 결정된다고 생각하고 있다.

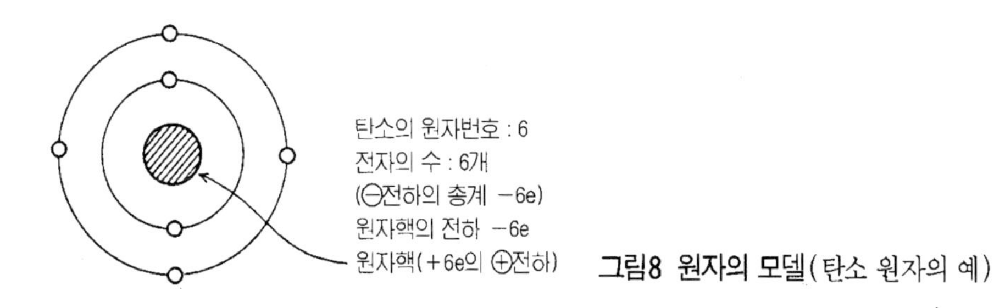

그림8 원자의 모델(탄소 원자의 예)

1에 [2]의 전하에서 설명한 원자가 갖는 ⊕전하는, 실은 원자핵이 갖고 있어, 주위에서 운동하고 있는 전자를 끌어온다.

사람의 몸은 세포로 구성되어 있다. 그 세포나 혈액을 더 세분하면 탄소(C)와 수소(H), 산소(O)등의 원자의 결합이라는 것을 알고 있다. 전기의 근원인 전자는 어디에나 있는 입자라는 의미를 이해할 수 있을 것이다.

[2] 원자의 구조, 자유 전자, 가(價)전자

여기서 더 자세히 원자의 내부를 알아 보자.

그림(8, 9)는 **원자의 구조**를 모델화하여 나타낸 것이다. 어느 원자도 ⊕전하를 가진 원자핵과, 그 주위를 운동하고 있는 ⊖전하를 가진 복수의 전자로 구성되어 있다.

원자핵을 둘러싼 전자의 수는 무거운 원자일수록 많으며, 가장 가벼운 수소(H)는 전자의 수가 1개이고, 무거운 납(Pb)은 82개인 것과 같이, 원자마다 다르며, 그 원자 특유의 성질을 형성한다.

실은 원자에는 1번인 수소부터 2번 헬륨, ………78번 백금………등 원자 번호가 주어졌으며, 전자의 수는 이 **원자 번호**와 정확하게 일치한다. 또 원자핵은 ⊕의 전하를 갖고 있어, 그 양은 둘러싸고 있는 전자인 ⊖전하의 합계와 같다. 그래서 통상의 상태에서는 원자의 내부에서는 ⊕전하와 ⊖전하가 상쇄하여 ±0이 되어 외부에는 전혀 영향을 주지 않는다.

예를 들면 그림 9(b)의 실리콘 원자는 원자 번호 14이며, 14개의 전자를 갖고, ⊖전하의 합계는 −14e(e는 표1의 전자가 갖는 전하 1.60×10^{-19}C)이고, 원자핵은 이것과 균형을 이룬 +14e의 정전하를 갖고 있다.

중요한 것은 원자핵을 둘러싸고 있는 전자 가운데 바깥쪽의 전자일수록 전자핵과 끌어당기는 힘이 약하고, 외부로부터 열이나 전압, 빛 등의 외부 에너지를 받으면 원자에서 바깥쪽으로 튀어나가기 쉬운 성질을 갖고 있다는 사실이다.

특히 가장 바깥쪽의 전자(그림(9)의 탄소, 실리콘, 게르마늄은 각각 4개가 있다는 것을 알 수 있다)는 원자에서 튀어나가 다른 원자핵과 결합하는 등의 행동을 한다. 그래서 특히 **외각(外殼)전자** 또는 **가전자**(價電子)라 부르며, 특별히 주의를 하고 있다. 또 그림9(d)의 칼륨(K;원자

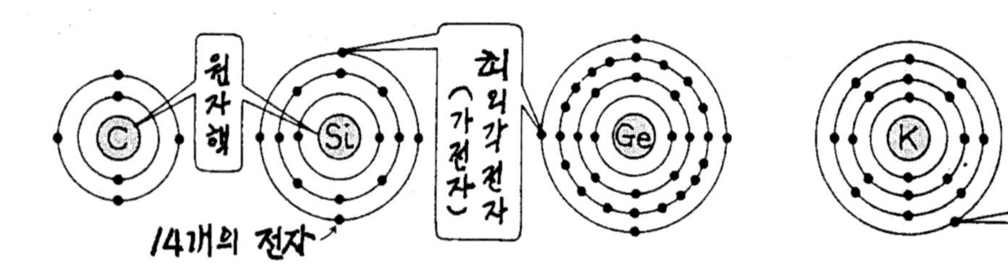

(a)탄소 원자　(b)실리콘 원자(원자번호 14)　(c) 게르마늄 원자　(d)칼륨원자

그림9　원자의 구조모델

번호19)은 19개의 전자 가운데 가장 바깥쪽에 단 하나의 전자가 있다. 칼륨 등의 금속 원자는 외톨이 전자를 갖고있으므로, 원자핵과의 결합력이 매우 약하고, 약간의 힘으로 원자에서 튀어나가 자유로이 금속안을 이동하는 성질이 있다. 그래서 이와 같은 전자를 각외(殼外)전자, 또는 자유 전자(Free Electron)라 부르고 있다.

금속의 내부에는 그 금속에 함유된 원자의 수와 같은 외톨이 전자인 자유 전자가 도체 등을 형성하는 원자 계열속에서 원자가 가진 전자의 일부가 특정 전자의 궤도로부터 이탈하여 원자 사이를 자유롭게 이동하고 있다.

따라서, 금속은 전류가 왜 통하기 쉬운 가를 알 수 있다. 그 이유는 전류의 근원인 ⊖전하를 가진 전자가 자유롭게 이동할 수 있기 때문이다.

3 도체, 절연체, 반도체

전기의 세계에서는 어느 물질에 전류가 흐르기 쉬운지, 아닌지에 따라 다음의 3종류로 구분하여 부르고 있다.

(1) 도체(Conductor)

도체란 금속과 같이 전류가 흐르기 쉬운 물질을 말한다. 따라서 구리, 납, 철 등에는 자유전자가 많이 있기 때문에 전기적인 힘을 조금만 가해도 그 방향으로 전자(⊖전하)가 움직여 전류로 된다.

(2) 절연체(Insulator)

절연체란 도체와는 반대로 전류가 매우 흐르기 어려운 물질이다. 에보나이트, 유리, 대리석 및

제멋대로 구는 처녀(자유전자)이며 자유로이 돌아 다닌다.

어린이는 좀처럼 원자(모친)에서 떠나지 않는다.

반도체 세계에서는 일정한 성질이 있으면 불순물 원자의 전자(외국인)가 자유로이 활동할 수 있다.

그림 10 도체, 절연체, 반도체

다이아몬드는 절연체의 좋은 예이다. 그 원리는 절연체의 원자에서는 가장 바깥쪽의 전자(외각 전자)가 원자핵과 꼭붙어 있어 통상적인 힘으로는 원자 밖으로 나갈 수 없기 때문에 전류는 매우 흐르기 어렵다.

(3) 반도체(Semiconductor)

반도체는 도체나 절연체와 달라서, 20세기 후반에 인간이 새로 만들어 낸 물질이라 해도 좋다. 아주 순수하게 정제(精製)한 실리콘(Si)이나 게르마늄(Ge)에 적당량의 인(P)이나 붕소(B)를 혼합하여 결정(結晶)을 만들면, P나 B의 원자의 외각 전자가 매우 이동하기 쉽게 되는데 도체와 절연체의 중간에 전류가 흐르는 것을 반도체라고 한다.

이 인(P)이나 붕소(B)등을, 순수한 실리콘이나 게르마늄에 대해, **불순물**이라 부른다.

반도체는 혼합하는 불순물의 종류와 양, 그리고 분포 등을 바꿈으로써 미크로의 치수내에서 아주 교묘하게 전류의 흐름을 조절, 제어할 수 있다(이 반도체에 대해서는 제6장에서 상세히 설명한다).

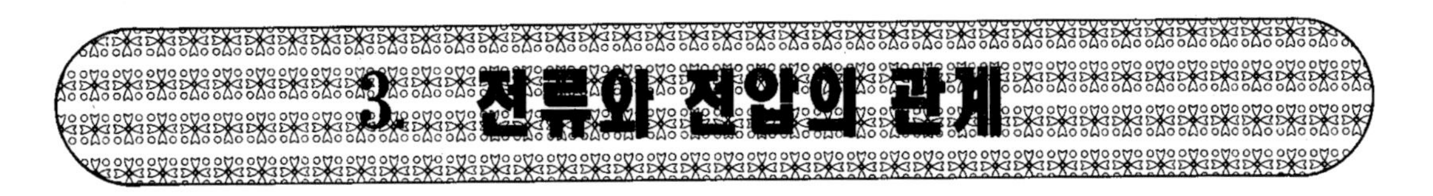

3. 전류와 전압의 관계

1 전압이 전류를 일으키는 원인

1에서 전류는 마치 물이 흐르는 것과 같이 ⊖의 전하를 가진 극히 작은 입자인 전자군(郡)이 이동하는 현상이라고 설명했다. 그러나 2에서 설명한 자유 전자와 같이 언제든지 움직일 수 있는 전자가 있어도, 그것만으로는 전류가 흐르지 않는다. 전자 외에 이것을 움직이기 위한 힘, 전압이 반드시 필요하다. 전압도 전류와 같이 사람의 5감으로는 느끼지 못하므로 이해하기 어려우나, 전기 이외에도 우리 주변에는 이러한 현상이 많이 일어나고 있다.

그림 11(a)는 치약 튜브의 예이며, 튜브 속에 들어있는 내용물을 하나의 흐름으로 하여 밖으로 나오게 하려면 손으로 눌러 압력을 가하지 않으면 안된다. 밀려 나오는 내용물의 흐름을 전류라 한다면, 튜브를 누르는 손의 압력이 전압에 해당된다. 큰 압력을 가할수록 많이 나오는 것처럼 큰 전압을 가할수록 전류의 양은 증가한다.

전압과 전류의 관계를 나타내는 실례를 하나 더 알아보기로 한다. 1.에서 설명한 수도의 예를 그림 11(b)에 나타냈다. 전류에 해당하는 물의 흐름을 발생하기 위해서는 물을 움직이는 수압이 필요하다. 다만 평탄한 곳에서는 수압이 거의 없으므로 물은 흐르지 않는다. 그러므로 가까운 언덕 위에 저수지를 만든 것은 높이의 차(差)를 이용하여 수압을 만든다. 이때 수도물의 출구와 저수지 수면 높이와의 차이를 낙차(落差)라 하고, 이것이 즉 전류를 일으키는 원인이 되는 전압에 해당하는 것이다. 굵기가 같은 수도관에서는 낙차가 클수록 유출하는 물의 양은 증가한다.

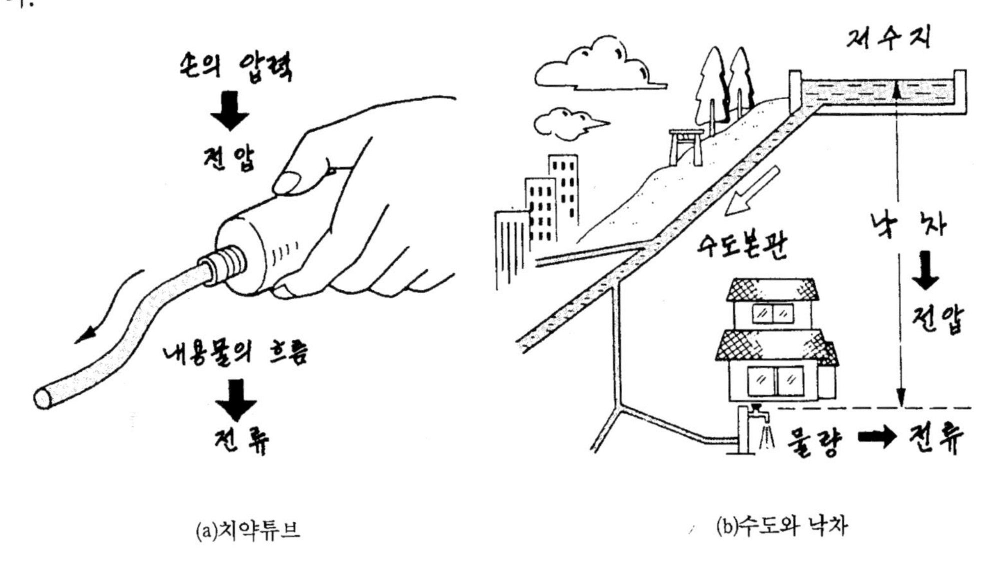

(a)치약튜브

(b)수도와 낙차

그림11 전압과 전류의 일예

2 전압의 단위는 볼트[V]

전압의 양(量)기호를 V, 단위기호를 V (Volt : 볼트)로 표현한다.

예를 들면 일상생활에서 많이 사용하는 건전지는 전압의 발생원(發生源)이며, 그 전압은 1.5V이다. 또 가정에서 사용하는 전등이나 텔레비젼을 보게하는 전기의 전압은 100V혹은 220V이다.

건전지와 같이 그 자체가 전압을 발생시키는 기능을 기전력(起電力 Electromotive Force, emf)이라 하는데 인생에 있어 어떤 일을 할 때도 이 기전력(emf)과 같이 힘이 없으면 모든 일이 뜻대로 되지 않는다. 그러므로 전류가 흐르려면 기전력과 전압이 필요하다.

그림(12)는 작은 램프와 건전지를 도선으로 연결하면 도선을 통하여 전류가 흐르는 상태를

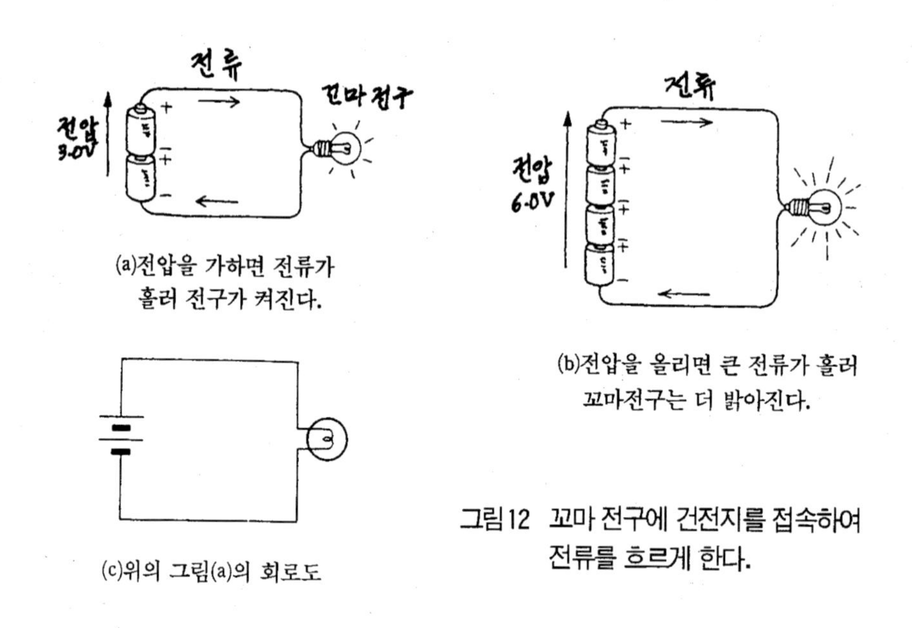

(a)전압을 가하면 전류가 흘러 전구가 켜진다.

(b)전압을 올리면 큰 전류가 흘러 꼬마전구는 더 밝아진다.

(c)위의 그림(a)의 회로도

그림 12 꼬마 전구에 건전지를 접속하여 전류를 흐르게 한다.

나타낸 것이다. 그림(a)와 같이 건전지 2개를 합치면, 발생 전압은 1.5×2=3.0V로 되고, 또한 그림(b)와 같이 건전지 4개를 합치면 발생전압은 1.5×4=6.0V로 된다. 건전지 2개인 경우에 비하면 꼬마 전구는 더욱 밝아진다. 이것은 전류가 전지의 전압에 비례하여 흐르기 때문이다.

전기 회로에서는 기전력을 그림(13)과 같은 기호로 표시한다. 건전지와 같이 일정한 전압을 직류라 하며, 이 내용은 제2장에서 자세히 설명하기도 한다. 그림12(a)의 회로를 전기 회로도로 나타내면 그림(c)와 같이 된다.

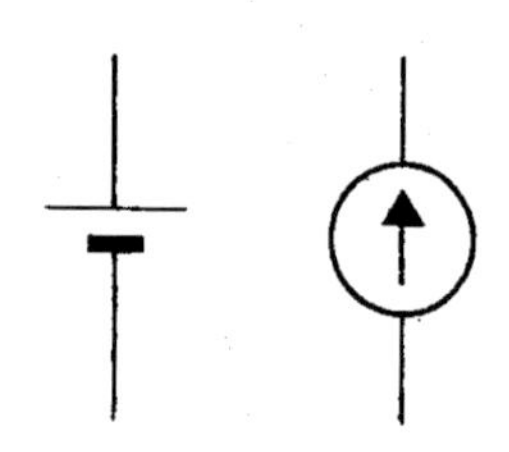

그림 13 기전력의 기호

전압의 크기 V(볼트)는 그림(14)와

같이 **전압계**를 사용하여 그 바늘의 움직임으로 몇 V인지를 측정한다. 전류계는 전류가 흐르고 있는 도선에 **직렬**로 연결하나, 전압계는 이 그림과 같이 전압을 측정하는 2점 사이에 접속한다. 이 접속법을 「회로에 **병렬로 접속**한다」고 한다. 그림14(b) 의 회로도를 보면 전압계는 ⓥ의 기호로 표시했다.

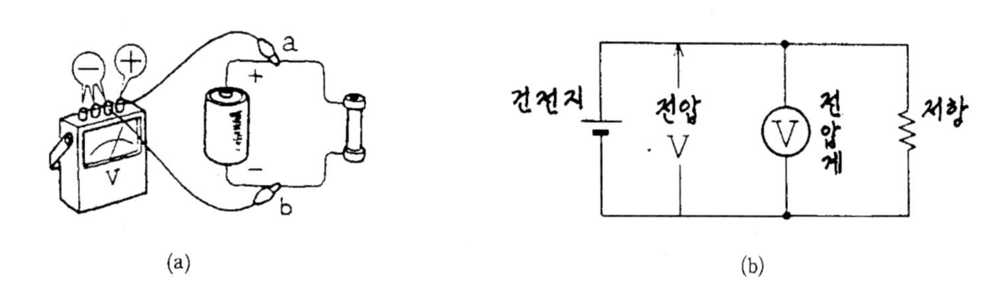

(a) (b)

그림 14 전압계로 전압을 측정한다.

[3] 전압의 ⊕, ⊖와 전류가 흐르는 방향

3에서 설명한 바와 같이, 물은 낙차로 나타내는 수압에 의해 높은 곳에서 낮은 곳으로 흐른다.

전압도 높낮이가 있으며, 전류는 높은 전압의 위치에서 낮은 전압으로 향해 흐른다. 건전지에는 ⊕단자와 ⊖단자가 있어, 전류는 ⊕단자에서 ⊖단자로 향해 흐른다. ⊖단자 쪽에서 측정하면 ⊕단자의 전압은 +1.5V이나, ⊕단자 쪽에서 ⊖단자의 전압을 측정하면 −1.5V이다. 이것은 건물의 옥상과 지면의 어느 쪽을 기준으로 삼아 높이를 측정하느냐에 따라 다른 것과 꼭 같다. 이와 같이 전압은 어디를 기준으로 하여 측정하느냐에 따라, 기준보다 낮은 전압에는 ⊖, 높은 전압에는 ⊕부호를 붙인다.

그림 15(c)는 건전지 4개를 합친 경우이며, 맨 아래의 c점을 기준으로, 톱(top)의 a점의 전압을 측정하면 +6V이다. 그러나 도중의 b점을 기준으로 하면, a점은 +4.5V, 맨 아래의 c점은 −1.5V의 전압으로 된다.

끝으로 전류의 방향은 전자(전하)의 이동 방향은 반대로 정해져 있다(그림 16). 이것은

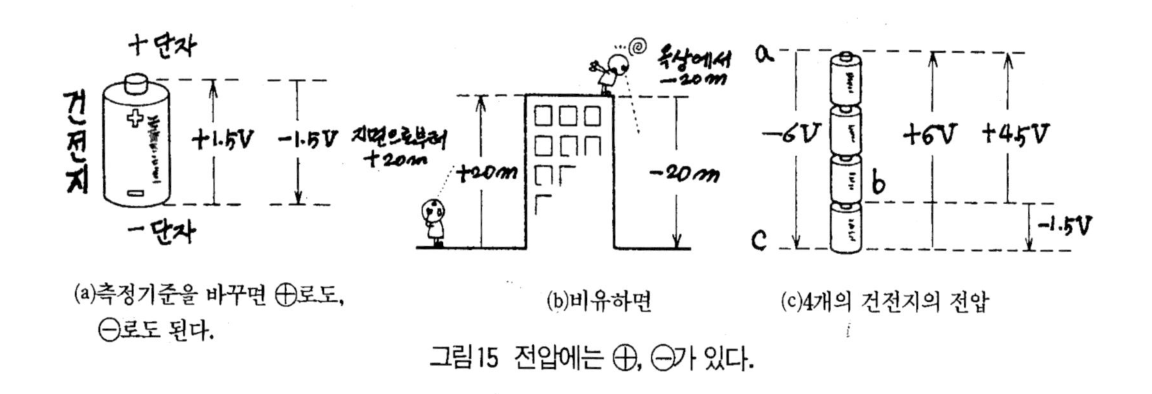

(a)측정기준을 바꾸면 ⊕로도, ⊖로도 된다. (b)비유하면 (c)4개의 건전지의 전압

그림 15 전압에는 ⊕, ⊖가 있다.

1700년대초에 전자의 전하등을 알지 못했던 시기에 전기의 ⊕와 ⊖가 결정되었기 때문에 반대의 결과가 되었다고 추측된다.

그러나 전류는 ⊕의 전압에서 ⊖의 전압으로 흐르고, 전자는 ⊖의 전하를 가지므로 ⊕의 전압에 끌리어 ⊖의 전압에서 ⊕의 전압으로 흐른다고 생각하면 된다.

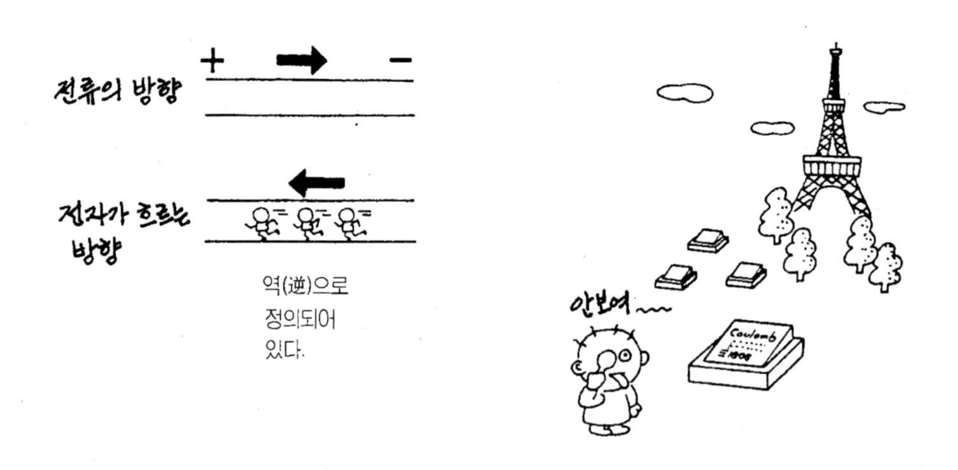

그림 16 전류의 방향은 전자의 이동 방향과는 반대

4 공간에서의 전압의 작용, 전기력, 전장(電場)

지금까지는 그림(12)와 같이 도선과 작은 전구를 사용하여 전류의 통로를 만들어 거기에 전압을 가하는 경우를 생각했다. 아무것도 존재하지 않는 공간에서의 전압과 전류의 관계를, 텔레비젼의 브라운관을 예로 들어 생각해 본다(측정 등에 많이 사용하는 오실로스코프의 원리도 같다).

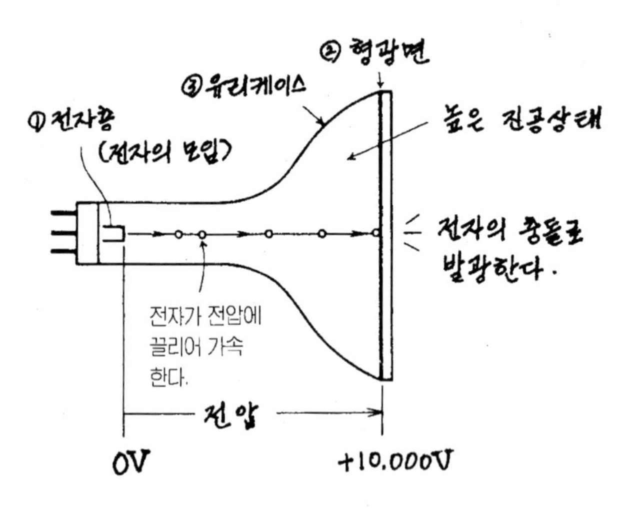

그림 17 텔레비전 브라운관의 원리적 구조

텔레비젼의 브라운관의 원리적인 구조를 조사해 보면, 그림(17)과 같이

① **전자총** : 전자가 언제든지 대량으로 튀어나갈 상태로 있는 특별한 전자 집적장소.

② **형광면** : 텔레비젼 화면이 비치는 곳. 전자가 고속으로 충돌하면 전자의 속도와 양에 따른 세기의 빛을 내는 물질(螢光體)을 얇게 칠했다.

③ **유리제 진공케이스** : 전자총과 형광면을 수용하는 유리 케이스, 전자가 형광면까지 가기 쉽도록 높은 진공 상태로 되어 있다.

이상의 3개 요소로 구성되어 있다.

여기서 ①전자총과 ②형광면 사이에 10,000V라는 높은 전압(형광면쪽 ⊕)을 가하면 어떻게 되는가.

전자총에 모인 전자 (⊖전하)는 10,000V의 ⊕전압에 끌리어 형광면으로 향해 튀어나가 점점 가속되어 고속으로 형광면에 충돌한다.

이와같이 전압이 걸려 있는 공간은 전자(전하)를 끌어 당기는 힘이 작용한다. 이 인장력을 **전기력**이라고 부른다. 그리고 이 공간은 전기력이 작용하는 특별한 장소이므로 **전장**(電場)이라 부르며 다른 장소와 구별한다. 야구를 하는 특별한 장소를 야구장, 영화를 공연하는 장소를 극장이라 부르는 것과 같다.

우리가 살고 있는 지구에서도 지구의 인력이 작용하여 유명한 영국인 뉴톤의 만류 인력의 법칙이 일어났는데, 인력은 질량이 있는 물질 사이에 작용하는 힘이며, 여기서 말하는 전하에 작용하는 전기력과는 종류가 다르다. 지구상에는 **인력장**(引力場, 重力場)이 있다고 생각한다.

◆ 공간에서의 전기력의 식 ◆

전하Q[c]가 전압V[V]가 걸린, 길이 ℓ[m]의 공간에서 받는 힘(전기력) F는,

$$F = Q\frac{V}{\ell} \quad \cdots\cdots (2)$$

로 나타낸다. F의 양(量)단위는 뉴톤[N]=[kg · m/S^{-2}]이다.

위의 식은 지구 인력의 식 $F = mg$ 와 아주 비슷하다. Q는 질량m, V/ℓ는 인력의 가속도 g에 각각 해당한다. 또 전하 Q는 전압V로 끌리는 것은 틀림없으나 미크로적으로 보면 전압의 경사 V/ℓ로 끌린다. V/ℓ를 **전위경도**(電位傾度)라 한다.

그림(18)에서 보는바와 같이 중력장(重力場)에서 사과가 나무가지에서 떨어져 지면에 가까워짐에 따라 그 속도가 증가하는 것과 같다. 그리고, 전장(電場)에 있는 전자도 형광면에 가까워짐에 따라 속도가 상승하여 고속으로 형광면에 충돌하여 빛을 낸다. 브라운관과 같은 전장 속에서 전자의 움직임은 지상에서 사과가 낙하하는 경우와 같다.

인력(引力)은 달(月)이 가지 않으면 그 크기를 바꿀 수 없으나, 전압은 사람이 자유로이 바

꿀 수 있다. 따라서 브라운관에 가하는 전압을 바꿈으로써 전기력의 크기를 바꾸어 전자의 속도를 변화시켜서 텔레비전 화면의 밝기를 조정할 수 있다. 그리고 브라운관 안의 전자의 흐름도 일종의 전류이며, 전류는 형광면에서 전자총에 흐르고 있는 것이 된다.

텔레비전의 브라운관 내부외에, 전기 회로 부품인 콘덴서의 내부에도 전장(電場) 작용이 있다.

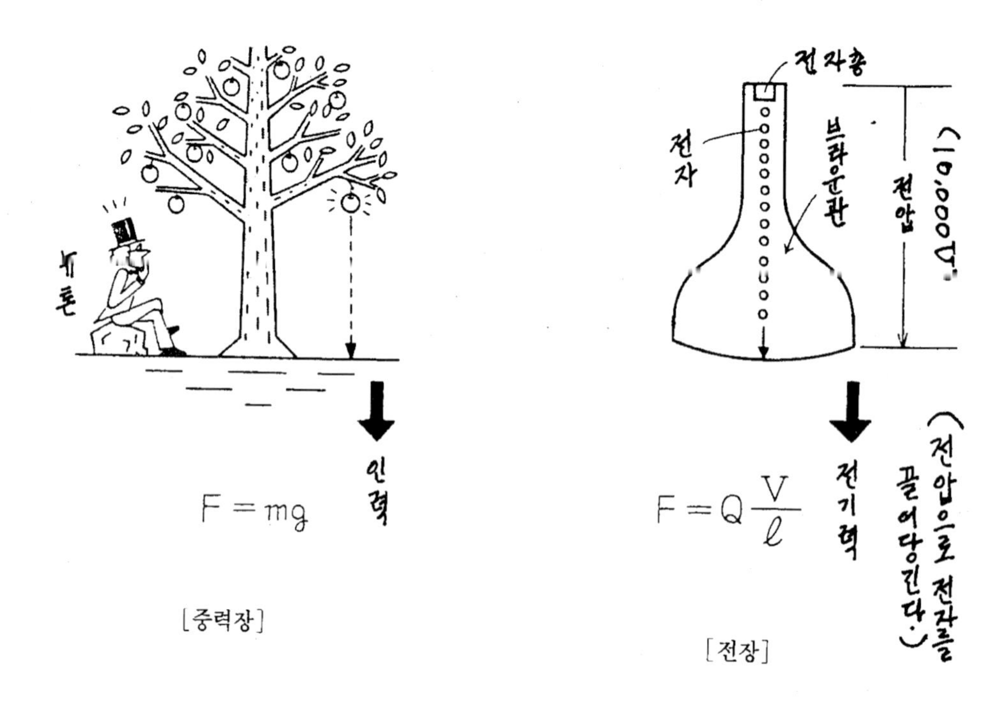

그림18 인력과 전기력의 아날로지

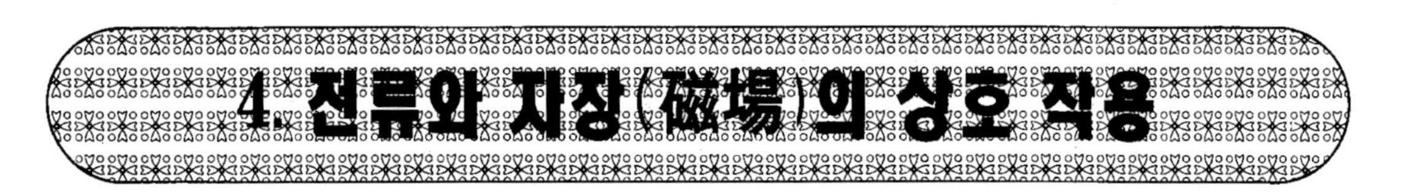

4. 전류와 자장(磁場)의 상호 작용

1 자석(자력, 자장)

여기에서는 전기에 배후 조종자와 같이 따라다니는 **자기**(磁場)에 대해 설명하기로 한다. 자기의 가장 가까운 예는 **자석**이다. 어렸을 때 자석으로 못을 끌어 모으며 놀던 기억이 있을 것이다. 가구나 냉장고의 문을 닫는 곳에도 사용한다. 자석에는 N극과 S극이 있어 서로 다른 자극(磁極)은 끌어당기고, 같은 종류의 자극은 서로 반발하는 힘을 작용한다.

이 자극끼리 당기는 힘은 지금까지 나온 인력(引力)이나 전기력과는 또 다른 제3의 힘이며, 이 힘을 **자력**(磁力)이라 한다.

그림(19)는 막대 자석을 종이 아래에 놓고, 종이에 철분(鐵粉)을 뿌렸을 때 종이 위에 생기는 현상이다.

이 그림을 보면 N극에서 S극으로 향하는 선의 모양이 나타난다. 그림(b)는 현상을 모델화하여 그린 것이다. 이 선은 자력이 당기는 힘, 자력의 방향을 나타내므로 **자력선**(磁力線)이라 한다. 그리고 자력선이 작용하는 공간을 **자장**(磁場), **자계**(磁界)라 부른다.

제1장에서 지금까지 설명한 인력(引力)이 작용하는 **중력장**(重力場), 전기력이 작용하는 **전장**(電場), 그리고 자력에 작용하는 **자장**(磁場), 이들 장소는 3개가 모두 분명히 다른 성질의 힘이 작용하는 공간이다.

자기(磁氣)는 전기의 배후 조종자라고 표현했는데, 지금까지의 설명으로는 전기와 자기는 전혀 관련이 없는 것으로 생각하지만 실제로는 매우 관계가 깊다.

2 자장과 전류의 3가지 관계

자석과 천둥의 관계는 예전에는 전혀 무관하다는 것이 상식이었다. 그런데 18세기 중엽부터 전기와 전자에 대해 점점 알게 되어, 지금은 관계가 있다, 없다가 아니라, 천둥이나 자석도 전자

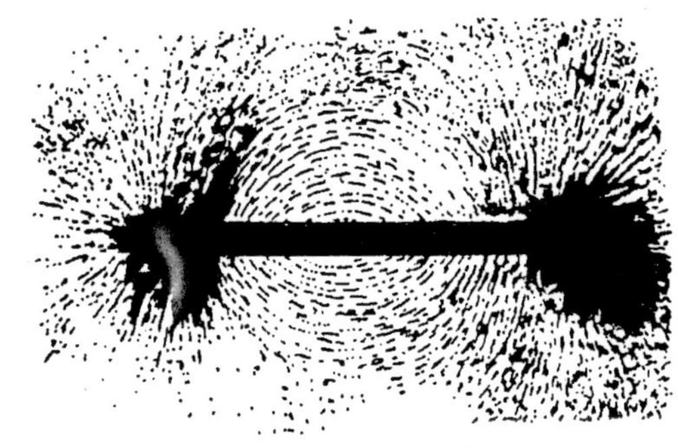

(a)자력선 패턴

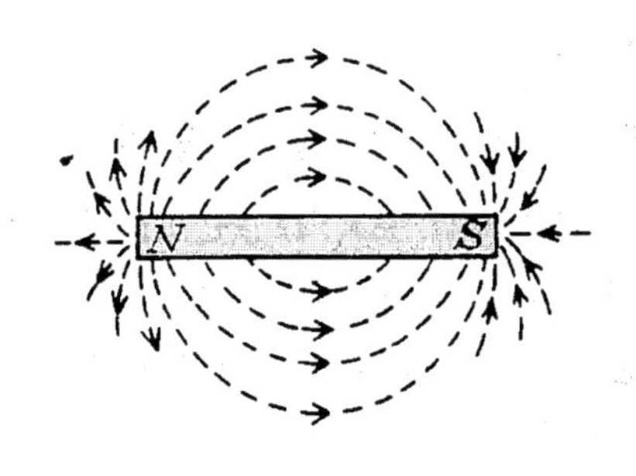

(b)자력의 형태

그림 19 막대자석과 자력선

의 기능 자체의 표현이라는 것을 알고 있다.

천둥은 정전기, 전자의 집적 현상에 의해, 높은 전압이 상공의 대전층(帶電層)과 지상 사이에 자연 발생하여 번갯불이 번쩍이고 뇌성이 나는 것은 방전현상이라고 이해하고 있다.

한편 뒤에 설명하지만, 전류가 흐르면(전하가 움직이면) 반드시 전류의 주위에 자장(磁場)이 발생한다. 원자 속에서는 전자가 활발하게 운동하고 있기 때문에 원자는 반드시 미약한 자장을 주위에 갖고 있다고 생각할 수 있다. 그래서 자석이란 자석을 구성하고 있는 원자, 분자의 자장이 동일한 방향으로 가산되는 특별한 구조를 가지고 있다. 그 결과 외부에 강력한 자장을 발생시키고 있다는 점이다. 결국 원인을 규명하여 보면 천둥이나 자석도 지금까지 조사한 전류도, 모두 전자에 따라 **전하의 소행**이라는 것을 알 수 있다.

여기서 전류와 자기(磁氣)와의 관계를 정리하면 다음의 3가지 현상이 존재한다.

① 전류가 흐르면 그 주위에 자장(磁場)이 발생한다.

② 자장이 움직이면(변화하면) 전류가 발생한다.

이 2가지 현상은 방패의 양면과 같이, 하나의 진리를 양쪽에서 본 것이며 전류와 자장은 서로 상대방의 배후 조종자와 같이 따라다니게 된다.

③ 전류와 자장 사이에는 힘이 발생한다.

아니 또 새로운 힘이 나왔다. 이 힘은 전기력인가? 그렇지 않으면 자력(磁力)인가? 이 3가지 현상에 대해 설명한다.

그림20 전자의 소행

3 전기와 자기의 관계

그림(21)과 같이 전선에 전류가 흐르고, 그 전선에 직각으로 종이를 놓고, 철분(鐵粉)을 뿌렸을 경우 이상하게도 자석도 아무 것도 없는데 종이 위의 철분은 둥근 소용돌이 모양의 현상을 나타내며, 여기에도 자장이 발생하고 있다는 것을 나타낸다.

전기가 현대 문명의 기반으로서 인류에 활용되고 있는 이유의 하나는, 전기와 자기 사이에 이와 같은 상호 관계를 갖고 있는 점이 중요하다.

그림 21(b)에 모델화하여 나타냈으며, 자력선은 전류가 흐르는 방향과 직각인 평면 위를 동

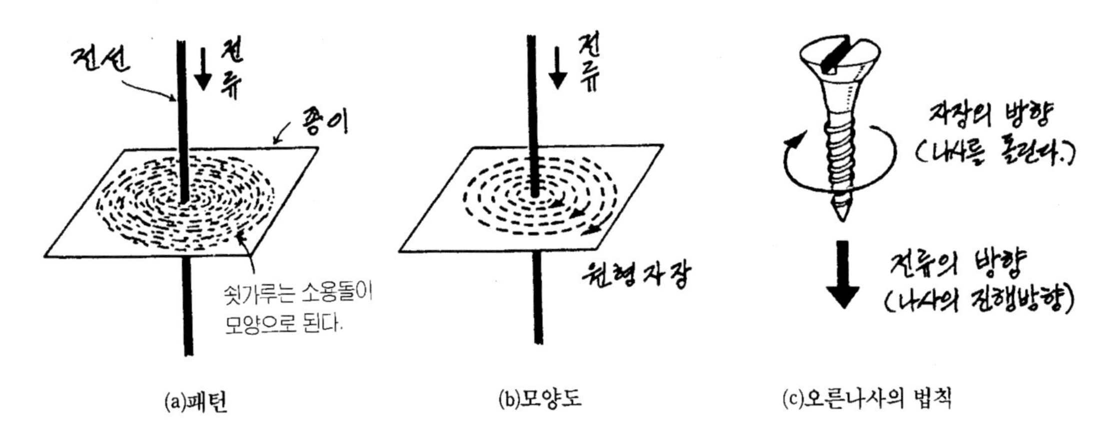

(a)패턴 (b)모양도 (c)오른나사의 법칙

그림21 직류전류는 원형자장을 발생한다.

심원 모양으로 발생한다. 자장의 방향은 전류의 방향과 관계가 있으며 암페어의 오른 나사 법칙이 성립한다(상세한 것은 그림 21(c)참조).

다음 그림(22)와 같이 도선을 원형(螺線狀)으로 감은 **코일**을 만들어, 이 코일에 전류가 흐르면 직선상(直線狀)의 한 가닥 도선과는 달리, 코일의 각 부분에서 발생하는 원형 자장이 서로 효과적으로 가산되어 강한 자장이 만들어진다.

그리고 코일의 중심에 철심을 넣어 자장을 강력하게 한 것이 **전자석**(電磁石)이며, 보통의 **영구 자석**과 같은 작용을 하나, 이것은 사람의 손으로 자력을 제어할 수 있는 점(전류를 끊으면 자력은 0으로 된다)이 큰 차이이다.

또 그저 강한 것만이 아니라, 코일의 각 부분의 전류는 자장을 통해 서로 영향을 주고 받는다고 생각되므로 직선으로 된 도선과는 전혀 다른 전기적 동작을 하게 된다.

제3장에서 설명하지만, 코일은 전기 회로에서 매우 중요한 역할을 하고 있으며, 그 전기적 기능을 인덕턴스(Inductance)라 한다.

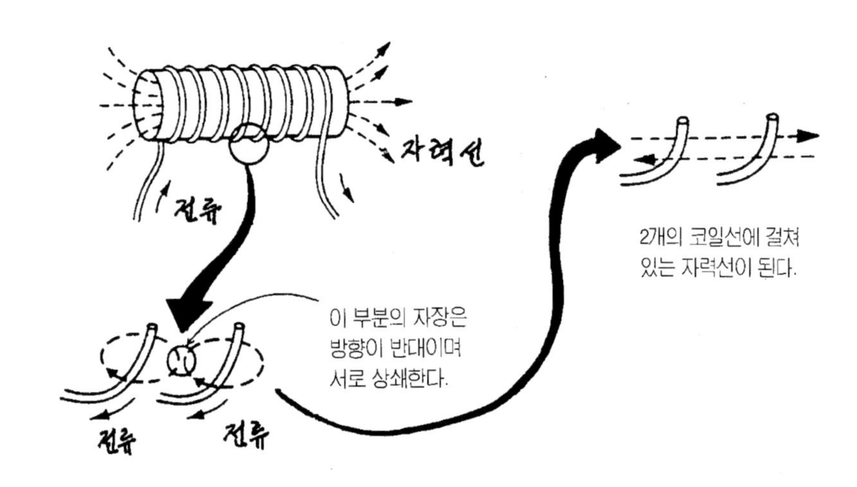

그림22 코일은 강한 1방향성 자장을 만든다.

4 마이크나 발전기의 원리

앞장에서 전하(전류)가 움직이면 자장이 발생한다는 것을 알았기 때문에 그 반대로 자장이 움직이면 전류가 발생하는 것을 상상할 수 있다. 그러면 그림(23)과 같은 실험을 해 본다.

코일 옆에서 손에 잡은 자석을 가까이했다가 멀리하여 움직이면 코일의 양끝에 연결한 전류계의 바늘이 움직여 전류가 발생한 것을 나타낸다. 또 이 전류의 대소와 자석의 운동과의 관계를 조사해 보면, 자석의 운동이 빠를수록, 또 자석의 자장이 강력할수록(즉, 단위 시간내에 코일이 끊는 자력선의 수가 많을수록) 큰 전류가 발생하게 된다. 또 반대로 자석을 움직이지 않고 코일을 움직여도 똑같이 운동의 속도에 비례한 전류가 일어난다. 이상의 사실을 식으로 타나내면

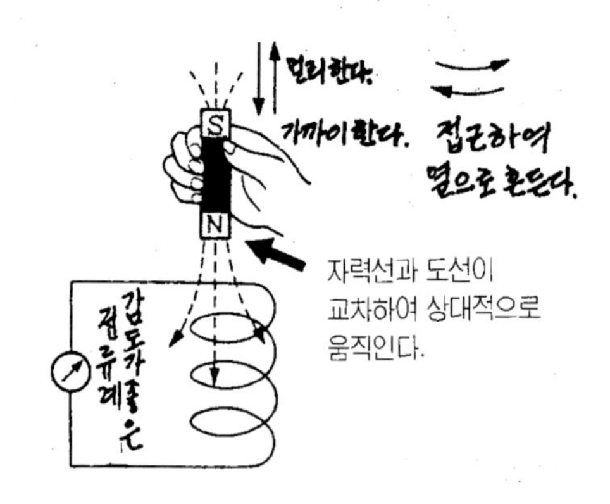

그림23 자장이 변화하면 전류가 발생한다.

◆ 유도 전류의 식 ◆

발생 전압의 크기 V[V] 자장의 자속밀도 B[Wb/m²], 자장과 교차하는 도선의 길이 ℓ[m], 상대 운동 속도를 υ[m/s]로 하면,

$V = B\ell\upsilon$ ………………………………………………………… (3)

가 된다. 그림(24)에 그 예를 나타냈으며, 도선과 교차하고 있는 자장이 변화할 때, 그리고 도선이 자장과 교차하여 운동할 때, 전류(전압)가 발생한다. 이 현상은 전기의 성질을 이용하는 인간에게 매우 중요한 것이므로 특히 **전자(電磁)유도**(Electro magnetic Induction)라 부른다. 또 이때 발생하는 전압을 **유도기전력**이라 한다.

전지에 전기가 전혀 없어도 자석과 전선이 있어 이 양자가 상대 운동을 하면 반드시 전기(전압)가 일어난다. 발전소의 발전기, 다이내믹형 마이크로폰은 이 전자 유도의 실례이다(그림 25). 그림 25(b)의 다이내믹형 마이크로폰에서는, 음파(音波)로 진동판이 진동하면, 영구 자석으로 만든 자장 안에서 코일이 자력선과 직각으로 진동한다. 코일에는 (3)식에 비해, 음파에 대응한 전압이 발생한다.

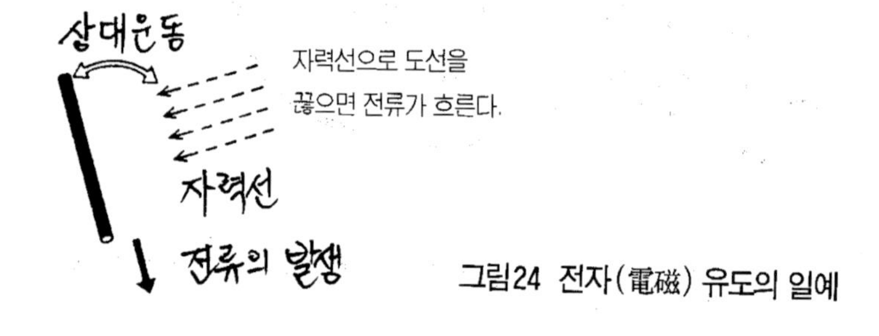

그림24 전자(電磁) 유도의 일예

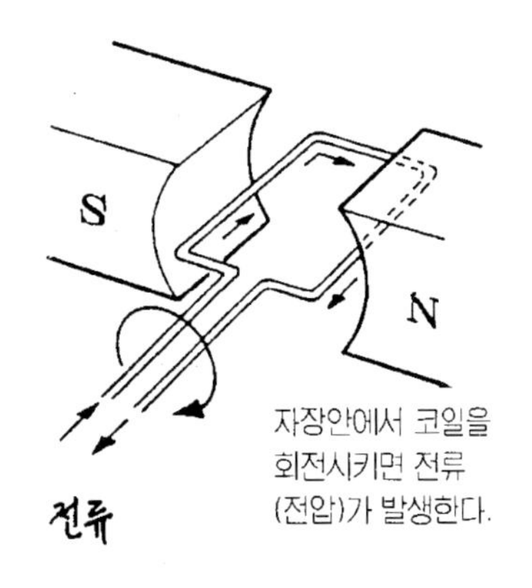

(a)교류발전기의 원리

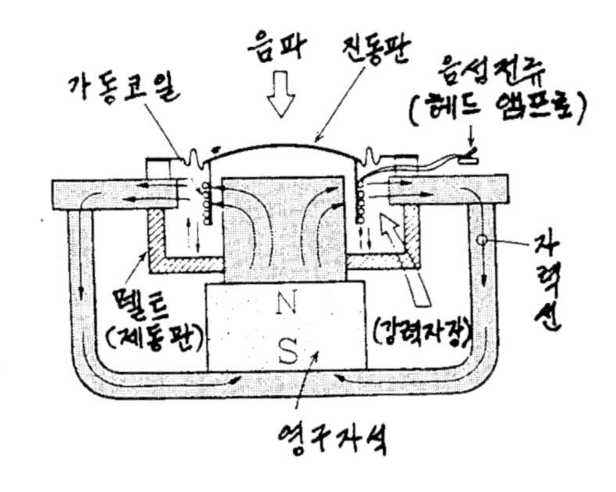

(b)다이나믹 마이크로폰의 원리적 구조

그림25 전자유도의 응용 예

5 스피커의 원리

제3의 전류와 자장의 관계, 즉 전류 자체가 자장 내에서 자장으로부터 힘을 받는 현상을 알아보자.

공장이나 가정의 전기 제품에서 다량으로 사용하고 있는 모터는 이 현상을 잘 이용하여 전류에서 힘을 발생하는 기계이다. 스피커는 큰 힘을 발생하지 않으나 음파를 발생하는 도구이며, 똑같은 원리이다.

그림(26)과 같이 자장 속에 도선(導線)을 놓고 전류가 흐르게 하면, 도선(흐르는 전류)에는 힘이 가해져, 도선을 자유롭게 하면, 힘이 가하는 방향으로 움직인다. 그 힘의 방향은 (전장이 전기력의 1방향으로 전자를 움직이는 것과 다르며) 자장의 자력선의 방향과 전류 방향의 양쪽에 직각인 것이 특징이다.

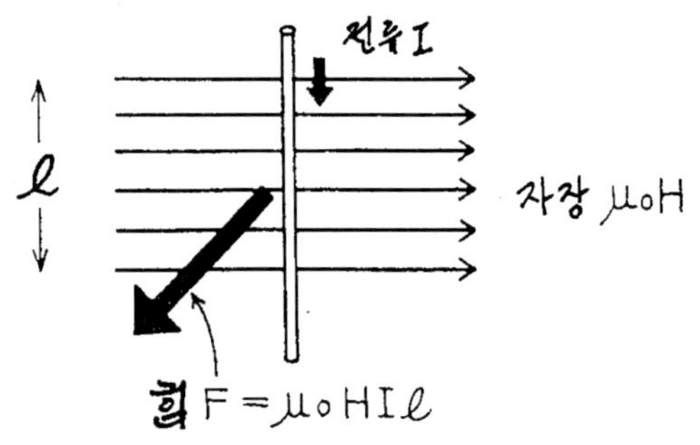

힘의 방향은 전류와 자장에 직각이다. 음성전류가 흐른다.

그림26 자장 안의 전류는 힘을 받는다.

◆ 전류가 자장에서 받는 힘의 식 ◆

$F = \mu_0 I \ell H$ ······························ (4)

F : 힘의 크기, 뉴톤 [N]

μ_0 : 상수, 진공 속의 투자율(透磁率)이라 한다. $4\pi \times 10^{-7}$

I : 도선의 전류, 암페어[A]

ℓ : 자장에 노출된 도선(전류)의 길이[m]

H : 자장의 세기[A/m]

그러면, 이와 같은 전류와 자장과의 사이에 일어나는 힘의 원인은 어떻게 되는가. 이 자장에서 받는 힘은 인력(引力)도 아니고, 또 전기력이나 자력도 아닌 다른 힘(이것을 **로렌츠힘**이라 부른다)이라고 생각해도 되고, 또 전류가 만드는 원형 자장과 원래의 자장의 상호 작용(磁力)이라고 생각해도 좋다. 그러나 이 힘은 아무래도 전기력이나 자력과 밀접한 관계가 있는 것 같다.

그림(27)은 스피커의 구조를 나타냈다. 이 그림에서 보는 바와 같이 강력한 영구 자석으로

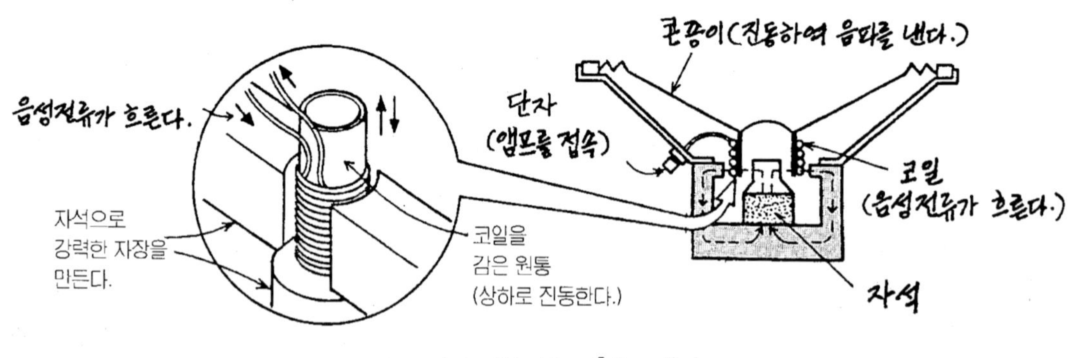

그림27 스피커의 동작원리

만든 강력한 자장 속에 코일을 놓고, 그 코일을 오디오 앰프의 출력 단자에 연결하여 **음성 전류**를 흐르게 한다.

그러면 (4)식과 같이 전류 I에 비례한 힘F가 발생하여 코일의 보빈은 자장의 방향과 전류의 방향에 직각인 상하 방향으로 음성 전류의 변화에 따라 진동한다. 결국 콘 종이(紙)는 음성 전류에 따라 흔들려 음을 공기의 진동으로서 발생한다.

스피커는 그림(25)의 다이내믹 마이크와 기본 구조가 같기 때문에 마이크로폰의 대용으로 사용하는 경우가 있다. 전자(電磁) 유도 현상((3)식)과 자장에서 전류가 받는 힘((4)식)도 방패의 양면 관계라는 것을 나타내고 있다.

6 자기 유도란

3, 4 항과 관련하여 끝으로 코일의 성질에 대하여 보충설명하기로 한다.

그림(28)과 같이, 코일에 전지를 연결하여 전압을 가해 본다. 시간이 지나면 전류가 많이 흐르는데, 스위치를 넣은 순간은 어떻게 될까.

맨 처음 코일에 전류가 조금 흘렀다면, 코일에는 매우 작은 전류에 의하여 자장이 발생한다. 아무 것도 없는 곳에 새롭게 자장이 생겼다는 것은, 자장의 변화가 있기 때문이다. 지금까지 배운 지식에서, 자장이 변화하면 당연히 유도 기전력이 코일에 발생한다. 이 유도 기전력은 최초 전지의 전압이 쌓여 코일의 양끝에 발생하며, 이 전압의 방향은 외부에서 가한 전지의 전압을

차단하는 방향으로 일어난다.

이 차단 전압은 전지의 전압을 약하게 하여 전류를 흐르지 않게 한다. 하지만 저항은, 시간이 지남에 따라 점점 증가한다. 그러나 이 저항은 완전한 효과가 없는 것은 아니다. 전지의 전압에 저항하여 전류가 급격히 흐르는 것을 시간적으로 지연시키는 효과가 있다.

이와 같이 코일은 코일 자체의 자장 변화에 의한 내부적인 유도 기전력을 가지고 있다. 이 현상을 **자기 유도**라 하고, 발생하는 기전력을 **자기 유도 기전력**이라 한다.

이 전류의 변화에 저항하는 코일의 성질은 [3]에서 설명한 코일의 성질, 코일의 각 부분이 자장을 통해 서로 결합한 것이다.

또 변화를 싫어하는 것은 코일만이 아니라, 역학에서 나오는 질량이 속도의 변화를 싫어 하는 관성을 갖고 있는 것과 똑같은 현상(**뉴톤의 제1법칙**)이므로 자기 유도의 크기를 나타내는 인덕턴스를 **전기적 관성**이라 부른다.

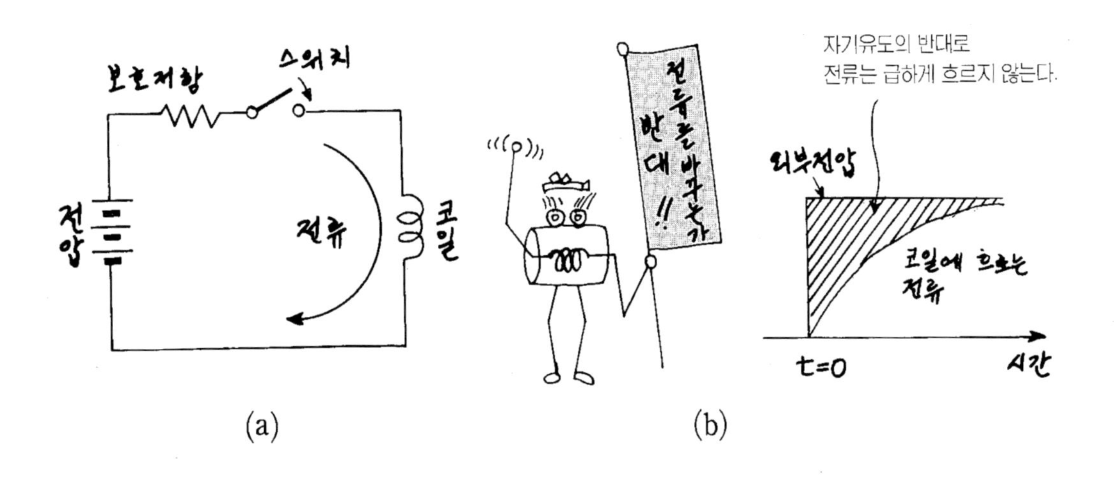

그림28 자기유도 기전력은 전류의 변화에 "반대"한다.

제2장

교류란

학습요점

교류는 시간의 개념이 수반되므로 한번 정확히 알면 매우 쉽지만 처음에는 누구나 당황한다. 시간적으로 매우 빠른 속도로 크기의 변화를 반복하고 있는 전압(전류)이 교류이고 시간적으로 크기의 변화가 없는 것을 전압(전류)이라 부른다. 제1장에서는 그것을 명확하게 하지는 않았으나 취급한 전압(전류)은 직류였다.

이 장(章)에서는 교류의 이해에 중점을 두고 또 전기분야에서 사용하고 있는 여러 가지 교류의 표현방법에 대해 설명하기로 한다. 결과적으로 전기분야에서는 교류가 중심이며 넓은 뜻에서는 직류도 교류의 일부이다.

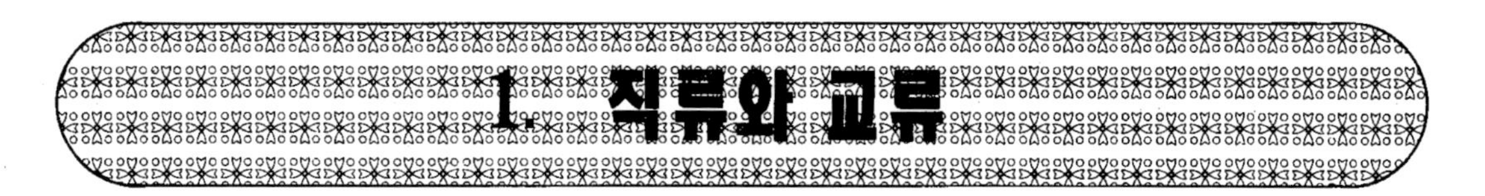

1 직류란

지금까지 기술한 것은 상세하지 않았으나, 전압과 전류는 시간과 더불어 변하는 교류(AC)와, 변화지 않는 직류(DC)가 있다.

교류를 처음으로 배우는 사람은 누구나 감각적으로 깨닫기 어려운 점이 있다.

직류란, 건전지나 자동차의 배터리와 같이 시간에 대해 전압이 일정하며 변하지 않는 전기를 말한다. 영어의 Direct Current의 머리문자를 따서 DC라 부른다.

그림1 "Back To The Future"

한편, **교류란** 그림(2)와 같이 가로축에 시간을 나타내고, 그 크기를 세로축에 나타내면, 직류와 같이 일정한 직선이 아니라, 크기가 시간마다 변화하는 전압과 전류를 말한다. 영어는 Alternating Current이며, 이 머리 문자를 따서 AC라 부른다. 즉, 직류는 DC, 교류는 AC이다.

2 가정에서의 전기도 교류

AC의 가장 가까운 예는 가정에서 매일 편리하게 사용하고 있는 전기이다. 그림(3)과 같이 이 상용(常用)전원에 오실로스코프의 파형(波形)을 보는 측정 장치를 접속하여 전압의 시간적 변화를 보면 그림(2)와 같은 현상이 나타난다. 오실로스코프의 가로축은 시간의 진행을 표현하고 있으며, 이와 같은 현상을 전압(또는 전류)의 **파형**(Waveform)이라 한다.

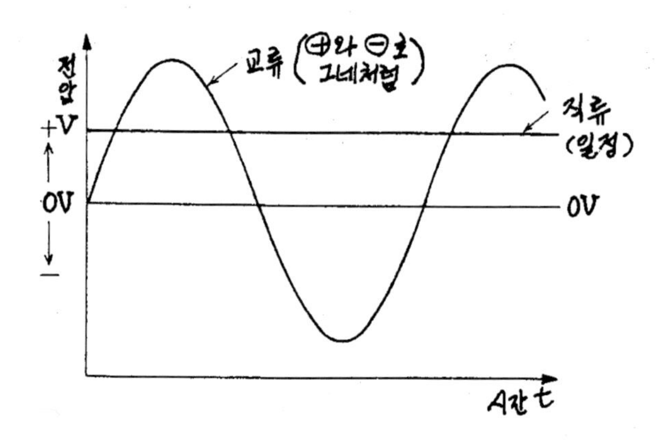

그림2　직류와 교류(가로축은 시간)

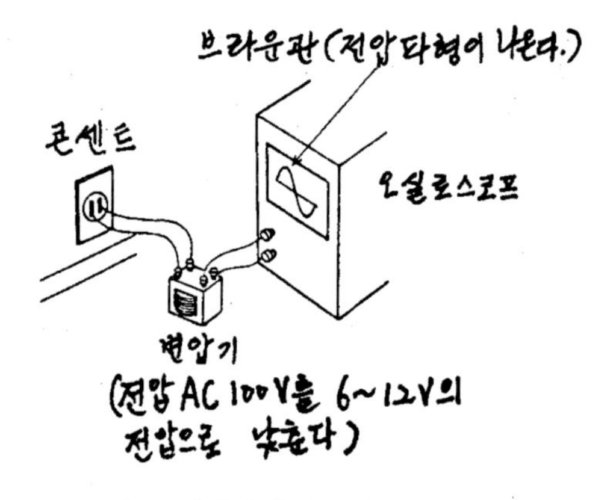

그림3　가정에서 사용되는 전기의 전압 파형을 본다.

그림(2)를 다시 한번 보면, 직류의 경우 전압은 시간과 함께 변하지 않으므로 파형은 일직선이다. 한편, 교류 전압은 시간과 함께 그 크기가 변화하고 있으나, 놀라운 것은 크기가 변화할 뿐아니라 전압의 방향이 ⊕와 ⊖로 번갈아 변하고 있다.

이 파형 현상은 중학교나 고등학교에서 공부한 삼각함수의 sin이 그것이며, 정현파(正弦波, Sin Wave)라 부른다. 특히 전압이 0점을 지나 ⊕나 ⊖로 변화하는 점에 주의해야 한다.

전압은 이와같이 변화하므로 접속한 백열 전구에 흐르는 전류는 역시 전압의 변화에 따라 어느 순간과 다음 순간에는 크기와 흐름이 반대 방향으로 변하는 것을 반복하면서 빛을 발하고 있다.

상용 전원이 직류가 아니고, 교류를 사용하고 있는 이유는, 변압기(트랜스포머)에 의해 간단하게 전압의 크기를 바꿀수 있기 때문이다(변압기의 원리는 뒤에 설명한다).

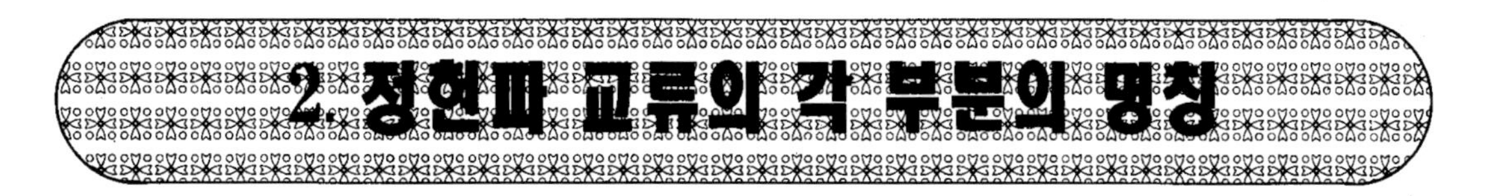

2. 정현파 교류의 각 부분의 명칭

1 시간축 방향의 명칭(주파수, 주기, 위상)

오디오나 비디오의 신호, 또는 컴퓨터의 펄스 등은, 모두 가로축을 시간으로 한 복잡한 파형이나, 정현파 교류의 파형은 이들 파형을 취급하는데 기본이 되는 파형이다. 교류를 설명하는데 편리하도록 이 파형의 각 부 명칭을 설명한다.

그림(4)에서, 하나의 산(山)에서 다음 산까지의 시간(같은 전압으로 돌아가기까지의 시간)을 **주기**(周期, Period) T라 한다. 단위는 초(S : second)이다. 주기 T[s]에서 1초를 나눈 값 1/T는, 1초간에 "파장의 산이 몇 개 포함되는가" 즉 파장이 몇 번 반복하는지의 회수를 나타내게 된다. 이 1초간의 파장의 반복회수를 **주파수**(周波數, Frequency)라 한다. 단위는 **헤르츠**[Hz]이다.

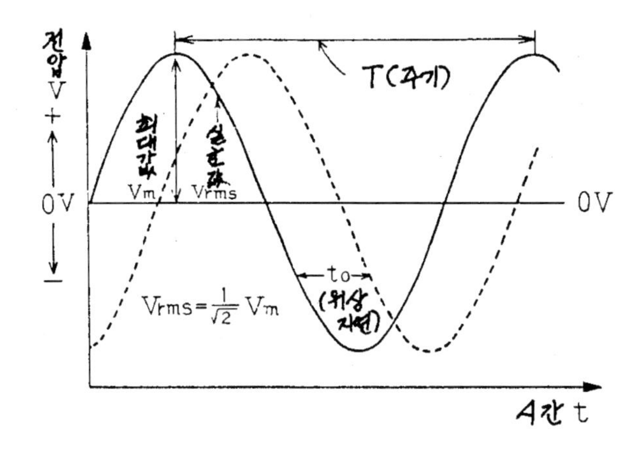

그림4 정현파 교류 파형의 각 부분의 명칭

◆ 주파수 f와 주기T의 관계 ◆

주파수 $f = 1/T$ [Hz] ·· (5)

주기T가 1초인 파장의 주파수는 1Hz이다. 또 그림(4)의 점선의 파장과 실선의 파장을 비교해 보면, 파형 자체는 한치의 차도 없으나, 점선의 파장은 시간 t_0만큼 늦어진 것이 다르다. 이때 「점선의 파장은 실선의 파장보다 **위상이 늦다**」, 또는 「실선의 파장은 점선의 파장보다 위상이 빠르다」고 하여 양자(兩者)를 구별한다. 이 위상에 대해서는 뒤에 설명하기로 한다.

[2] 진폭 방향의 명칭(순간값, 최대값, 실효값)

지금까지 정현파의 시간축 방향에 따른 명칭을 설명하였다. 다음은 세로축 방향을 알아보자. 세로축은 파장의 크기를 나타내며, 파장의 크기는 **진폭**(振幅, Amplitude)이라 부른다. 임의의 시간에 있어서 파장의 진폭(그 값은 항상 변한다)을 **순간값**(v)이라 한다. 이것은 순간순간의 진폭값이라는 뜻이다.

또 파장의 최고점과 0의 위치와의 차(산의 높이)를 정현파의 **최대값**(Vm)이라 하고, 또 하나의 중요한 진폭값으로 **실효값**(Effective Value, Root Mean Square Value)이 있다.

정현파 교류는 시시각각으로 그 진폭이 변화하며, 전등을 켜거나, 냉장고를 작동하거나, 세탁기의 모터를 돌리거나, 히터로 방을 덥게 할 때, 직류와 똑같은 **일량**을 처리하는 교류의 진폭을 정해 두면, 직류와 교류의 구별없이 같게 취급할 수 있어 매우 편리하다.

이 직류와 같은 일을 하는 진폭값을 **실효값**이라 하고, Vrms로도 표시하나, 보통은 지금까지 사용해 온 직류와 같은 기호 V를 사용한다.

정현파 교류의 실효값은 당연하고 최대값 V_m보다 작은 것은 확실하므로

$$V_{rms}=V=V_m/\sqrt{2} \quad \cdots\cdots (6)$$

이 된다. 왜 실효값이 $1/\sqrt{2}$로 되느냐는 그림(5)에 상세히 설명되어 있다.

전기의 세계에서는 정현파 교류의 전압, 전류의 크기(진폭)를 나타내는데 실효값 $V_{rms}=V$를 그대로 사용한다. 이때, 최대값(Vm)과 잘못되지 않도록 해야 한다.

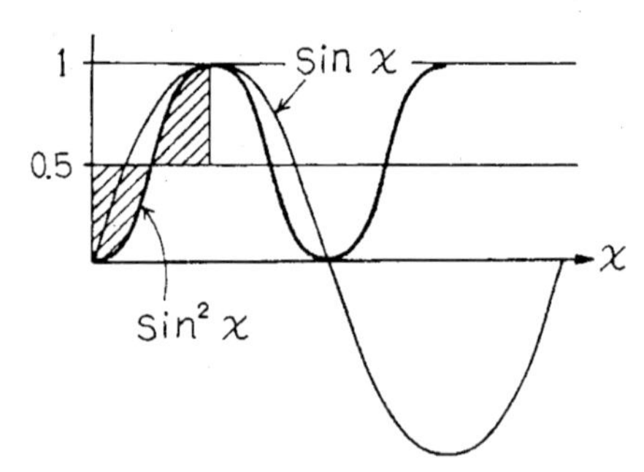

정현파형은 x를 변수로 하면 Sin x로 나타낸다. 전압이란 전류가 발생하는 에너지 순간값의 제곱에 비례하는 것을 알 수 있다.

자승값을 구하면,

$$\sin^2 x=\frac{1}{2}(1-\cos 2x)$$

로, 주기가 $\frac{1}{2}$의 곡선으로 된다. 여기서 그 면적을 구하려면 사선의 부분은 같으므로 진폭은 $\frac{1}{2}$의 직류 면적과 같이된다.

지금 제곱한 에너지를 비례하기 위해 진폭은 $\sqrt{\ }$를 씌울 필요가 있다.

그러므로 실효값 $=\frac{1}{\sqrt{2}}$최대값 으로 된다.

그림5 실효값은 최대값의 $1/\sqrt{2}$로 되는 이유

[3] 100V 상용 전원의 예

여기서, 가정에서 사용하고 있는 100V의 상용(商用) 전원의 예를 들어, 주파수, 주기, 전압

의 진폭(최대값, 실효값)을 알아보자.

상용 전원의 주파수 f는 50Hz, 60Hz를 우리 나라를 포함한 세계 각국에서 사용하고 있다. 단, 1초동안 짧은 시간에 50회, 60회의 전기 파장이 반복되는 것이다.

그림(6)에서는 파형을 고정하여 나타낸 것이며, 오실로스코프에서도 같은 파형이 보이지만, 실제로는 눈에 보이지 않는 빠른 파장이라는 것을 감각적으로 포착하는 것이 필요하다. 오실로스코프는 50Hz정도가 아니라, 그 100만배나 높은 주파수의 파형도 쉽게 볼 수 있다. 이와같이 오실로스코프는 매우 짧은 시간의 확대경이며, SF형태로 말한다면, "전기 파형의 시간을 정지시켜 인간이 관측할 수 있도록 하는 타임머신"이라고 할 수 있다.

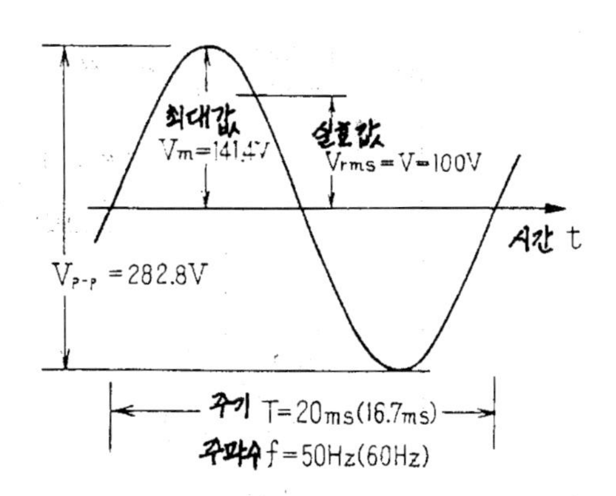

그림6 가정의 100V 전원의 전압파형

그러면, 주기T에 대해서는,

50Hz에서는, $T=1/f=1/50[s]$

$\therefore T=20[ms]$

60Hz에서는, $T=1/60[s]$

$\therefore T=16.7[ms]$

가 된다.

그리고 전압은, 100V란 실효값을 가리키므로, 최대값은 $Vm=100\times\sqrt{2}=141.4V$

또, ⊕의 산(山)에서 ⊖의 산까지의 전압을 Vp-p로 표현하는데, (p-p란 peak to peak), $Vp\text{-}p=2Vm=282.8V$가 된다.

4 오디오에서 사용하는 전파와 주파수

상용 전원의 주파수는 60Hz이며, 오디오나 텔레비젼, 비디오의 장치에서 음이나 영상을 표현하는 전기신호(오디오 신호, 비디오신호)도 넓은 주파수 범위의 정현파가 복합되었다고 생각할 수 있으며, 이것도 교류의 일종이다.

오디오 신호는 사람의 귀에 들리는 음의 주파수 범위에 대응하여 대략 30~20,000Hz의 범위의 주파수를 포함하고 있다. 그리고 **비디오 신호**는 거의 60Hz~4MHz(MHz : 메가헤르츠, 10^6Hz)로 더 높은 주파수를 포함한 넓은 범위의 주파수로 구성되어 있다. 또 오디오나 비디오의 신호를 아침부터 밤까지 끊임없이 송신하는 AM/FM라디오, 텔레비젼의 방송 전파도, 단일 정현파에 가까운 교류이며, 그 주파수는 듣고자하는 방송국의 기준사이클이 되는 것이며, 그것은 약500kHz ~12GHz(KHz : 킬로헤르츠, 10^3Hz, GHz : 기가헤르츠, 10^9Hz)로 매우 높은 주파수를 사용하고 있다.

한편, 주파수를 반대로 1Hz에서 점점 낮게 했을 경우를 생각해 보자. 그러면 10초간에 1회 반복하는 파형(주기 10s)의 주파수는 소수점 이하의 수로 되어 0.1Hz이다. 그리고 주파수를 0.01Mz, 0.0001Hz로 더 낮은 주파수도 있을 수 있다. 예를 들면 지진이 났을 때 고층 빌딩의 흔들림이나, 강풍이 불 때의 대교(大橋)의 흔들림 등은 이와같은 1Hz이하의 주파수를 함유하고 있다.

따라서, 주파수를 점점 낮게 하여 극한 $f \rightarrow 0$의 정현파 교류란 무엇을 의미하는가? 주기가 100억년의 정현파도 생각할 수 있다. 이것은 진폭이 거의 변하지 않는 파형이므로 직류에 무한히 가깝게 되어 $f=0$에서 직류로 된다. 즉, 직류란 교류의 특별한 경우이며, 교류에 포함된다고 생각할 수 있다.

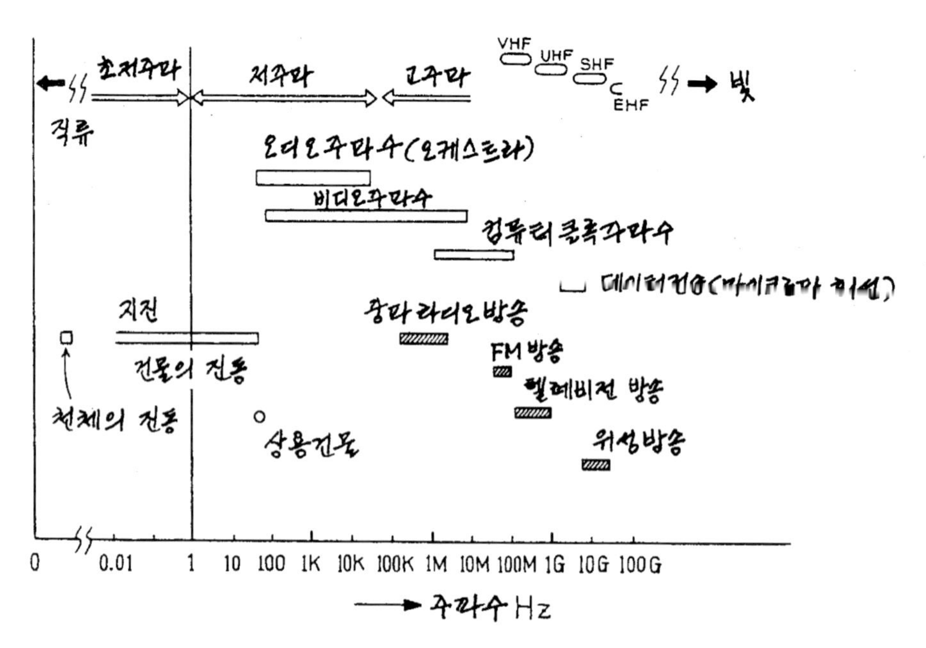

그림7　교류의 주파수는 직류에서 빛까지(교류의 주파수와 용도)

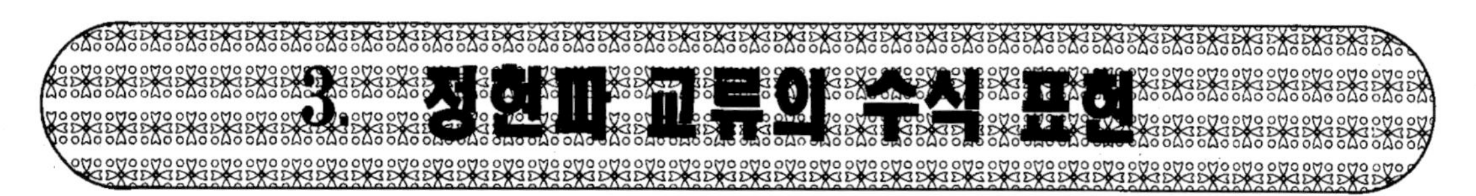

3. 정현파 교류의 수식 표현

1 등속(等速) 원운동

해머던지기, 카지노, 유원지의 회전 그네와 같이 원주상을 같은 속도로 하는 운동을 **등속 원운동**이라 한다. 등속 원운동은 여러 가지 진동 현상, 파동 현상의 기본이 되는 것이다.

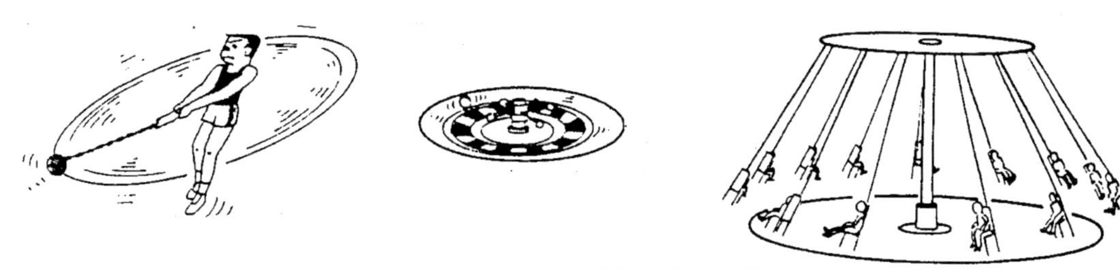

그림8 등속 원(円)운동의 예

(1) 등속 직선 운동과 등속 원운동

등속 직선 운동의 **속도**v는 $v=\dfrac{\Delta x}{\Delta t}$ ············ (7)
(단위 시간내의 위치의 변화)

등속 원운동의 각(角)속도 ω는 $\omega=\dfrac{\Delta \theta}{\Delta t}$ ············ (8)
(단위 시간내의 각도의 변화)

직선 운동의 $\Delta x/\Delta t$는 대충 잡아 자동차의 운전, 항공기의 속도나 야구에서 피처의 구속(球速) 등, 일상 생활에서도 흔한 것이나, 원운동의 각(角)속도 $\Delta\theta/\Delta t$는 흔하지 않으므로 잘 알지 못한다.

그러나 원(円)운동의 속도를 표현하려면, 각도의 변화 $\Delta\theta$를 취급하는 것이 가장 적합하다. 특히 전기의 파형을 취급하는 데는 이 각(角) 속도 ω를 사용하는 것이 편리하다.

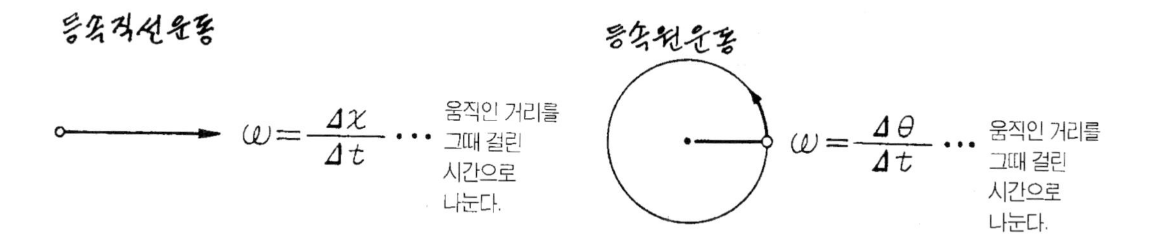

그림9 등속 직선운동과 등속 원운동

(2) 호도법(弧度法, 라디안 ; rad)

호도법(弧度法)도 단번에 쓰는 것은 나쁘나, 30°, 90°등의 각도 표시와 달라서, 각도와 함께 원주상의 길이를 동시에 표현하므로 아주 편리하다.

각도 θ를 호도(弧度, rad)로 나타내기 위해서는 그림(10)과 같이 반지름1의 원(單位円이라 한다)을 생각하고, θ에 대응하는 원호 부분의 길이를 나타낸다. 이 호도와 각도는 다음과 같이 비례한다.

360° ·············· 2π rad
180° ·············· π rad
90° ·············· $\frac{\pi}{2}$ rad
60° ·············· $\frac{2}{3}\pi$ rad
45° ·············· $\frac{1}{4}\pi$ rad
30° ·············· $\frac{1}{6}\pi$ rad

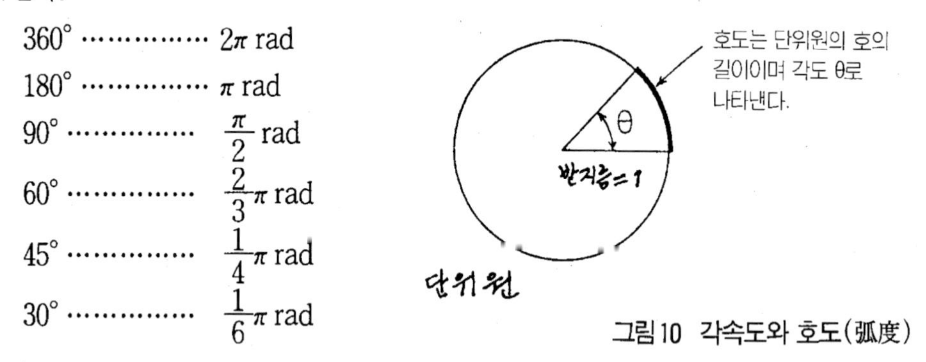

그림 10 각속도와 호도(弧度)

(3) 등속 원운동의 회전수와 주기

각(角)속도 ω의 등속 원운동의 1회전(弧度로 2π)의 시간(주기 T)은, (8)식에서,

$\Delta\theta=2\pi$, $\Delta t=T$로 하여

$$T=2\pi/\omega[s] \quad \cdots\cdots (9)$$

매초에 대한 회전수 n은

$$n=\frac{1}{T}=\frac{\omega}{2\pi}[1/s] \quad \cdots\cdots (10)$$

이 식에서

$$\omega=2\pi n \quad \cdots\cdots (11)$$

로 된다.

[2] 등속 원운동과 정현파의 관계

등속 원운동은 정현파와 큰 관계가 있다. 그림(11)과 같이 각(角)속도 ω로 회전하고 있는 단위원(円) 위에 임의의 P_1점(x_1, y_1)을 잡으면, 다음과 같이 된다.

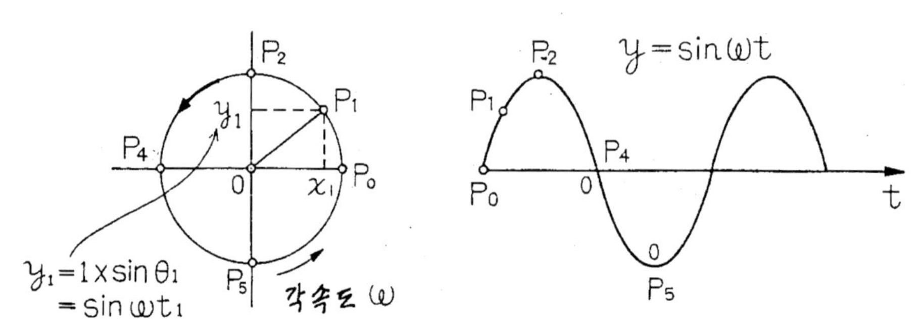

그림11 등속도 운동은 정현파의 것(옆에서 보면, 시간에 대해 정현파가 된다)

$\angle P_1OP_0=\theta_1=\omega t_1$

$y_1=1\times\sin\theta_1=\sin\omega t_1$

그래서 이 그림(11)과 같이 가로축에 θ 또는 t를 변수로 하여, y의 값을 구성(점을 잡는다) 하여 보면,

$y=\sin\theta=\sin\omega t$

의 곡선이 나타난다. 등속 원운동을 하고 있는 관람차, 전자 레인지의 턴 테이블을, 운동면의 바로 옆에서 볼 때 운동 현상이 바로 정현파로 된다.

3 정현파 교류의 식

정현파 교류를 표현하는 식은,

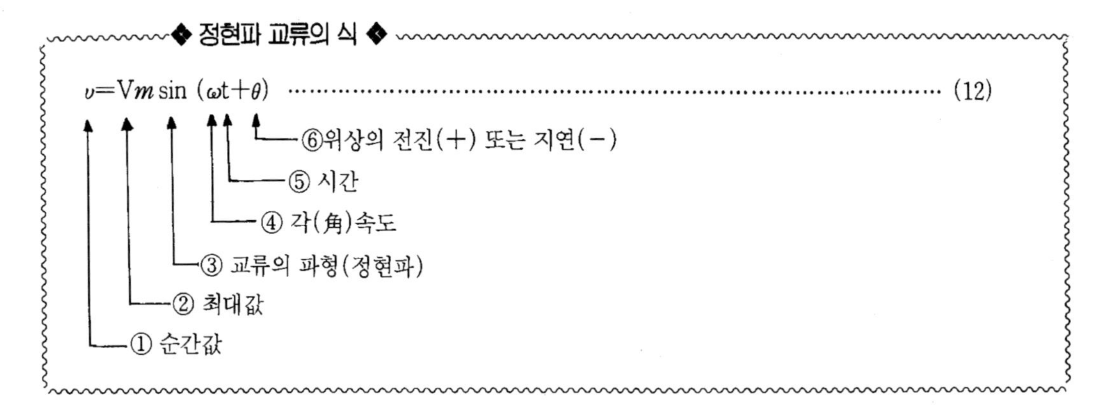

로 나타낸다. 주기T에서는, 정확히 $\omega t=2\pi$로 되므로,

$$T=\frac{2\pi}{\omega}=\frac{1}{f}\text{에서 각속도 }\omega=2\pi f \qquad \cdots\cdots(13)$$

의 관계가 있다. 또 주파수 f는 등속 원운동의 회전수 n에 대응한다.

또 정현파 교류의 식은,

$$V=V_m\sin(2\pi ft+\theta) \qquad \cdots\cdots(14)$$

로도 표현한다. ω를 사용하는 것이 간단하므로 전기 회로의 계산에서는 일반적으로 (13)식을 널리 사용한다.

4 정현파 교류와 벡터

정현파 교류의 식(12), (14)를 잘 보면, 교류는 다음 4개의 변수(變數)로 되어 있으며, 그 변수가 결정되면, 교류는 완전하게 표현할 수 있다.

① 진폭(여기서는 최대값 V*m*)

② 파형(여기서는 정편파 sin)

③ 주파수 또는 각(角)속도(f 또는 ω)

④ 위상(여기서는 θ)

이 가운데 전기 회로에서는 대부분이 항상 정현파를 취급하는 경우가 많고, 또 주파수 f를 일정하게 하면 ②, ③은 생략할 수 있고, ①의 진폭과 ④의 위상(位相) 2개의 변수로 충분히 표현할 수 있다. 그래서 벡터로 나타내는 방법이 널리 쓰이고 있다.

벡터란 크기와 방향을 가진 양(야구공의 운동 속도는 공의 속도뿐만 아니라 그 운동 방향도 갖고 있다)을 말하며, 편리한 것은 하나의 화살표로 그림에 표현할 수 있다. 그림(12)와 같이 화살표의 길이로 그 벡터량(量)의 크기를 나타내고, 화살표의 방향으로 벡터의 방향을 나타낸다. 전기의 정현파를 표현할 때는,

화살표의 길이 : 정현파의 실효값 V*rms*=V

화살표의 방향 : x축과 이루는 각도를 위상ϕ

로 한다. 벡터 표시에서 주의할 것은,

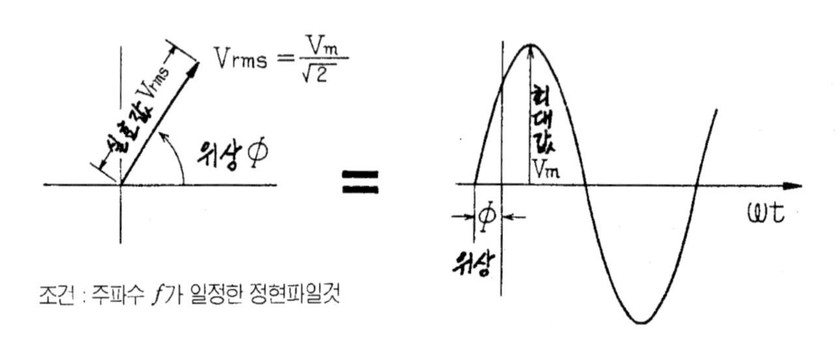

그림12 전압(전류)의 벡터는 정현파의 실효값과 위상을 나타낸다.

(1) 화살표의 길이는 최대값 V*m*가 아니라 실효값으로 나타내는 약속이 되어 있다.

(2) 파형은 정현파이고, 주파수 f는 특정되어 있는 것의 2점이다.

다른 기호와 혼돈하기 쉬울 때나, 벡터의 양(量)기호로서 벡터를 강조할 때는, $\dot{I}$, $\dot{V}$ 와 같이 ·을 위에 붙인 대문자를 사용하여 I도트(dot), V도트 등으로 부르나, 도트를 붙이지 않는 경우도 종종 있다. 교류의 전기량은 대부분의 경우 위상을 포함하고 있어 벡터이므로 일일이 도트를 붙이면 번잡하게 되기 때문이다.

또 벡터는 다음과 같은 식으로 표현한다.

$\dot{I} = I\angle\phi \quad |\dot{I}| = I \quad \angle\dot{I} = \phi$

벡터를 발명한 수학의 세계에서는, $|\dot{I}|$를 벡터의 절대값이라 하고 $\angle\dot{I}$를 편각(偏角)이라 한다. 전기의 세계에서는 $|\dot{I}|$는 실효값, $\angle\dot{I}$는 위상을 나타낸다.

제3장

전기회로의 L.C.R

학습요점

음악에서 트리오라 하면 피아노와 바이올린, 첼로의 3중주이다.

3가지 음색, 음역(音域), 또는 성격, 표정이 다른 악기의 합주로 아름다운 화음을 표현하듯이 전기 회로의 3인조 L. C. R도 마찬가지로 전혀 성질이 다르거나 반대의 요소이며, 이것들을 결합하면 복잡 교묘한 전기회로의 기능이 생긴다.

이 장은 L. C. R의 각각에 대해 그 기본적 기능을 설명한다.

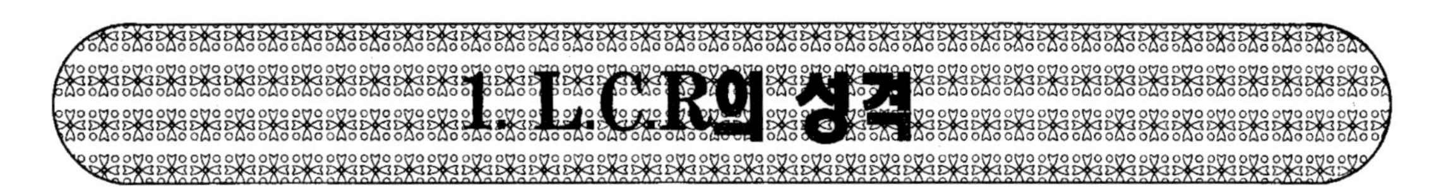

1. L.C.R의 성격

① L.C.R은 공기와도 같다

그림(1)은 어느 여학생이 졸업 앨범의 삽화로서, 그것도 전자 공학 실험사진의 삽화로 그린 것이다.

「BGM : 백조의 호수」로 쓰여 있으며, 이 발레곡 중의 일부인 「작은 백조의 춤」과 같다. 우아한 발레리나인 것처럼 손을 잡고 춤추는 것은 어쩐지 우습광스럽다.

맨 좌측의 L양, 맨 우측의 C양, 그 옆의 R양의 3명은, 전기 회로를 구성하는 기본적인 요소, 소자(素子)를 나타낸다.

L.C.R는 각각 전기적인 성질의 특징이 있으며, R를 중심으로 L과 C는 성격이 정반대이다. 사람에 비유하면 L양은 여유있는 성질이고, C양은 정반대로 성급하고, R양은 그 중간의 정상적인 성질이다.

그림 1　L.C.R의 관계

② 회로도의 L.C.R.

이 장(章)의 목적은 「E볼트의 전압을 L.C.R의 각각에 가했을 때, 과연 어떤 전류가 흐르는가」를 알아보고 충분히 이해하는 것이다. 이것을 알면 어떤 복잡한 전기회로도 대개 L.C.R의 결합으로 이루어졌음을 알 수 있다.

그 이유는 전기 회로를 벽돌, 건물에 비유하면, L.C.R는 건물을 구성하는 하나하나의 벽돌에 해당하기 때문이다.

서울역

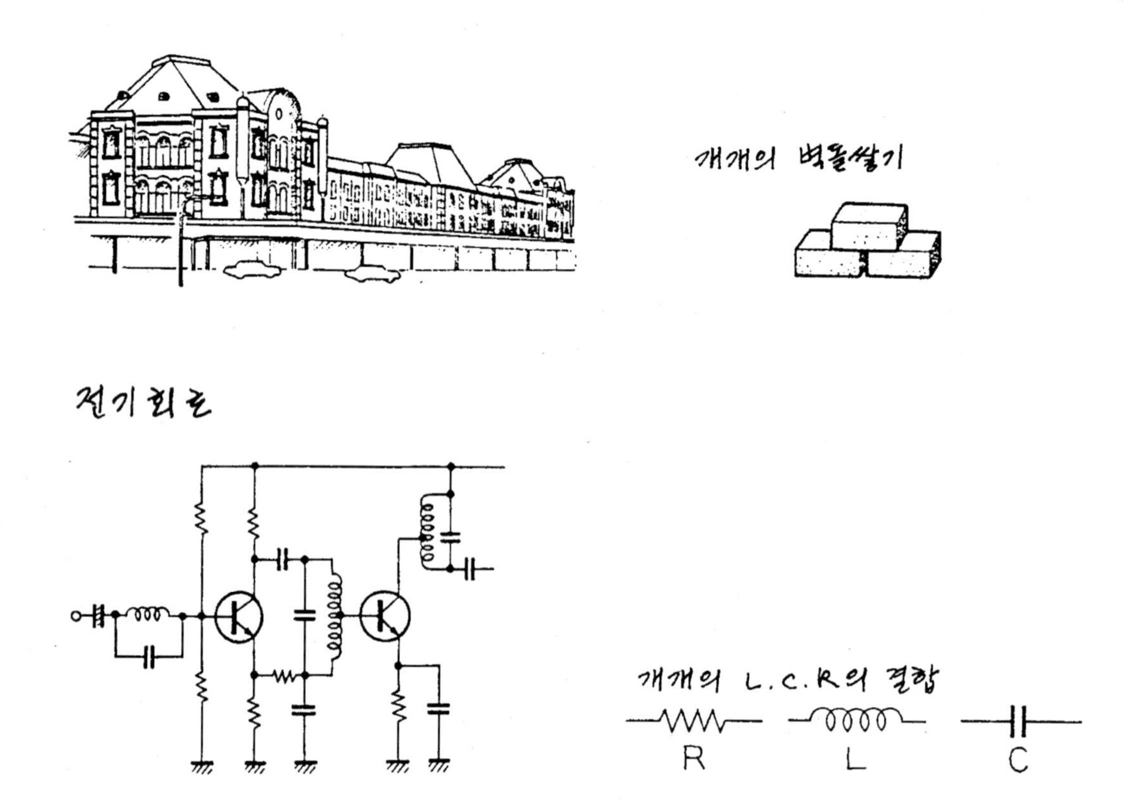

그림2　전기 회로는 L.C.R의 결합에 지나지 않는다.

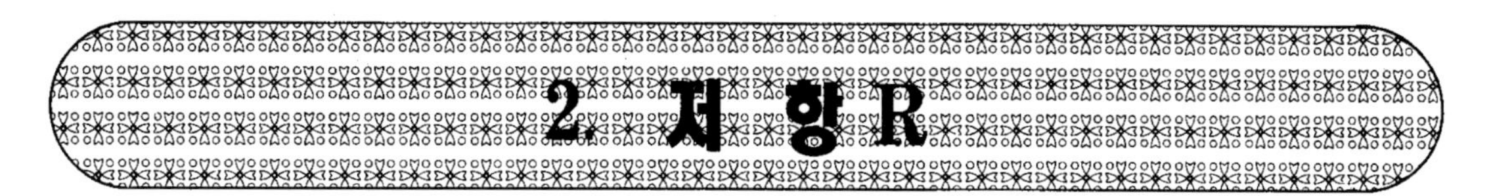

1 전류의 흐름을 방해하는 저항R

전기 부품으로서의 저항이란 그림(3)과 같은 모양이고, 양쪽에 2개의 도선을 가진 전기의 저항체이다.

저항을 그림(4)와 같이 수도관에 비유하여 굵은 수도관과 가는 수도관에서, 어느 쪽이 물이 흐르기 어려운지 비교해 본다. 같은 압력을 가했을 때, 가는 관은 물이 흐르기 어렵고, 굵은 관은 물이 많이 흐를 수 있다.

이와 같이 저항 R은 전류가 흐르기 어렵게 하는 부품이며, 전류는 흐르지만 도체보다도 전류가 잘 흐르지 않도록 특별한 재료를 사용하여 만든 것이다.

부품으로서의 저항의 기능, 즉 얼마만큼 전류가 흐르기 어려운지의 여부에 따라 그 부품의 **저항값, 저항의 크기,** 또는 **저항**이라 부른다. 그러므로 저항이라는 용어는 그림(3)과 같은 부품의 명칭이고, 또 전기적인 기능으로서의 저항값의 2가지를 가리킨다. 특히 이 양자를 구별해야 할 경우, 부품의 명칭으로는 "저항기(抵抗器)"라 하여 「기(器)」를 붙인다. 또 지금까지 설명한 바와 같이 값을 나타내는 경우는 "저항치"라 하여 「치(値)」를 붙인다.

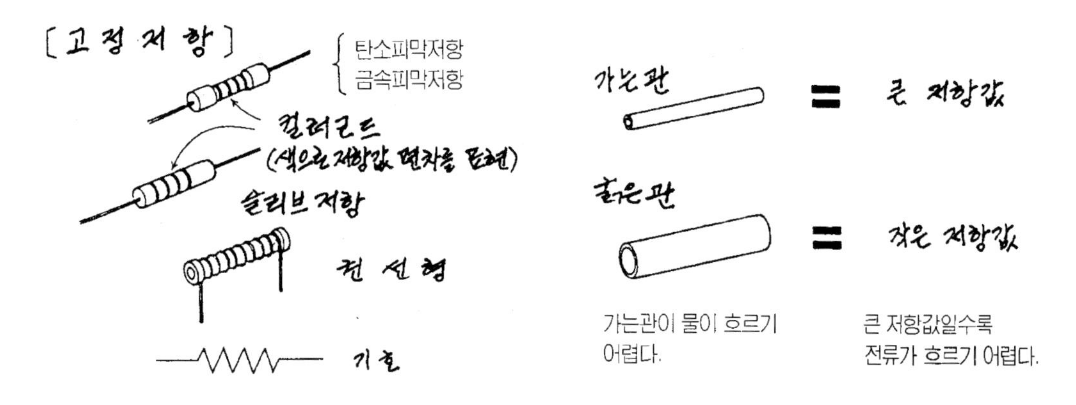

그림3 저항은 전류의 흐름을 가늘게 하는 부품

그림4 저항값이 큰 저항은 가는 수도관과 비슷하다. 어느 쪽도 흐름이 가늘어진다.

◆ 저항의 기호 ◆

저항의 양(量) 기호는 R, 저항값의 단위 기호는 Ω(옴 : Ohm), 표시 기호는 그림(3)의 아래와 같이 나타낸다.

보통 사용하고 있는 저항 부품의 저항값은 수옴(Ω)부터 수메가옴(MΩ, 1×10^6Ω)까지 100만 배나 되는 범위의 저항 부품을 만들고 있으며, 그 결합으로 전기 회로의 작용을 교묘하게 이루고 있다.

2 옴의 법칙

1장 3에서 전압과 전류의 관계는 수압과 물의 흐름, 또는 치약 튜브와 손의 압력과의 관계와 같다는 것을 설명했는데, 여기에 저항의 기능을 비교하면 정확히 알 수 있다.

물의 흐름(水流)에서 저항에 해당하는 것은 수도관의 굵기이며, 치약이나 마요네즈의 튜브에서는, 출구 부분(유체 역학에서는 노즐이라 부른다)의 굵기이다(그림 5).

전기의 세계에서는 전압과 전류, 그리고 저항의 사이에 매우 정확하고 간단한 관계식이 성립한다. 발견자인 옴(Ohm)의 이름을 따서 **옴의 법칙**이라 부르고 있다.

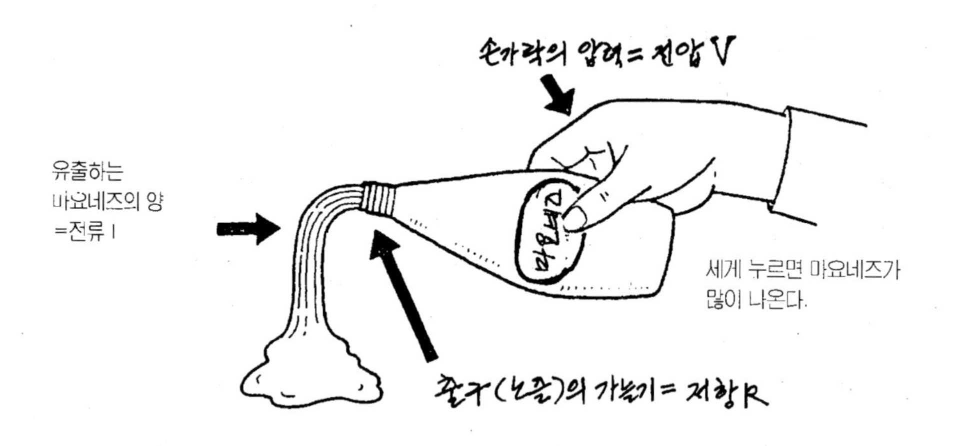

그림5 옴의 법칙은 마요네즈를 눌러내기

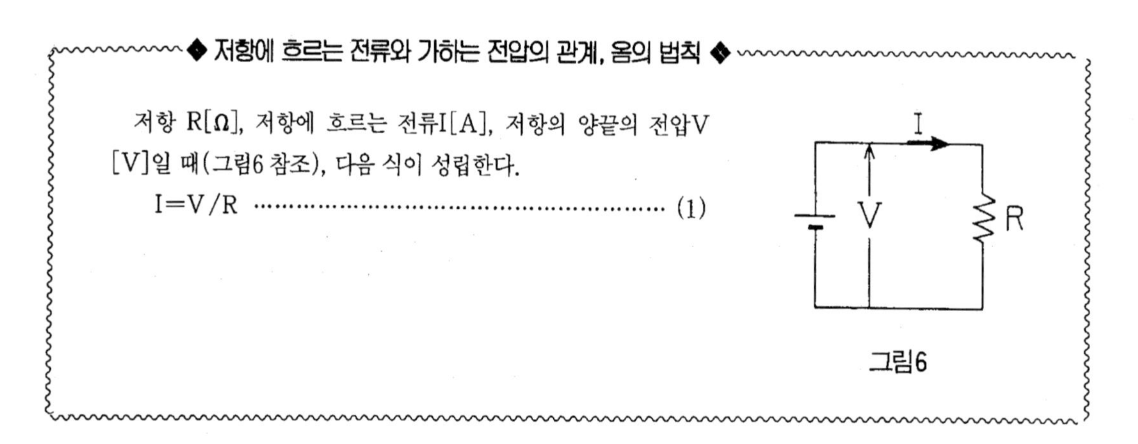

◆ 저항에 흐르는 전류와 가하는 전압의 관계, 옴의 법칙 ◆

저항 R[Ω], 저항에 흐르는 전류I[A], 저항의 양끝의 전압V[V]일 때(그림6 참조), 다음 식이 성립한다.

$I=V/R$ ·· (1)

그림6

1Ω의 저항에 1V의 전압을 가하면, 정확히 1A의 전류가 흐른다.

(1)식은 전기의 가장 기본이 되는 대원칙이다.

"모든 길은 로마로 통한다"는 말이 있듯이 "모든 전기 회로의 동작은 옴의 법칙에 따른다"고 할만큼 아주 중요한 식이다. 이런 법칙을 수도관 속의 물의 흐름, 치약의 튜브를 누루는 현상과 비슷하다.

옴의 법칙인 (1)식은 매우 간단하나 저항, 전류, 전압을 구하는데 절대적으로 필요하므로 아래 공식들을 반드시 유념하여야 한다.

① I=V/R : 저항에 흐르는 전류I는 양끝의 전압V에 비례하고, 저항값R에 반비례한다.

② V=IR : 저항 양끝의 전압V는 흐르는 전류I와 저항값R에 비례한다.

③ R=V/I : 저항값R는 저항 양끝의 전압V를 전류I로 나누면 구할 수 있다.

이상은 직류 전압, 전류와 저항의 관계를 알아본 것이나, 교류에 대해서도 전압V, 전류I는 실효값을 취하기 때문에 똑같으며, 옴의 법칙이 성립하는 점에 주의해야 한다(그림 7).

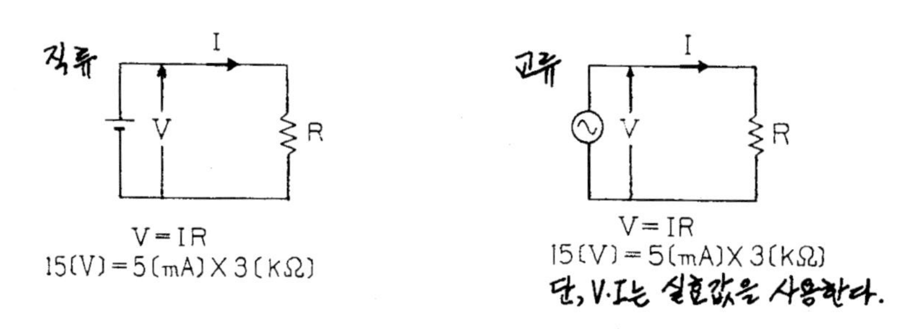

그림7 직류와 교류는 모두 옴의 법칙은 똑같이 성립한다.

예 제 어느 저항에 5mA의 전류가 흐르고 있으며, 저항 양끝의 전압을 측정하였더니 15V였다. 저항값R의 값은 얼마인가(그림 8)?

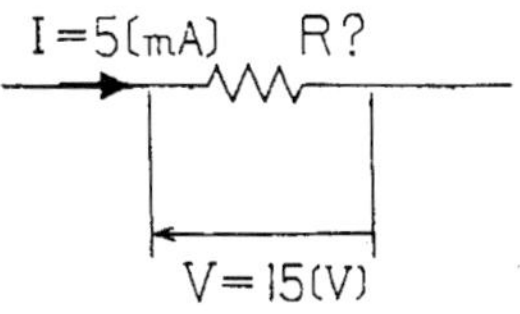

그림8 저항값은?

풀 이 R=V/I에, V=15V, I=5mA를 대입하여 계산한다.

$$R=\frac{15}{5\times10^{-3}}=3\times10^{3}\Omega$$

$\therefore R=3k\Omega$

3. 캐패시턴스C(capacitance)

1 전하의 저수지 캐패시턴스

캐패시턴스란 전기적 기능을 나타낸 용어이며, 전기 부품으로는 콘덴서(condenser)라 부른다. 콘덴서의 가장 기본적인 모양은 그림9(a)와 같은 평행한 2장의 금속판이다. 실제의 콘덴서 부품은, 될 수 있는 대로 금속판의 면적을 넓게 하고, 또 소형화하기 위해 그림 (b), (c)와 같은 금속판이 아니라, 얇은 금속박(箔)이며, 또한 극히 얇은 절연물을 사이에 넣어 두루마리 모양으로 감거나, 샌드위치처럼 여러 층으로 쌓은 구조로 되어 있다. 그러나 원리는 (a)의 평행 금속판과 똑같다고 할 수 있다.

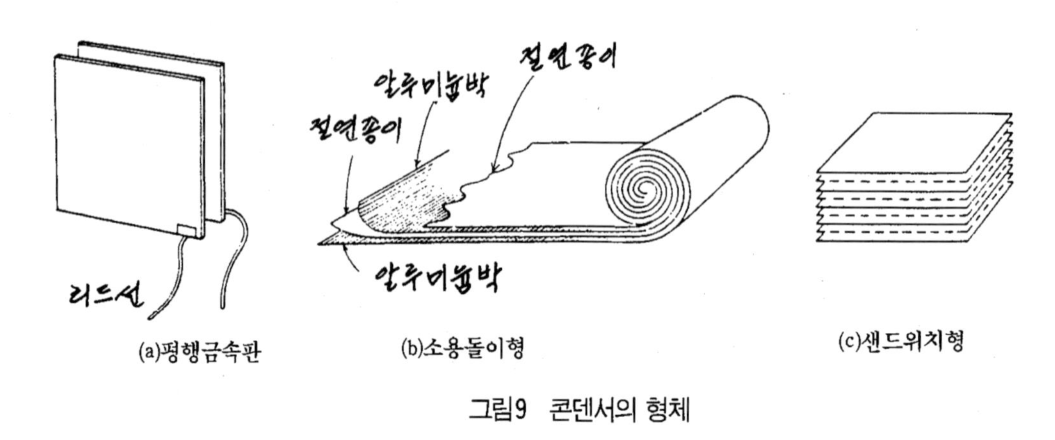

그림9 콘덴서의 형체

실제의 부품에서는 절연물의 종류에 따라 그림(10)과 같이 종이 콘덴서, 마이카 콘덴서, 세라믹 콘덴서, 전해(電解)콘덴서 등이 있으며, 각각의 특징에 따라 필요한 곳에 사용하고 있다.

콘덴서의 전기 기능의 기본을, 그림(9)의 금속판형에서 알아 보자. 예컨데 콘덴서는 1장 3의 4항에서 설명한 공간의 전압, 전장(電場)의 좋은 예이다.

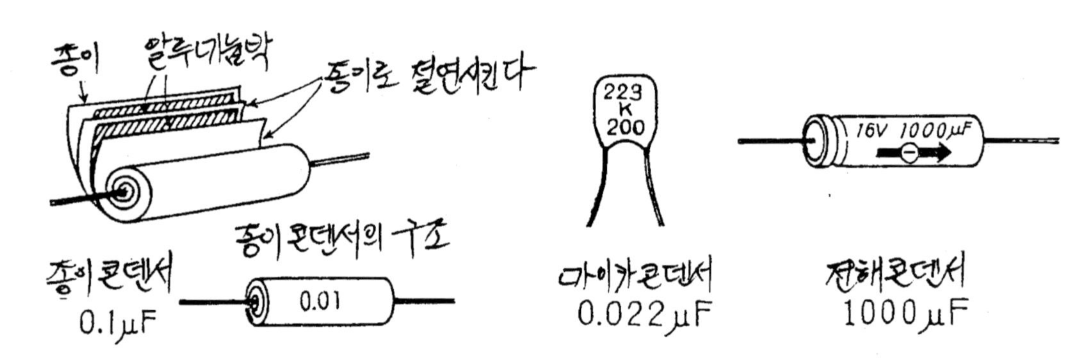

그림10 여러가지 콘덴서 부품

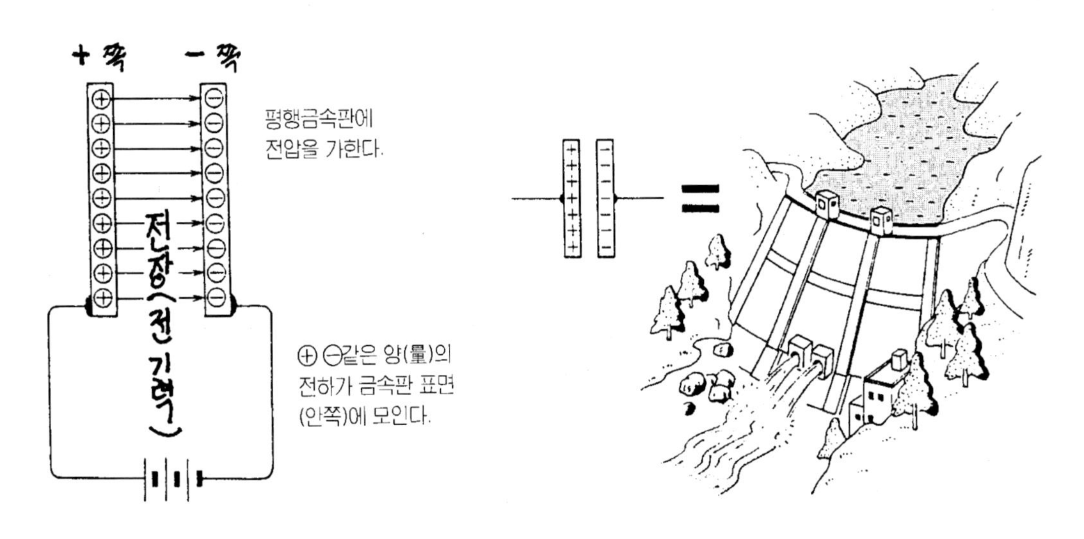

그림11 전압을 가한 콘덴서의 전하가 모인 상태

그림12 콘덴서는 전하의 저수지

그림(11)과 같이 2장의 금속판에 전압을 가하면, 금속판 사이의 공간에는 전장이 발생한다.

전장에는 전기력이 있어 전하에 대해 힘(인력 또는 반발력)이 작용하므로 ⊕전압쪽 판의 안쪽 표면에는 ⊕의 전하가 생기고, ⊖전압을 가한 판의 안쪽 표면에는 ⊖전하가 생긴다. 그러므로 ⊕전하는 상대쪽 판의 ⊖전압에 끌리고, ⊖전하는 상대방의 ⊕전하에 끌리는 형태이며, 같은 양(等量)의 ⊕, ⊖전하가 금속판에 마주하는 안쪽 표면에 축적한다. 또 전압을 끊어도 전하(電荷)는 그대로 남아있다.

콘덴서의 기본적인 역할은 전하를 축적하는 기능이다. 얼마만큼의 전하를 축적할 수 있느냐의 능력을, 콘덴서의 **캐패시턴스**(Capacitance), **정전(靜電) 용량**, 일반적으로 표현방법은 **"용량"**이라 한다. 이것은 저수지에 물을 저장하는 것과 같은 상태이다.

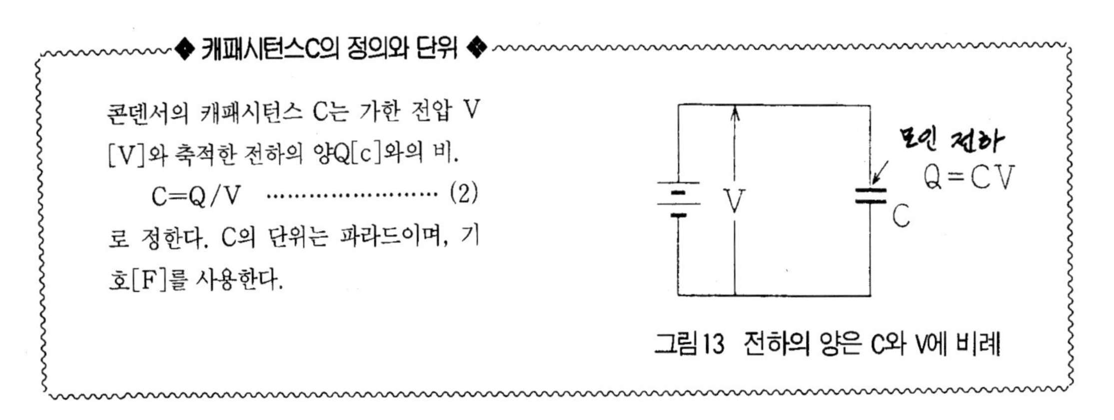

◆ 캐패시턴스C의 정의와 단위 ◆

콘덴서의 캐패시턴스 C는 가한 전압 V[V]와 축적한 전하의 양Q[c]와의 비.

$$C=Q/V \quad \cdots\cdots (2)$$

로 정한다. C의 단위는 파라드이며, 기호[F]를 사용한다.

그림13 전하의 양은 C와 V에 비례

1V의 전압을 가했을 때, 그 콘덴서에 축적한 전하가 1C일 때 캐패시턴스는 1F이다. (2)식을 고치면,

$$Q=CV \quad \cdots\cdots (3)$$

가 되며, 콘덴서에 축적된 전하의 양Q는 캐패시턴스 C가 클수록, 또 가하는 전압이 클수록 C와 V의 크기에 비례하여 커진다.

전하가 축적하면 정(靜)전기라고 했는데, 콘덴서에 축적한 전하는 그 상태가 정전기이다. 그리고 천둥이나 자동차의 정전기는 지면과 천둥, 지면과 자동차의 차체가 만들 수 있는 용량에 전하가 축적했다고 생각하면, 전하, 정전기, 콘덴서, 캐패시티와 지금까지 설명한 것들이 모두 일관된 방식이라고 할 수 있다.

콘덴서의 캐패시턴스 C는 전하를 축적하는 능력이므로, 극판의 면적이 넓을수록 값이 크고, 또 극판간의 전계(電界)가 강할수록 값은 커진다. 그래서 다음 식이 성립한다.

◆ 콘덴서의 구조와 캐패시턴스 C의 관계식 ◆

콘덴서의 극판면적 S[㎡], 극판간의 거리 d[m]일 때, 다음과 같이 된다(그림 14).

$$C = \varepsilon S / d \text{[F]} \quad \cdots\cdots (4)$$

여기서, ε는 유전율(誘電率)이라 부르는 상수이며, 극판 사이의 절연 물질의 성질로 결정되고, 진공(공기도 같다)에서는,

$$\varepsilon = 8.9\times10^{-12} \text{[F/m]}$$

가 된다.

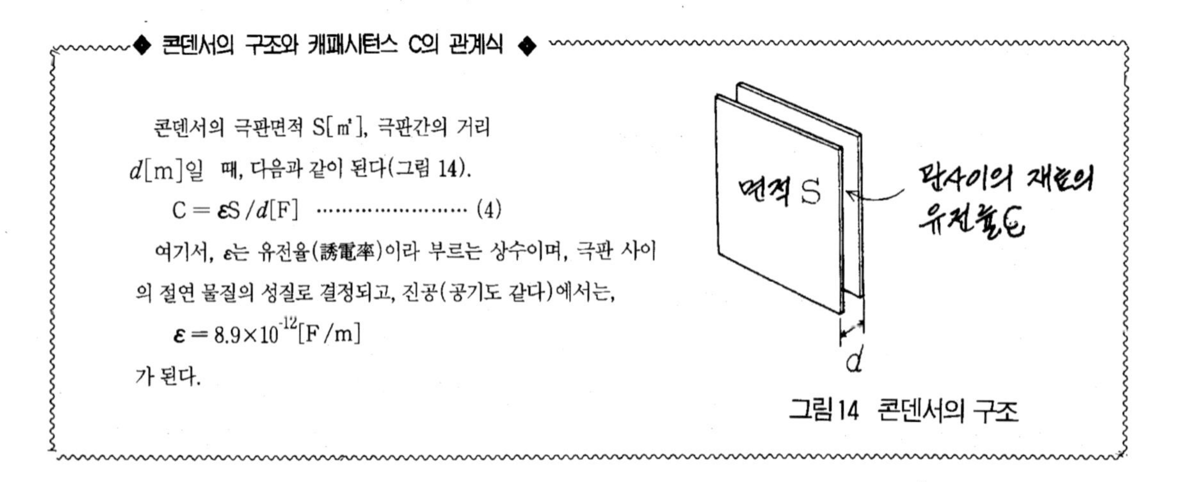

그림 14 콘덴서의 구조

[2] 캐패시턴스C

콘덴서는 원리적으로 2장의 금속판이며, 판 사이는 벌어져 있으므로 직류는 통하지 않는다.

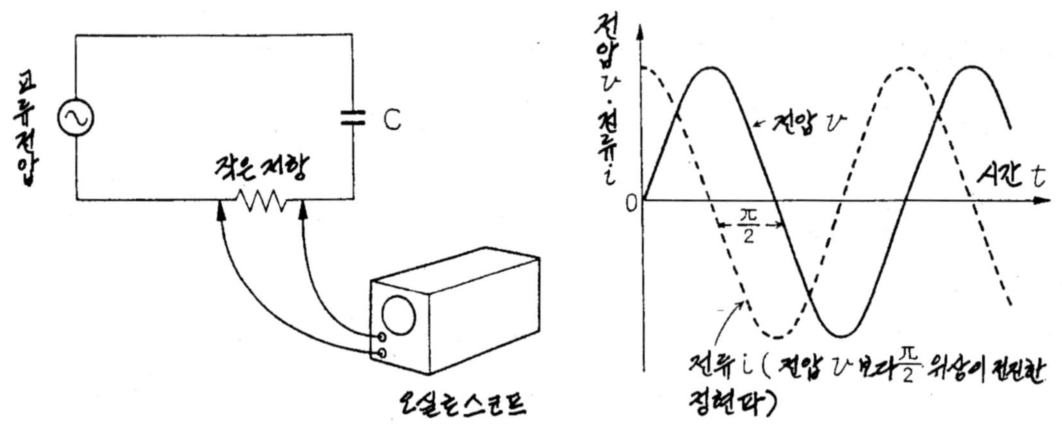

(a) 저항 양끝의 전압은 흐르는 전류에 비례한다.

(b) (a)의 회로의 전압, 전류파형

그림 15 캐패시턴스에 교류 전압을 가하면 어떤 전류가 흐르는가?

직류에 대해서는 저항은 ∝로 볼 수 있다. 그러면 교류 전압에 대해 캐패시턴스 C는 도대체 어떤 동작을 하는가?

그림15(a)와 같이 콘덴서의 한 끝에 전류 측정용의 작은 저항을 연결하여, 전체에 교류 전압을 가하여 어떤 전류가 흐르는지 조사해 보면, 직류에서는 전류가 흐르지 않았는데, 교류 정현파 전압을 가하면, 가한 전압과 비슷한 파형의 전류를 관측할 수 있다. 이것은 참으로 이상한 현상이다.

그림15(b)에서 파형을 자세히 보면, 먼저 전류 파형의 위상(位相)이 90°(π/2rad) 전압 파형보다 전진해 있다. 캐패시턴스는 전압보다 앞질러 전류의 위상이 90°전진했기 때문에, 사람에 비유하면, 용무에 관한 지시를 듣기도 전에 뛰어나가는 급한 성격이라고 비교할 수 있다.

또 전류는 캐패시턴스 C와 가하는 전압이 클수록, 그리고 교류의 주파수 f가 높을수록 커진다. 교류 전압V와 전류I 사이의 식은 다음과 같다.

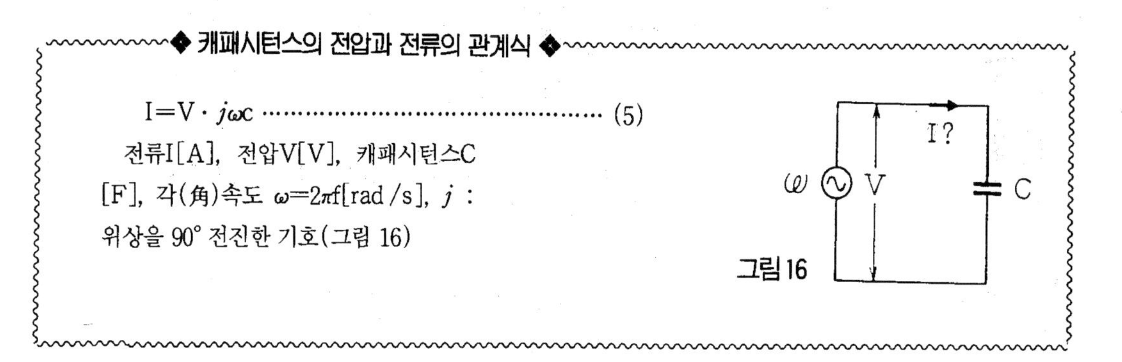

◆ 캐패시턴스의 전압과 전류의 관계식 ◆

$$I = V \cdot j\omega C \qquad \cdots\cdots (5)$$

전류I[A], 전압V[V], 캐패시턴스C [F], 각(角)속도 $\omega=2\pi f$[rad/s], j : 위상을 90° 전진한 기호(그림 16)

그림 16

여기서 (5)식의 $j\omega C$는 전류가 흐르기 쉬움을 나타낸다고 생각되며, 저항의 경우 옴의 법칙과 비교해 보면, I/R에 대응한다. 여기서는 진폭(振幅)과는 관계없이, **"위상을 90°전진하는 신기한 기호"**로 생각하기로 한다. 그러므로 이 식은 전압, 전류의 관계를 진폭만이 아니라 위상을 포함하여 완전한 설명을 한 것이 된다. 또 이 식은 직류 즉 $\omega \to 0$에서는 $I \to 0$이 되어, 직류 전류가 전혀 통하지 않는다는 성질도 설명하고 있기 때문에, 교류, 직류를 포함하여 성립하는 식이라고 할 수 있다.

예 제 주파수 f=1000Hz의 정현파 교류 전압 V=10V를 C=2μF의 콘덴서에 가했을 때, 흐르는 전류는 얼마인가(그림 17).

풀 이 (5)식에 대입하면, π=3.14로 하여,

$$I = 10 \times j \times 2\pi \times 1000 \times 2 \times 10^{-6}$$
$$= j125.6[\text{mA}]$$

I의 크기는 125.6mA이며, 전압V보다 90° 위상이 전진한 것을 알 수 있다.

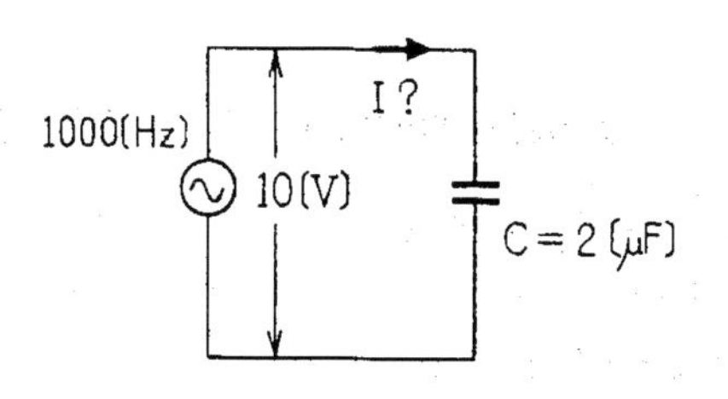

그림17

4. 인덕턴스 L

1 자장을 축적하는 인덕턴스

인덕턴스는 1장4에서 설명한 바와 같이, 전선을 원통(円筒)에 여러 번 감은 코일의 전기적 기능을 나타내는 용어이다. 실제의 코일 부품은 그림(18)과 같이 원통에 감은 것, 철이나 페라이트 자석을 강하게 하는 재료에 감은 것, 2개의 권선(券線)을 가진 트랜스포머 등 여러 가지가 있다.

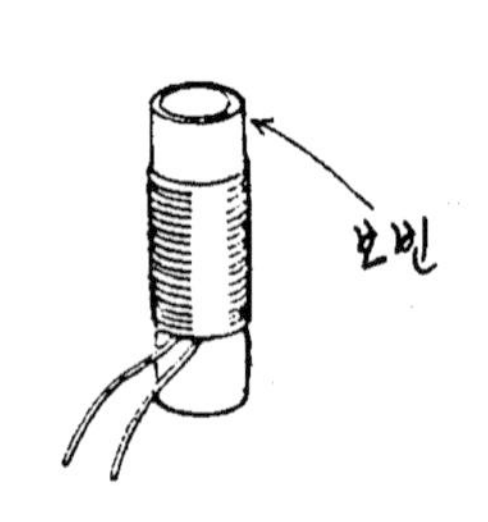

(a) 공심(空心)코일

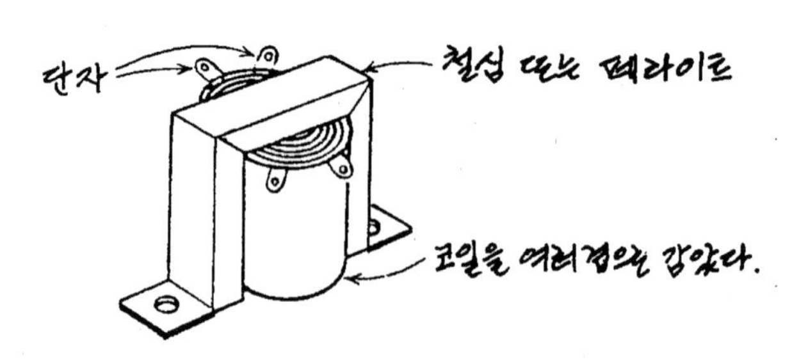

(b) 자심을 가진 코일, 트랜스포머

그림18　코일부품

저항의 전기적 기능이 R[Ω], 콘덴서가 C[F]인 것과 같이, 코일의 기능은 **인덕턴스L[H]**(헨리 ; Henry)로 표현한다. 보통 코일 부품의 인덕턴스는 수[μH]부터 수[H]의 범위인 것이 있다.

코일은 전류가 흐르면 코일과 링크한 자장을 가지며, 거기서 코일의 전기적 특징이 나온다. 인덕턴스L란 단위 전류가 흐를 때 코일의 자장의 세기를 나타낸다.

1A의 전류를 인덕턴스 1H의 코일에 흐르면, 1Wb의 자속이 발생한다.

◆ 코일의 인덕턴스 L은 그 코일의 자장을 나타낸다 ◆

I[A]의 전류가 흘렀을 때, 인덕턴스에 생기는 자속(磁束) ϕ[Wb](웨버)는 다음 식으로 나타낸다.

$$L \cdot I = \phi \qquad (6)$$

인덕턴스 L의 단위는 [H]

1장 4에서 나온, 전류의 변화에 저항하는 성질－자기 유도의 크기도, 완전히 인덕턴스 L로 표현할 수 있으며, 그 이유는 다음 장에서 설명한다.

코일은 전선을 감은 부품이므로 직류 전류는 용이하게 흐른다. 즉 직류적 저항의 이상값(理想値)으로는 0이다.

이것은 캐패시턴스의 직류적 저항이 ∞라는 것과 대응하고 있다.

코일의 치수, 권수(券數)와 인덕턴스 L의 관계는 다음 식으로 계산할 수 있다.

◆코일의 치수와 인덕턴스L◆

$L=K \cdot \mu \cdot n^2 S / \ell [H]$ ………… (7)

μ : 상수, 코일 심(心)의 물질의 투자율(透磁率), 진공, 공기에서는 1.26×10^{-6}

n : 코일의 권수(券數)

S : 코일의 단면적[㎡]

r : 코일의 반지름[m]

ℓ : 코일의 길이

K : 수정 계수, r / ℓ로 결정(표1 참조)

〈표1〉 수정계수 K

r/ℓ	K	r/ℓ	K	r/ℓ	K
0.025	0.98	0.50	0.69	2.00	0.37
0.05	0.96	0.60	0.65	3.00	0.29
0.10	0.92	0.70	0.61	4.00	0.24
0.20	0.85	0.80	0.58	5.00	0.20
0.30	0.78	0.90	0.55		
0.40	0.74	1.00	0.53		

인덕턴스는 권수(券數)n의 제곱에 비례한다. 그리고 단면적 S가 크고 ℓ이 작을수록 커진다는 것을 기억해 둔다. 반대로 소형이고 큰 L을 얻기 위해서는 권수n을 크게 하여, 투자율 μ가 큰 재료(페라이트 등의 자성 재료)를 사용하면 좋다는 것을 (7)식에서 알 수 있다.

2 인덕턴스 L

인덕턴스 L의 전기적 특성을 캐패시턴스C와 비교해 보면, 직류 또는 교류에 대해서 정확히 정반대이다.

캐패시턴스의 경우와 같이, 그림19(a)에서 코일의 양끝에 신호 발생기를 접속한다. 그런 다음 교류 전압을 가하여, 어떤 전류가 흐르는지를 측정하면 그림19(b)와 같은 형태를 얻는다.

코일에는 콘덴서의 경우와 같이 정현파 전류가 흐르지만 양상이 조금 다르며, 그림(b)와 같이

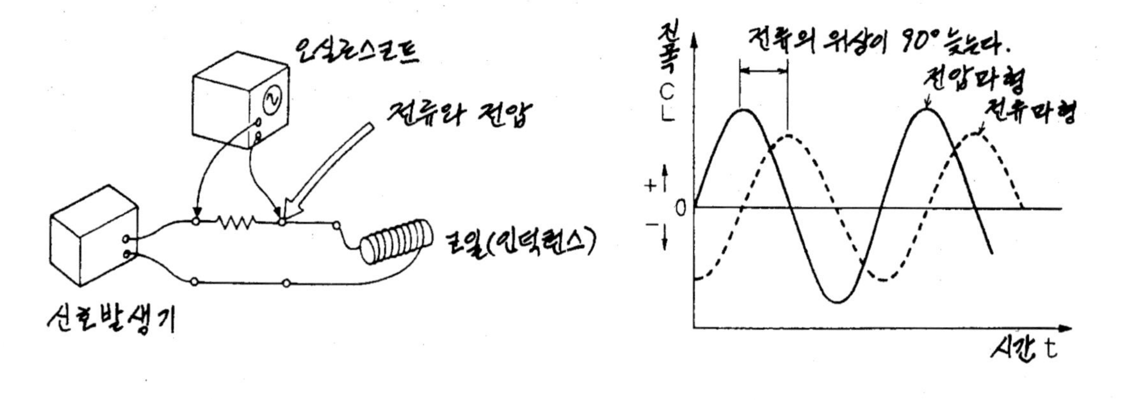

(a) 교류전류의 측정

(b) 인덕턴스에 흐르는 전류와 전압

그림 19 교류 전압을 가한 인덕턴스에는 어떤 전류가 흐르는가?

이 번에는 전류의 위상(位相)이 90°지연되어 있다.

인덕턴스는 결재서류를 언제나 늦게 제출하는 사원에게 비유할 수 있다.

인덕턴스는 그 값 L이 클수록, 또 주파수 f가 높을수록, 그리고 가하는 교류전압이 작을수록 교류 전류는 흐르기 어렵게 된다.

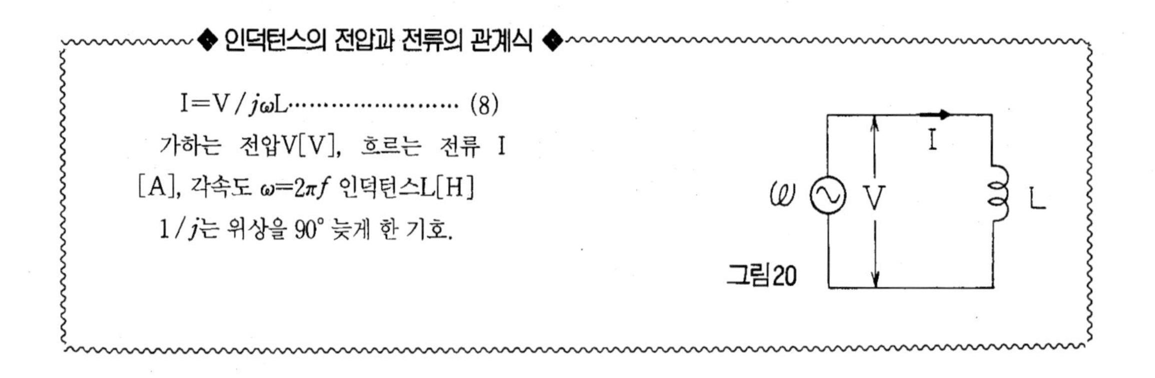

◆ 인덕턴스의 전압과 전류의 관계식 ◆

$I = V / j\omega L$ …………………… (8)

가하는 전압V[V], 흐르는 전류 I [A], 각속도 $\omega = 2\pi f$ 인덕턴스L[H]

$1/j$는 위상을 90° 늦게 한 기호.

j는 캐패시턴스에서도 나온 신기한 기호이며, 진폭에 관계없이 위상을 90°전진하는 기능이 있다고 생각하면 된다.

j는 실은 중고교에서 들은 일이 있는 허수(虛數), $\sqrt{-1}$ 이다. 따라서 $j^2 = (\sqrt{-1}^2) = -1$이므로 $1/j$의 분자, 분모에 j를 곱하면, $1/j = -j$로 된다. j는 위상을 90° 전진하므로, $1/j = -j$는 위상을 90° 지연시키는 것으로 생각하면 된다.

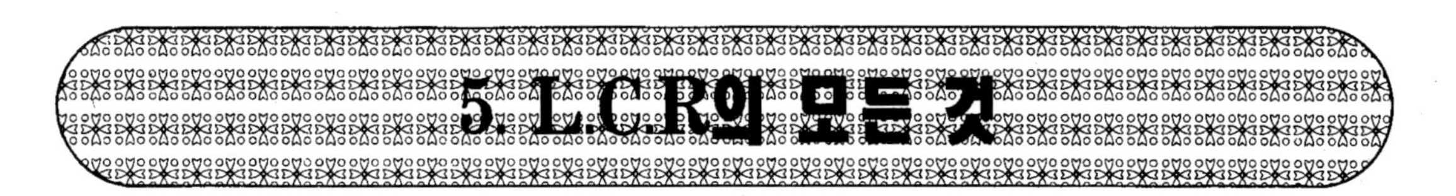

5. L.C.R의 모든 것

1 옴의 법칙 일반화(임피던스란)

L.C.R에 비해, 이 장에서 나온 전압과 전류의 식을 정리해 보자.

저항 R　　　　$V=I \cdot R$ ………………………………………………… (1)

캐패시턴스 C　$V=I \cdot \dfrac{1}{j\omega C}$ ………………………………………… (5)

캐패시턴스 L　$V=I \cdot j\omega L$ ………………………………………………… (8)

저항R과 캐패시턴스의 $1/j\omega C$와 인덕턴스의 $j\omega L$은, 같은 기능, 즉 각 요소에 각각 전압V [V]를 가한 때의 전류가 흐르기 어려움을 나타내고 있으므로 이 부분을 임피던스(Impedance) Z로 하면, 3개의 식은 다음과 같이 통일한 1개의 식으로 정리할 수 있다.

그림21　L.C.R의 관계식

◆ 일반화된 옴의 법칙 ◆

회로 소자 L, C, R에서 전압 V[V] 전류I[A]로 하면,

$V = I \cdot Z$ ·· (9)

여기서, Z는 회로 요소의 임피던스(Impedance)이며,

단위 기호는 [Ω],

저항 : $Z=R$

캐패시턴스 : $Z=1/j\omega C$

인덕턴스 : $Z=j\omega L$

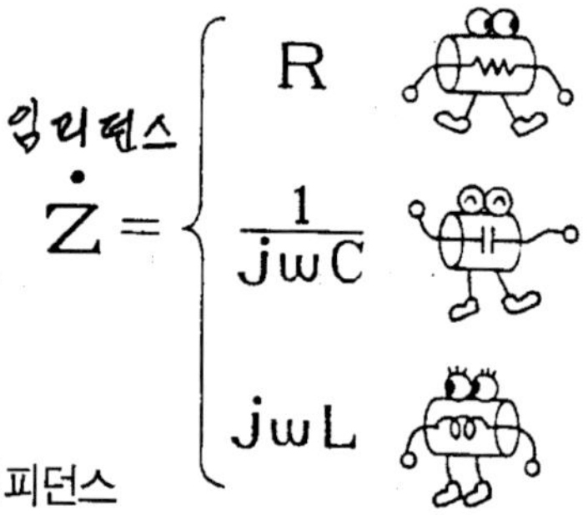

임피던스

$$\dot{Z} = \begin{cases} R \\ \dfrac{1}{j\omega C} \\ j\omega L \end{cases}$$

그림22 임피던스

옴의 법칙은 저항에 대하여 발견한 전압, 전류의 관계이나, 이와 같이 일반화하면 (9)식은 직류에 대해서도, 주파수가 얼마라도, 또 소자가 저항, 코일, 콘덴서 등의 구별없이 널리 사용할 수 있는 식이다.

또 임피던스 1개의 소자만이 아니라, 복수의 소자가 복잡하게 결합된 경우에도, 전체의 임피던스 Z_{total}를 구하면, (9)식으로 계산할 수 있다.

또 L과 C의 임피던스는 저항R와 성격이 현저하게 다르므로 특히 리액턴스(reactance)라 부르고, 기호X로 나타내는 경우가 있다.

$$X_L = j\omega L,\ X_C = \frac{1}{j\omega C}$$

예 제 L.C.R의 Z를 구하라. 각(角)속도 $\omega=1000\text{rad/s}$일 때의 $R=1\text{k}\Omega$, $C=1\mu F$, $L=1H$의 임피던스 Z를 구하라.

풀 이 (9)식에서, $Z_R = R = 1\text{k}\Omega$

$$Z_C = -j\frac{1}{\omega C} = -j\frac{1}{1000\times1\times10^{-6}} = -j\times10^3\,\Omega$$

$$\therefore Z_C = -j1\text{k}\,\Omega$$

$$Z_L = j\omega L = j1000\times1\,\Omega$$

$$Z_L = j1\text{k}\,\Omega$$

각(角)속도 $\omega=1000\text{rad/s}$

(주파수 $f=\frac{\omega}{2\pi}\fallingdotseq=159\text{Hz}$)에서는, 종종 예제의 R.L.C의 임피던스는 일치했다.
다만 L.C에서는 각각 전압과 전류의 위상은 다르다.

2 L.C.R의 성능 비교

L.C.R에 대하여 회사나 연구소 등의 전문가 사이에서도 기능명과 소자의 명칭을 적당히 혼

용(混用)하여 사용하고 있다. 또 그것으로 다행히 의사는 통할 수 있으나 여기에서는 용어를 정리하기로 한다. 표2를 보고 이러한 모순들을 발견하기를 바란다.

다음에 L.C.R의 전기가 흐르기 어려움을 나타내는 임피던스는, R를 제외하고 각(角)속도 ω를 포함하고 있으므로, 주파수가 변하면 임피던스의 크기도 변화한다.

이 임피던스의 주파수 특성을 표(3)에 정리했다.

〈표2〉 L. C. R의 기능명과 소자명

기능기호	기 능 명	소자명	양의단위
L	인덕턴스	코 일	H(헨리)
C	캐패시턴스, 용량	콘덴서	F(파라드)
R	저 항	저 항	Ω(옴)

※ 본래는 「기능을 나타내는 기호」이나, 「소자 부품의 기호」로도 사용하고 있다.

〈표3〉 L. C. R의 임피던스의 주파수 특성

	임피던스	주파수특성
L	$j\omega L$	직류에서 ↓ 0 → 주파수에 비례하여 증대 → ∞ (∞주파수일 때 ↓)
C	$\frac{1}{j\omega C}$	∞ → 주파수가 올라가면 감소 → 0
R	R	R ↔ 주파수와 관계없이 일정R ↔ R

저항은 주파수가 어떻게 변해도, 항상 일정하나, 캐패시턴스C의 임피던스는 주파수가 높을수록 주파수 f에 반비례하여 감소한다. 즉 전류는 점점 흐르기 쉽게 된다. 한편, 인덕턴스L의 임피던스는 주파수 f에 비례하고 있어 주파수가 높아지면 점점 커져 전류는 흐르기 어렵게 된다. 또 직류는 $\omega \to 0$이 된 극한(極限)이다. 캐패시턴스C에서는 $Z_c \to \infty$이며 전류는 흐르지 않는다. 인덕턴스 L에서는

〈표4〉 L. C. R에서의 전압과 전류의 위상

	전압에 대한 전류의 위상	
L	90° 위상지연	V, I
C	90° 위상전진	V, I
R	서로같다	

$Z_L \to 0$이 되어 전류는 자유로이 흐른다.

표(4)에서는 위상 관계를 정리하여 나타냈으며, 저항R은 매우 곧은 성질을 갖고 있는 것을 알 수 있다. 이에 반하여 캐패시턴스 C와 인덕턴스 L은, 전압과 전류의 위상, 임피던스의 주파수에 의한 변화가 완전히 정반대라는 것을 알 수 있다.

3 L.C.R의 에너지 축적과 소비

L.C.R에 전압을 가하여 전류가 흐르면 에너지를 축적하거나 소비한다.

(1) 저항과 에너지(電熱器)

R은 에너지를 모두 소비하는데 사용된 에너지 전부가 열로 변환된다. 전열기는 바로 저항이다. 백열 전구나 TV세트가 가열하는 것도, 전기회로의 저항분이 에너지가 소비하는데 따른 열 때문이다.

전기 회로의 IC는 매우 작은 면적이므로 열을 잘 방출하여 온도가 오르지 않는 방법과 소비전력이 적은 IC의 개발이 필요하다는 것을 깨달을 것이다.

◆ 저항의 소비 에너지 ◆

소비하는 에너지양(소비 전력이라 한다) P(단위 : 와트[W])

$$P=V \cdot I=I^2 R=V^2/R \quad \cdots\cdots (10)$$

(V, I에 실행값을 사용하면, 이 식은 직류, 교류의 어느 쪽에도 성립한다.)

10Ω의 저항에 100V의 전압을 가했을 때, 흐르는 전류는 10A이고, 저항이 소비하는 전력은 1KW이다.

(2) 캐패시턴스와 에너지(카메라의 플래시)

C는 가해진 직류 전압에 따라 전계(電界)로서 정적(静的)으로 에너지를 축적한다. 그러나 저항과 같이 에너지는 소비하지 않는다. 가한 전압을 제거해도 그대로 전압을 유지한다.

소형 카메라의 플래시는 이 캐패시턴스에 축적한 정적(静的)에너지를 순간적인 빛으로 발생하는 구조로 되어 있다.

◆ 캐패시티의 축적 에너지 ◆

$$축적\ 에너지양\ V=\frac{1}{2}QV=\frac{1}{2}CV^2[J] \quad \cdots\cdots (11)$$

[J]는, 에너지의 단위이며 줄이다.

(3) 인덕턴스와 에너지(초전도와 꿈의 초특급)

L은 직류 전류 I가 흐르고 있는 동안만, 자장으로서 에너지를 다이나믹하게 축적한다. 전류가 멈추면 에너지도 없어진다. 물론 에너지는 소비하지 않는다.

인덕턴스를 전류가 흐르는 상태에서 양끝을 연결하면, 이론상으로는 전류는 코일 안을 영구

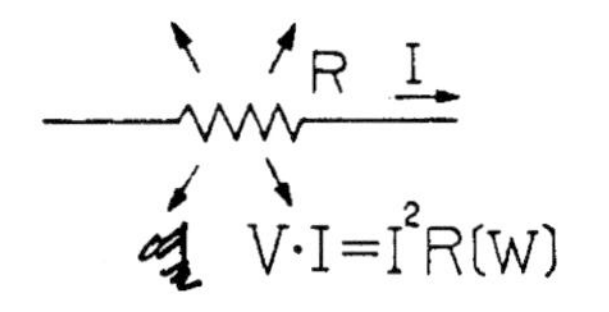

저항은 에너지를 소비한다.
(에너지는 전부 열로 된다)

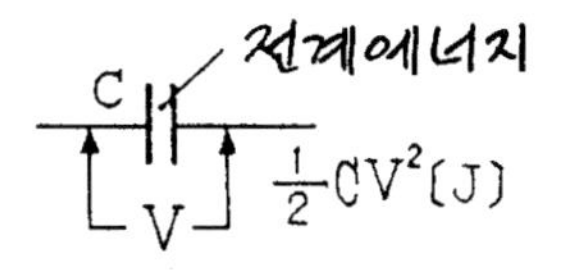

캐피시티는 정적으로
에너지를 축적한다.
(전계에너지)

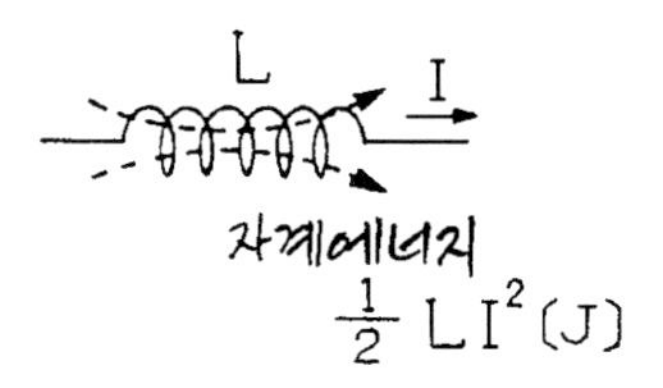

인덕턴스는 동적으로 에너지를
축적한다(자계에너지)

그림23 L.C.R와 에너지의 관계

◆ **인덕턴스의 축적 에너지** ◆

축적 에너지 $V=\frac{1}{2}LI^2[J]$ ………… (12)

히 계속 돌게 된다. 실제적으로 코일에서는 저항분이 있기 때문에 열에너지로 되어 소멸되지만, 만일 코일의 저항분을 0으로 할 수 있다면, 매우 강력한 자장(磁場)이 안정하게 된다.

자기(磁氣) 부상식의 초특급 열차, 전력의 보존 등, 코일의 저항을 0으로 하는 **"초전도(超電導) 기술"**이 인기가 있는 것은, 이 인덕턴스의 축적 에너지(자상 에너지)를 활용하는데 큰 목표가 있기 때문이다.

제4장

복소수의 이해요령과 실제

학습요점

복소수(複素數)라 하면, 듣기만 해도 거부 반응을 나타내는 사람이 많으나 전기회로를 자유자재로 취급하려면 복소수를 알면 매우 간단하다. 자동차도 운전면허를 취득하기 까지는 고생을 하지만 취득한 뒤부터 자동차의 편리함을 몸소체득될 것이다.

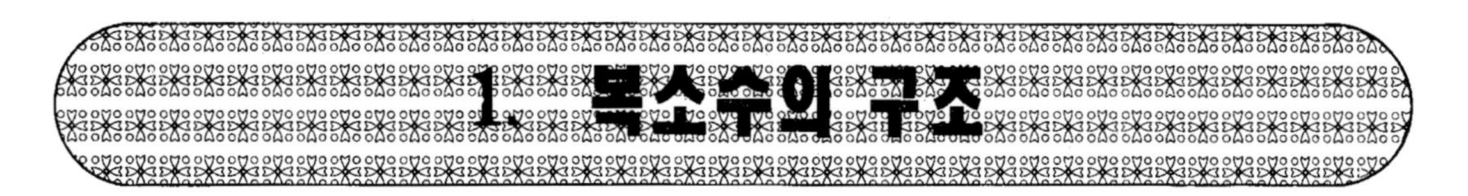

1. 복소수의 구조

1 숫자의 역사와 종류

(1) 자연수

인간이 수(數)의 역사를 생각해 보면 손가락을 하나하나 꼽아 세는 것부터 시작했다고 생각한다. 최초에 인간이 발견하여, 생활에 이용했다고 추측되는 수, 1, 2, 3을 자연수라 한다. 다시 말하면 정(正)의 정수(整數)이다. 이제부터 나오는 수는 모두 자연수가 기본이며 자연수로 4측 연산(四側演算, 더하기(＋), 빼기(－), 나누기(÷), 곱하기(×))하는 데 편리하도록 만들어낸 수이다.

(2) 음수(陰數)

자연수의 빼기를 언제나 완전하게 하려면, 자연수만으로는 안된다. 즉, 작은 수에서 큰 수를 뺄 때의 답은 자연수로 표현할 수 없다. 그래서 인간은 빌려온 돈(借用金), 부족분을 표현할 수 있도록 음(陰)의 수를 발견했다.

(3) 0의 발견

같은 수를 뺀 답은 0, 이 제로의 발견으로 수의 역사는 획기적으로 진보했다. 0은 생각해 보면 이상한 수이며, 음수(負數)와 함께 수의 표현력이 크게 향상했다.

(4) 분수, 소수

음수는 빼기에서 생겼는데, 분수, 소수는 나누기에서 생겼다. 분수는 나누기를 실행하지 않고, 나누기의 상태를 나타내는 수이고, 소수는 나누기를 실행한 답의 표현으로 생겼다.

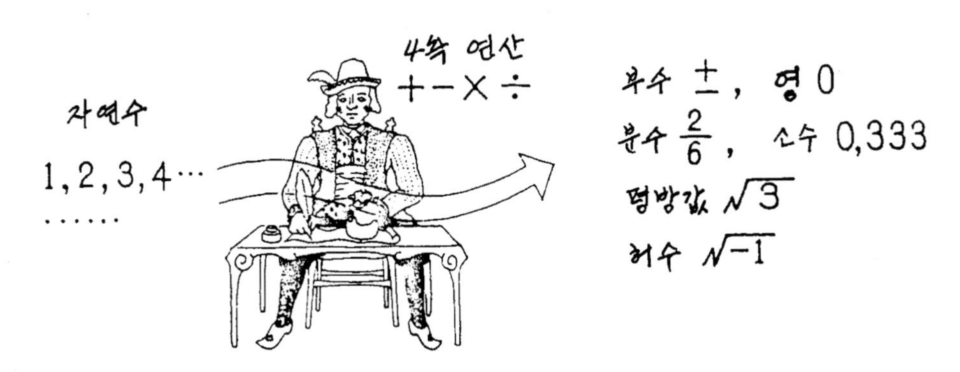

자연수를 기초로하여 4측연산을 하는데 편리하도록 만들었다.

그림1 수는 어떻게 생겼는가

(5) 평방근

평방근은 곱하기의 역연산(逆演算)이다. 즉, 2승(自乘)하면 N으로 되는 수를 $\pm\sqrt{N}$로 정의하여, $\sqrt{\ }$기호를 도입한다. 면적이 50㎡ 정4각형의 토지 1변의 길이는 $\sqrt{50}$m 와 같이 편리하게 사용할 수 있다.

(6) 지수(指數) 표현

지수는 새로운 수가 아니며, 익숙하지 않은 사람이 많으므로 지수의 표현법을 복습한다. 예를 들면 $5\times5=5^2$과 같이 우측 위에 붙인 소문자 2를 지수라 한다. 지수는 원래의 5를 몇 회 곱한 것을 나타내는 기호이다. 지수가 위의 예와 같이 자연수일 때는 좋으나, 음(負)의 정수나 분수일 때는 어떻게 되는가.

① 지수가 음수(負數)일 때, $5^{-2}\frac{1}{5^2}$

② 지수가 분수일 때 $5^{\frac{1}{2}}=\sqrt{5}$

로 정한다. $5^{\frac{3}{2}}=\sqrt{5^3}=\sqrt{125}=11.18\cdots\cdots$을 의미한다. 이와 같이 정하면, 지수가 붙은 수끼리 곱하기나 나누기는, 지수의 가감산이 된다. 즉,

$$10^5\times10^7=10^{5+7}=10^{12}$$
$$10^5\times10^{-7}=10^{5-7}=10^{-2}=\frac{1}{10^2}$$

등으로 된다.

(7) 허수(虛數, Imaginary Number)

허수는 세상에 존재하지 않는 상상의 수라는 뜻이다. 현대의 보통 한국인에게는 허수라고 부르는 것보다는 상상수(想像數)로 표현하는 것이 이해하기 쉬울지도 모른다. 허수는 2승하면 -1로 되는 수, 즉 -1의 평방근 $\sqrt{-1}$을 말한다.

제곱하여 마이너스로 되는 수, 이런 수는 현실의 세계에 있을 수가 없다. 허수의 발견은 실제의 세계에서 상상의 세계, 말하자면 공상의 세계로 뛰어든 것 같은 것이며, 수의 역사의 혁명이라고 할 수 있는 새로운 전개이다. 이렇게 실제로 존재하지 않는 수가 전기(電氣)의 세계에서는 아주 편리하게 쓰인다.

2 복소수는 2종류의 수로 하나의 수를 구성

수학의 세계에서는 $\sqrt{-1}$을 기호 i(Imaginary Number)로 나타내고, 전기의 세계에서는 전류의 기호 I, i는 혼돈하기 쉬우므로 i 대신에 $\sqrt{-1}=j$를 사용한다.

실수(實數) A, B로 하면,

$$\boxed{A+jB} \quad \cdots\cdots\cdots\cdots\cdots\cdots\cdots\cdots\cdots\cdots\cdots\cdots (1)$$

를 복소수라 부른다. 윗식의 A는 실수, jB는 허수이다. A와 jB 사이의 ⊕는 jB의 정부(正負)를 나타낼 뿐 그외의 의미가 없으므로 A, jB로 써도 좋을 정도이다. 그러나 하나의 수라는 의미에서 A+jB로 하는 것이 ⊕기호이다.

"실수와 허수" 이 2개의 성질이 다른 수를 복합했기 때문에 복합수(Complex Number)라 부른다. 우리말의 「복소수」보다 이것이 직감적이고 정확한 느낌이 든다.

A는 현실 세계의 수

jB는 상상, 즉 픽션의 세계의 수라는 2개의 수를 복합한 수이므로 복소수는 현실의 세계와 SF의 세계의 양쪽에 다리를 걸친 이상한 수이다. 그리고 현실(現實) 세계와 SF(虛數) 세계에 구별없이, 자유 자재로 떠돌아 다닐 수 있는 수이므로 확실히 복소수는 마법의 수라고 불리울 수 있다.

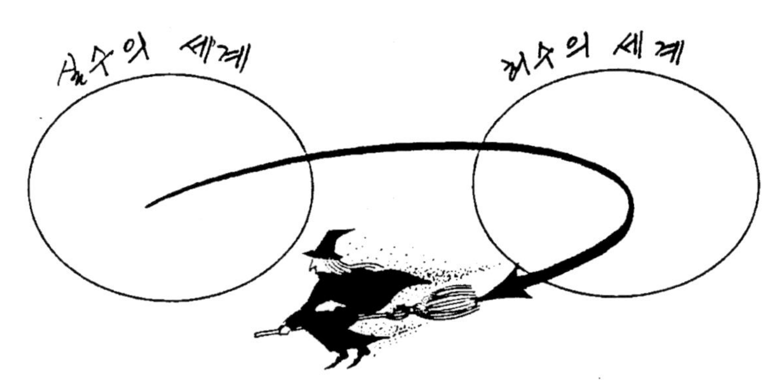

그림2 복소수(複素數)는 현실과 상상의 세계를 돌아 다닌다.

3 복소수 계산의 핵심

다음에 포인트를 간결하게 정리한다.

① $j \times j = j^2 = (\sqrt{-1})^2 = -1$

② $1/j = j/j^2 = j/-1 = -j$

③ $A \times j = jA$, $A \div j = -jA$

④ 가감산 $(A+jB) \pm (C+jD) = (A+C) \pm j(B+D)$

실수끼리, 허수끼리로 가감산한다. 실수부분과 허수 부분은 가감산에서는 전혀 관계가 없다.

⑤ 곱하기 $(A+jB) \times (C+jD) = AC + jBC + jAD + j^2BD = (AC-BD) + j(BC+AD)$

⑥ 나누기 $\dfrac{A+jB}{C+jD}$

특히 나누기에서는 분모의 j를 없애고, 실수 부분과 허수 부분으로 나누어, 복소수의 스타일로 되돌아가게 한다. 그러자면 대수(代數) 공식 $(a+b)\ (a-b) = a^2 - b^2$을 생각해 낸다. 분모, 분자에 $C - jD$를 곱하면, 분모는 $C^2 - (jD)^2 = C^2 + D^2$이 되어 분모에 있는 j를 없앨 수 있다. 여기서 공식에서는 $a^2 - b^2$이나, j가 있으므로 $C^2 + D^2$으로 ⊖가 없어지고 ⊕로 되는 것, 이것을 무심코 지나치지 않도록 주의해야 한다. 그러면 실제로 식을 전개해 보자.

$$\frac{A+jB}{C+jD}=\frac{(A+jB)\ (C-jD)}{(C+jD)\ (C\text{-}jD)}=\frac{AC+jBC-jAD+BD}{C^2+D^2}$$

$$=\underbrace{\frac{AC+BD}{C^2D^2}}_{\text{실수부분}}+j\underbrace{\frac{BC-AD}{C^2+D^2}}_{\text{허수부분}}$$

로 되어 복소수의 기본형이 된다. 이 나누기 계산은, 전기 회로에서는 아주 많이 쓰이므로 충분히 이해하고 익혀 두어야 한다.

이상과 같이 복소수의 가감산, 곱하기, 나누기는 결국 이 예와 같이 □+j□의 복소수의 형태로 그 실수(實數) 부분과 허수 부분을 명확하게 하는 것이 목적이다.

[**계산례**] 그러면 구체적인 수치로 계산해 본다.

① 가감산 : $(5+j10)-(6+j5)=(5-6)+j(10-5)=-1+j5$

② 곱하기 : $(5+j10)\times(6+j5)=(5+j10)\times6+(5+j10)\times j5$

$= 30+j60+j25-50=-20+j85$

③ 나누기 : $\dfrac{(5+j10)}{(6+j5)}=\dfrac{(5+j10)(6-j5)}{(6+j5)(6-j5)}=\dfrac{30+j60-j25+50}{6^2-(j5)^2}=\dfrac{80+j35}{36+25}$

$=\dfrac{80}{61}+j\dfrac{35}{61}=1.31+j0.57$

일반적으로 전기 회로 계산에서는 유효 숫자 3자리가 있으면 충분하다(4자리째는 사사오입).

□ XY평면과 복소 평면

지금까지는 복소수를 추상적인 숫자로 취급했으나, 또다른 일예로 알기 쉬운 그래프 표현을 생각해 보자.

XY평면이란 여러분이 많이 사용하는 XY좌표축을 가진 그래프를 말한다. 물론 XY평면은 **실수(實數)의 세계**를 나타내는 평면이며, 원점0에서 직각으로 교차하는 실수의 좌표축X와 Y로 되어 있다. XY평면상의 임의의 점Z를, 어디라도 좋으니 하나를 정하면, 그 점은 그림(3)과 같이 좌표축의 값 x_1, y_1이라는 2개의 **실수**(實數)에 해당한다. 이 점을 Z(x_1, y_1)로 표현한다.

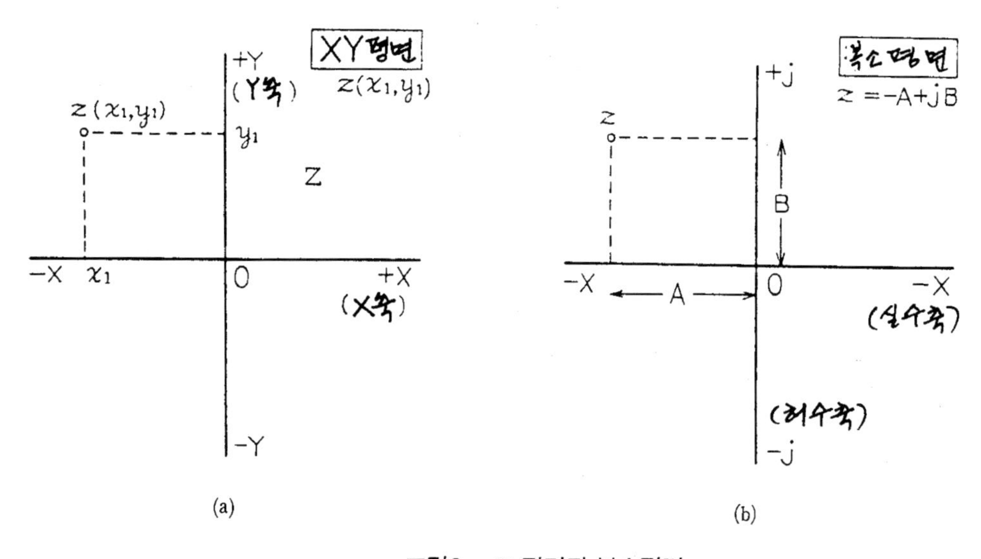

그림3 XY평면과 복소평면

복소 평면은 XY평면과 거의 같으나, 조금 다른 점이 있다. 이 그림(a)와 같이 가로축은 XY평면과 같은 실수축(實數軸)이나, 세로축은 **허수의 축**이다. 즉 XY평면의 Y축이 허수축(j축)으로 대신한 형태이다. 여기서, 복소수 $Z=-A+jB$라는 수를 복소 평면상에 구성하여 보면, 그림(b)와 같이 가로축 상에서 $-A$, 세로축상에서 B의 값을 가진 교차점이 Z에 대응하게 된다. 이와같이, 「복소 평면상에서는 어느 점을 잡아도, 반드시 단 하나의 복소수와 1:1로 대응한다」.

복소 평면은 생각할 수 있는 모든 복소수를 그 평면상의 어느 1점에서 표현할 수 있다. XY평면에서는 Z(x_1, y_1)와 같이 **2개의 실수** x_1, y_1에서 하나의 점이 결정되나, 복소 평면에서는 **단 하나의 복소수**로 하나의 점이 결정된다.

2 복소수는 벡터로 변신

복소수는 벡터와는 아무 관계가 없는 것처럼 보이나, 복소 평면에서는 미지의 수와 같이 벡터로 변신한다.

그림(4)에서, 점Z와 원점(原点)을 연결한 선분ZO는, 방향과 길이를 복소수Z에 대응하여 자유롭게 취하기 때문에 벡터양(量)으로 생각할 수 있다.

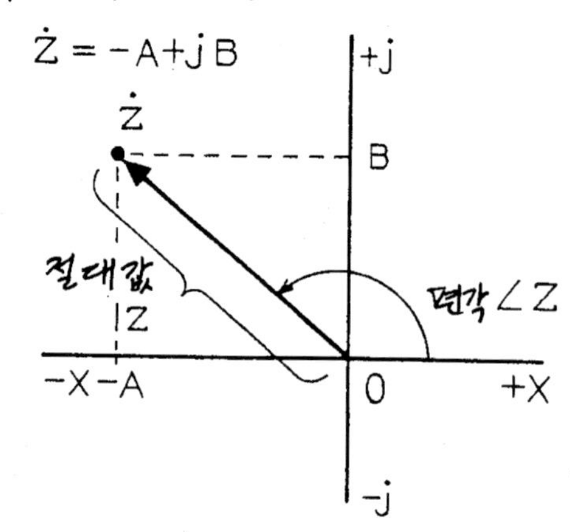

그림4 복소수는 벡터

하나의 복소수는 복소 평면 모양의 점(点)에 대응하는 동시에, 그 점과 원점 0을 연결하는 벡터에도 대응한다.

복소수=복소 평면상의 1점=그 점과 0점을 잇는 벡터

벡터의 크기(절대값)와 편각(偏角)은,

$$\left.\begin{array}{l}\text{절대값 } |Z| = \sqrt{A^2+B^2} \\ \text{편각 } \angle Z+\tan^{-1}(B/-A)\end{array}\right\} \cdots\cdots (2)$$

로 된다. 그리고 편각은 그림(4)와 같이 정(正)의 실수축(實數軸)과 벡터로 감싼 각도에서 나타내는 약속이 되어 있으므로 주의한다. 음(負)의 실축(實軸)이나 j축이 가깝다고 해서 여기부터 각도를 잡으면 규정 위반이며 의미가 통하지 않는다. 편각을 계산할 때는 벡터도(圖)를 그려서, 벡터의 방향을 확인한 다음에 수치를 산출한다. $\tan^{-1}|B/A|$는 4개의 답(偏角)이 있다. 또 A와 B가 양(正)이나 음(負)이냐로 벡터의 방향을 판단할 수도 있다.

[3] j를 곱하면 90°돈다.

또 한 가지 j의 또다른 작용을 소개한다.

그것은 j를 곱하면 복소 평면상에서 벡터(복소수)가 90° 회전한다는 성질이다.

이것은 이미 3장의 3, 캐패시턴스, 4. 인덕턴스에서 설명했으나, 실은 복소 평면 상에서의 복소수의 성질이다.

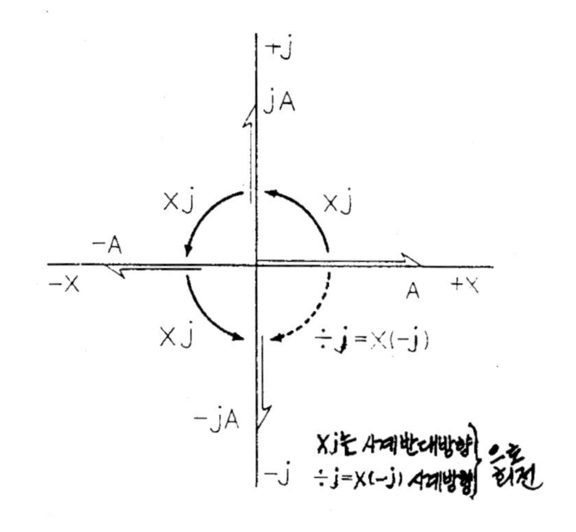

그림5 J로 곱하거나 나누면 벡터는 90°회전한다.

그림(5)에서 ⊕실축(實軸)상의 벡터A를 생각한다. 이 벡터는 복소수 $Z=A+j\times O$에 대응한다. 즉 실수A만의 복소수이다. 이 복소수A에 $\times j$하면 jA로 되어, ⊕j축에 올라 벡터A는 90° 회전한 것이 된다. 이와 마찬가지로 이 jA에 $\times j$하면 $jA\times j=j^2A=-A$로 되고, 90°회전하여 음(負)의 실축상으로 가고, 또 1회 $\times j$ 하면 $-A\times j=-jA$이며 음(負)의 실축상의 벡터는 $-j$축상으로 오고, 또 $\times j$로 ⊕실축상으로 돌아온다.

또 $\div j=1/j=j/j^2=-j$이므로, $\div j$는 $\times(-j)$이며, 이 번에는 반대 방향으로 90°회전하게 된다.

이와 같이 $\times j$는 벡터의 크기에 변화는 없고, 방향만을 시계반대방향으로 90°회전, $\div j$는 시계 방향으로 90°회전하는 기능이 있다.

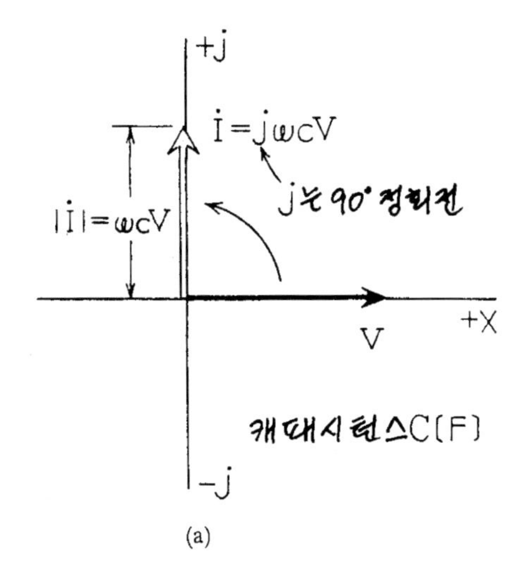

(a)

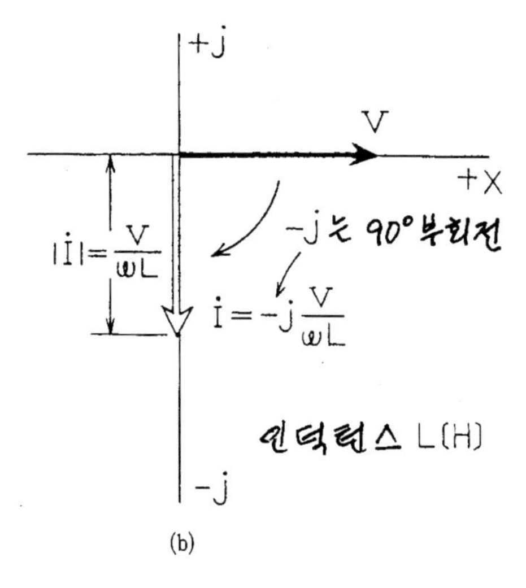

(b)

그림6 L.C의 전압과 전류의 벡터

전기 회로의 구체적인 예로 3장 3. 캐패시턴스의 전압, 전류의 관계를 보기로 한다.
앞의 (5)식은 실제로 복소수 세계의 식이다.

$I = V \cdot j\omega c$

이 식을 복소 평면상의 벡터로 나타내면 그림6(a)와 같이 된다. 전류I는 전압V에 j를 곱한 형태이므로, V를 기준으로 정(正)의 실축(實軸)상에 잡으면, 전류I의 벡터는 90° 시계반대방향으로 회전한 $+j$축상에 있고, 절대값(벡터의 크기)은 ωCV로 된다. 또 전류I의 벡터의 방향은 교류 전류의 위상을 나타내며, ⊕실축값(實軸値)에서 시계반대방향으로 90° 회전한 $+j$축상에 있으므로, 전류 I의 위상은 가한 전압보다 90° 위상이 전진한 것을 나타내고 있다. 이와같이 복소 평면상의 벡터로 취급하면, 캐패시턴스C의 작용을 시각적(視覺的)으로 직관할 수 있다고 생각한다.

이와 마찬가지로 인덕턴스에 대해서도 제3장 4의 (8)식을 다시 쓰면(이것도 복소수의 식이다)

$I = V / j\omega L = -jV / \omega L$

이며, 이것도 복소 평면상에 구성하면 그림6(b)와 같이 전류I의 벡터는 $-j$축상에 온다. 즉, 인덕턴스에서 교류 전류는 가한 전압에 대해 90°위상이 지연되고, 그 크기는 V/ωL라는 것을 나타낸다. 캐패시턴스와 인덕턴스에서는, 가한 전압에 대해 전류의 위상은 각각 90°전진, 90°지연이 되어, 정확히 정반대의 성질을 갖고 있다.

1 정현파 교류와 복소수

제2장과 4장에서 정현파 교류의 수학적 취급의 포인트를 필요에 따라 설명했는데, 여기서 종합적으로 복소수와 전기 회로의 연결을 정리하기로 한다.

$$v = Vm\sin(\omega t+\phi) \cdots\cdots\cdots\cdots\cdots\cdots (3)$$

를 복소수의 세계에 놓으면 어떻게 되는가.

여기서는 기준화하여 Sinωt를 먼저 취급한다.

수학의 세계에서는 오일러의 공식이 있으며, Sinωt를 복소 관수라하고 다음과 같이 고쳐 쓴다.

$$\text{Sin}\omega t = \frac{1}{2j}(e^{j\omega t} - e^{-j\omega t}) \cdots\cdots\cdots\cdots (4)$$

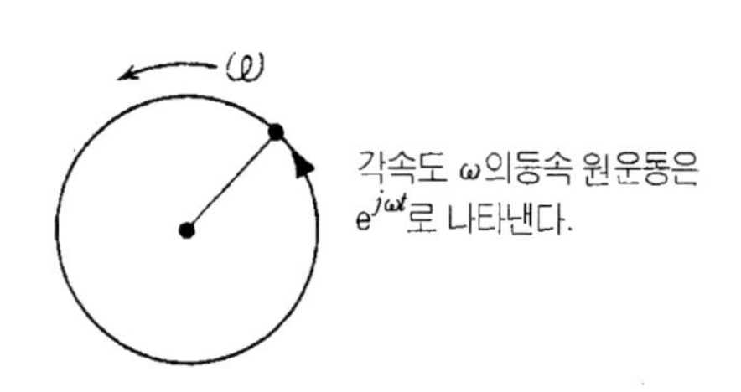

그림7 복소평면에서의 등속 원운동

여기서$e^{j\omega t}$를 복소 평면에서 표현하면, 여기까지는 순수한 수학적 조작이나, 놀랍게도 등속(等速) 원운동하는 벡터로 된다. 이 벡터는 각(角)속도ω로 회전하고 있으므로 회전 벡터라 부른다.

제2장의 끝에서, 등속 원운동과 정현파의 관계를 설명했는데, 오일러의 공식은 수학적으로 그 관계를 나타내고 있다. 그림(8)에 이 회전 벡터 $e^{j\omega t}$와 정현파의 관계를 나타냈다.

정확하게 말하면, 벡터 $e^{j\omega t}$와 $e^{j\omega t}$의 차(差)의 $\frac{1}{2j}$ 는 실축(實軸)상을 O점을 중심으로 주기 $\frac{2\pi}{\omega}$로 진동하는(시간 t 또는 각도 θ에 대한) 정현파가 되며, 간단한 표현으로서, 회전 벡터 $e^{j\omega t}$로 대표하여 그 j축의 사영(斜影) 시간 또는 각도 θ에 대한 변화를 그리면, 그것이 정현파로 된다.

sin(ωt+ϕ)도 회전 벡터 $e^{j(\omega t+\phi)}$이며, 이 것은 앞의 회전 벡터 $e^{j\omega t}$보다 ϕ만큼 선행한 회전 벡

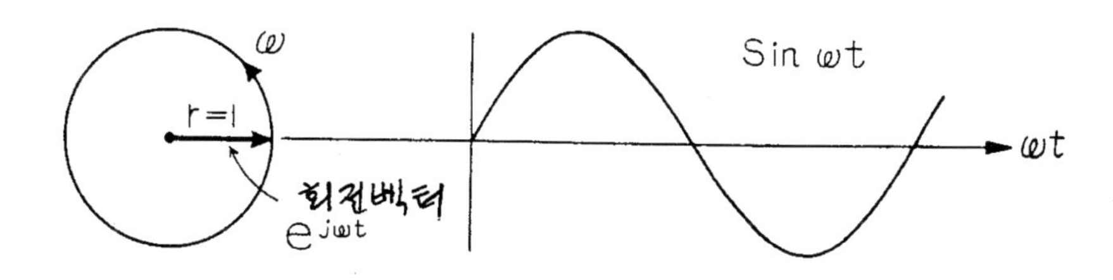

그림8 회전벡터와 정현파

터를 나타낸다. 정현파로 고치면 ϕ만큼 선행(先行)한 정현파가 된다. 이 ϕ는 지금까지 정현파의 위상이라고 부른 양(量)이다. 위상 ϕ는 2개의 정현파의 시간적 상대 관계를 나타내고 있다. 다시 한번 회전 벡터로 돌아가서 생각해 본다.

회전 벡터는 각(角)속도 ω로 회전하고 있으므로 그림에는 그릴 수 없다(그렇게 말하면, 정현파도 1초간에 몇 100회, 몇 1000회로 진폭이 변하기 때문에 그림에 정지한 형상으로는 그릴 수 없다). 그래서 어느 순간, 시간을 정지하여 회전 벡터를 생각하기로 한다. 기준은 ⊕ 실축(實軸)으로 하고, 그 위에 있는 벡터를 위상 0으로 한다.

결론적으로 복소수의 세계에서 정현과 교류를 취급하면,

정현파 교류=회전 벡터=전압, 전류의 복소수 표현

로 되어 제2장 이후의 계산을 취급하는 근거가, 복소 평면의 벡터(실은 회전 벡터)로 일괄하여 설명한 것이 된다.

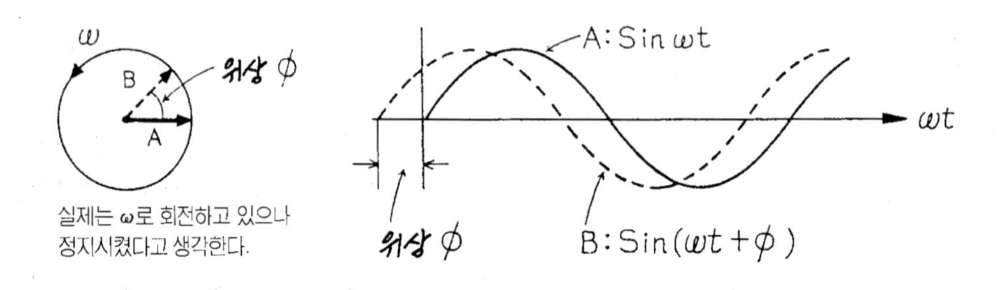

그림9 회전 벡터와 정현파의 위상

이 일반적이다. 여기서 $i=i_0 \sin\omega t$이며, 전(前)항1의 (4)식에서 설명한 복소수의 형식을 사용하여, $i=i_0 e^{j\omega t}$를 윗식에 대입하여 $d(e^{nx})/dx=n \cdot e^{nx}$를 고려하여,

$$v_L = L \cdot \frac{di}{dt} \quad \cdots\cdots (5)$$

2 임피던스와 복소수

지금까지 의도적으로 복소수를 사용하지 않아도, 특히 제2장의 범위에서 실용상, 전기 회로를 취급하는데 해결이 가능하지만 임피던스 Z는 복소수가 없이 취급하려면 매우 복잡하게 된다. 반대로 복소수를 사용하여 취급하면, 순서는 기계적이며 간단 명료하게 할 수 있다.

전기 회로의 소자 LCR가운데, 만일 L과 C가 이 세상에 존재하지 않고, 저항R만 있다면, 복소수를 이용하지 않아도 직류나 교류도 간단히 "옴의 법칙"만으로 I=V/R의 대수(代數) 계산으로 전류를 구할 수 있다. 지금과 같이 복잡 교묘한 전기 회로의 작용은 L과 C가 없이는 실현하기가 매우 어렵다.

인덕턴스 L에 대해 교류 전압과 전류의 관계를 기본적으로 구해 본다. 이것은 위성이나 대포의 탄도(彈道)를 구하는 운동 방정식과 수학상으로는 비슷한 형식이나, 미분, 적분이 들어 있다. 인덕턴스 L의 양끝의 전압은, 흐르는 전류의 시간적 변화에 비례하고, 그 비례 계수가 인덕턴스L이다. 식으로 나타내면,

$$v_L = L \cdot i_o e^{j\omega t} \cdot j\omega = j\omega L \cdot i_o e^{j\omega t} = j\omega L \cdot i \quad \cdots\cdots (6)$$

이 된다.

복소수로 정현파를 나타내면, 미분은 $j\omega$를 곱하는 것과 같게 되어, 미분은 없어져 대수(代數)계산으로 끝나, (6)식과 같이 옴의 법칙과 비슷한 계산이 된다. 또 캐패시턴스의 전압, 전류의 관계는 다음 식이 기본식이다.

$$v_c = \int \left(\frac{i}{C}\right) dt \quad \cdots\cdots (7)$$

여기서도 $i = i_o e^{j\omega t}$와 복소수를 사용하면,
$\int e^{nx} dx = \frac{1}{n} e^{nx}$를 고려하여

$$v_C = \frac{1}{C} i_o e^{j\omega t} \times \frac{1}{j\omega} = \frac{1}{j\omega C} \cdot i_o e^{j\omega t} = \frac{i}{j\omega C} \quad \cdots\cdots (8)$$

로 되어 적분 계산은 불필요하게 된다.

$$\int dt \rightarrow \div j\omega \quad \cdots\cdots (9)$$

로 대치할 수 있다.

이와 같이 하여 인덕턴스나 캐패시턴스에서는 본래, 미분 $\frac{d}{dt}$와 적분 $\int dt$의 계산이 필요하나, 정현파 교류를 취급하는 정상 상태에서는(정상 상태에 대해서는 제5장에서 설명한다) 저항과 같이 옴의 법칙과 비슷한 계산(위의 (6), (8)식)으로 답을 구할 수 있다.

제3장 5에서는 L.C.R에서의 전류, 전압의 관계는 임피던스 $j\omega L$, $1/j\omega C$, R를 생각하면 옴의 법칙을 확장하여 모두 $V = I \cdot Z$로 간단히 계산할 수 있다.

이와 같이 복소수를 적용하여 생각하면, 전기 회로는 옴의 법칙으로 모두 계산할 수 있으며, 이 장에서는 그 근거를 밝힌 것이다. 또 정현파 전압, 전류는 복소 평면에서의(회전) 벡터로서, 도식(圖式)에 취급할 수 있는 것을 설명했는데, 임피던스도 j를 포함한 복소수이며, 복소 평면에서 벡터로 취급한다. 다만 임피던스는 회전 벡터가 아니다.

제5장

전기회로망의 특성과 계산법

학습요점

제3장에서 L. C. R의 기본 특성을 설명했는데 이것은 단체(單體)의 특성이므로 이것만으로는 부족하다. 이 장에서는 L. C. R을 결합했을 때, 어떤 전기적 특성을 중심으로 전기회로의 계산 방법을 알아보자.

1. L. C. R을 접속한 때의 임피던스 계산과 전압과 전류의 관계를 명확하게 파악한다.
2. 복잡한 회로를 계산하는 데는 편리한 방법이 있으므로 그 대표적인 핵심을 알아본다.
3. 여기까지 회로를 통과하는 신호는 정현파 신호만을 취급했다. 오디오나 텔레비전, 펄스 등 일반적인 신호 취급법을 알아본다.
4. 많이 사용하는 L. C. R의 결합회로의 특성을 설명한다.
5. 전력, 어스 등 전기회로의 기본지식을 설명한다.

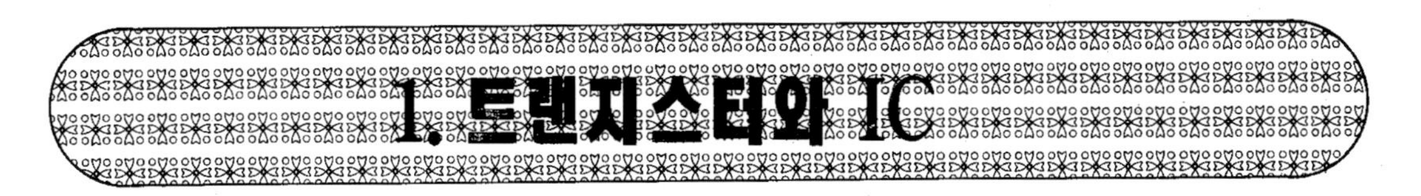

1. 트랜지스터와 IC

1 트랜지스터의 등가회로(等價回路)

「L.C.R만으로는 전기 회로가 되지 않는다. 트랜지스터나 IC와 결합해야 비로소 전기 회로가 된다면은?」

L.C.R만으로는 전기의 에너지를 소비, 축적은 할 수 있다. 그러나 신호를 증폭하거나, 파형(波形)의 세공(細工)및 스위치의 변환(ON / OFF)은 할 수 없다.

트랜지스터와 IC가 그 기능을 갖고 있다.

그러므로 L.C.R은 **수동 소자**(受動素子, Passive)라 하고, 트랜지스터나 IC를 **능동 소자**(Active)라 한다.

그러나 트랜지스터도 제6장에서 설명하는 것과 같이, 실은 L.C.R과 신호원(信號源)의 결합에 의해 똑같은 기능을 표현할 수 있다(그림1 참조). 이와 같은 동등한 기능을 가진 회로를 트랜지스터의 **등가 회로**(等價回路)라 한다. 트랜지스터의 등가 회로를 알면, 아래 그림(b)의 예와 같이, 모두 L.C.R를 접속한 회로가 되므로, 다음은 제3장과 제5장에서 배운 지식으로 이론상으로는 모두 취급할 수 있다.

이 장에서는 L.C.R의 결합원칙을 중심으로, 결합한 대표적 회로의 특성을 설명한다. 교과서적인 표현으로는 「전기 회로망 이론」가운데 초보자에게 필요하다고 생각하는 포인트를 설명한 것이다.

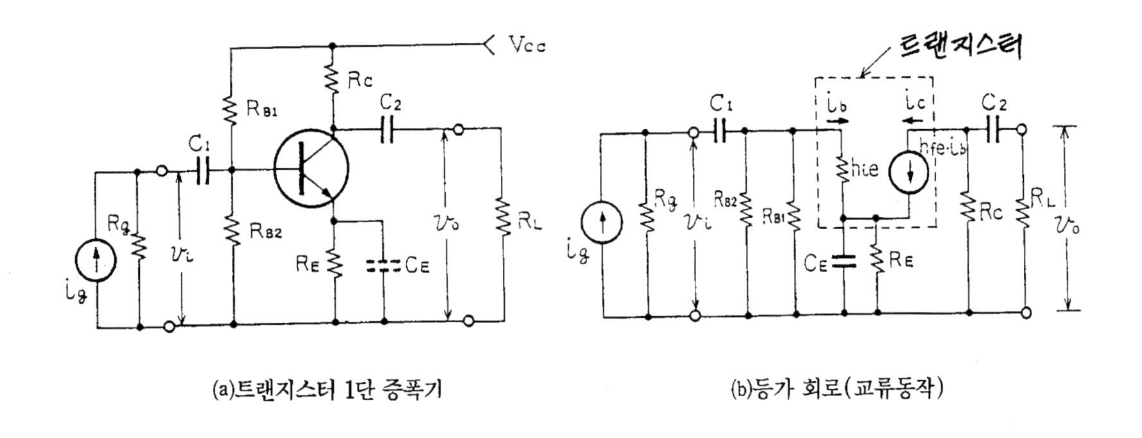

(a)트랜지스터 1단 증폭기

(b)등가 회로(교류동작)

그림1 트랜지스터 증폭기와 그 등가회로(트랜지스터도 L.C.R로 표현할 수 있다)

2. L.C.R의 접속(합성임피던스의 계산)

1 직렬 접속과 병렬 접속

전기 회로는 대개 L.C.R을 몇 개 접속한 것에 불과하다고 기술하였다. 여기서는 그 접속의 방법에 대해 설명하고, 또 접속의 실례를 들기 위해 자동차 도로의 정체에 대해 생각해 본다.

그림(2)에서, 여기에 A와 같은 좁은 도로가 있어 아침부터 밤까지 교통 정체로 곤란하였다. 그래서 결국은 ①, ② 2가지 안(案)을 작성하여 시(市)의회에 제출했다. 제1안인 ①은 직렬안이라 부르고 도로A에 직접 넓은 도로 B를 접속하여 도로 A의 정체를 해소하려고 하는 것이다. 제2안인 ②는, 병렬안이라 부르는 것이며, 도로A에 병행하여 넓은 도로를 접속하는 안이다.

좁은 도로A와 넓은 도로B를 ①직렬로 연결할 때와 ②병렬로 연결할 때, 각각 A, B를 합한 모든 차량의 통과는 어떻게 될까? ②의 병렬안이 정답이며, 우리나라에서도 1970년대부터 바이패스도로가 교통의 혼잡 방지를 위하여 잇달아 만들어졌다.

①의 직렬안에서 모든 차량이 통과하기 쉬운 방법은 어떻게 되는가 생각할 때, A, B 개개의 도로에 통과하기보다 더 통과하기가 어렵다.

임피던스는 전류의 흐르기 어려움을 나타낸 값이므로 이 도로의 예와 같이 직렬로 연결하면, 전체는 반드시 본래의 소자인 임피던스보다 커진다(즉, 전류는 흐르기 어렵게 된다.)

②의 병렬안은 바이패스의 용어처럼 A,B 2개의 도로에 흐름보다, 반드시 더욱 쉽게 흐르게 된다. 임피던스의 경우에 종합한 임피던스(전류의 흐르기 어려움)는 원래의 소자인 어떤 임피던스보다 반드시 저하한다(즉, 흐르기 쉽게 된다).

직렬은 흐르기 어렵게 되지만 병렬은 흐르기 쉽게 된다. 이 상황을 반드시 파악해 두어야 한다.

설명을 L.C.R로 돌아가서 2개의 소자 접속법을 생각해 보면, 그림(3)과 같이 일열로 연결하

그림2　도로 정체 해소방안

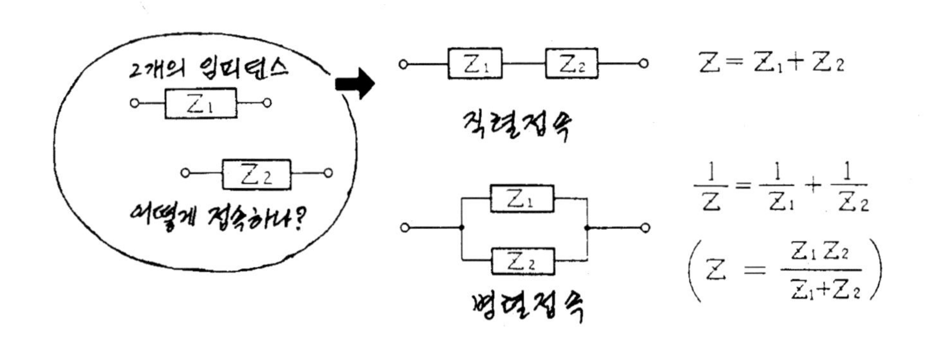

그림3 2개의 임피던스의 접속법

는 **직렬 접속**(Series Connection)과 병행으로 연결하는 **병렬 접속**(Parallel Connection) 방법밖에 없다. 여기서는 L.C.R을 일반화하여 먼저 임피던스로 취급하기로 하자.

(1) 직렬 접속(그림4)

임피던스는 전류의 흐름이 어렵다는 것을 나타낸다고 생각하여 직렬 접속한 경우 전체의 합계 임피던스 Z는, 흐르기 어려움이 2개 접속되어 있으므로 결국 그 합계가 된다.

$$Z = Z_1 + Z_2$$

만일 n개의 임피던스를 직렬 접속하면, 그 합성 임피던스Z는 전부의 합계가 되어 다음 식과 같이 된다.

$$Z = Z_1 + Z_2 + Z_3 + \cdots\cdots Z_n$$
$$= \sum_{i=1}^{n} Z_i \quad \cdots\cdots (1)$$

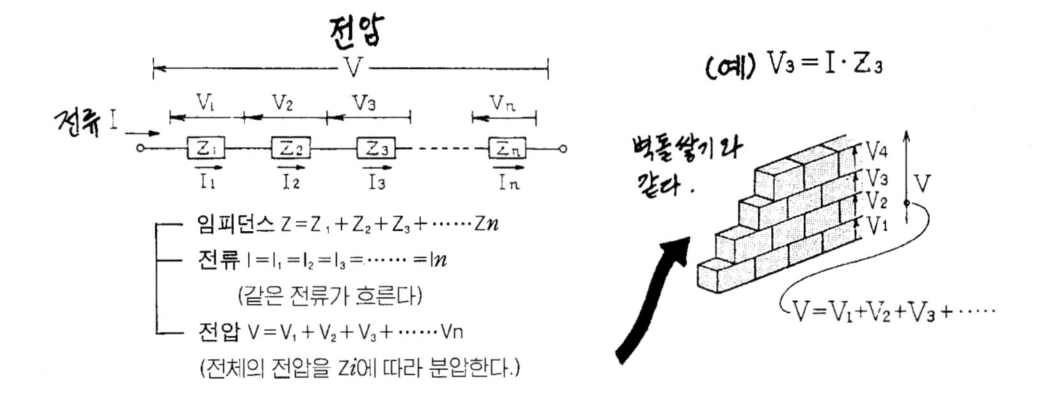

그림4 직렬 접속

$\sum$(시그마)는 합계하는 기호이며, Zi의 i를 1, 2……n까지 바꾸어 이들 전부의 합계를 잡는다는 뜻이다. 일일이 위의 식과 같이 쓰는 것은 번거로우므로 이와 같이 합계의 기호 $\sum$를 사용한다.

다음에 직렬 접속에 의해 각 소자에 가하는 전압, 흐르는 전류는 어떻게 되는가.

전류 I는, 각 소자에 똑같이 흐르므로,

$$I=I_1=I_2=I_3=\cdots\cdots\cdots=In \qquad (2)$$

그리고 전체의 전압 V는 각 소자 전압의 합계가 된다(옴의 법칙), 즉

$$V=IZ=IZ_1+IZ_2+IZ_3=\cdots\cdots\cdots IZn \quad [Vi=IZi]$$

$$V_1+V_2+V_3\cdots\cdots Vn=\sum Vi \qquad (3)$$

이 되어, 각 소자에 가하는 전압은, 소자의 임피던스 Zi에 비례한다. 벽돌을 쌓는 것과 같이, 각 소자 전압의 쌓임이 전체의 전압V로 되어 있다. 이 식의 의미를 잘 이해하여야 한다.

(2) 병렬 접속(그림 5)

위의 직렬 접속과 달라서, 병렬 접속은 바이패스 도로와 같은 것이며, 전류가 흐르기 쉬운 합계가 되므로, 합성 임피던스를 Z로 하면,

$$\frac{1}{Z}=\frac{1}{Z_1}+\frac{1}{Z_2}$$

가 된다. 전체의 흐르기 쉬움은 각각 소자의 흐르기 쉬움의 합계가 된다. 그리고 Z를 구하면,

$$Z=\frac{Z_1 Z_2}{Z_1+Z_2} \qquad (4)$$

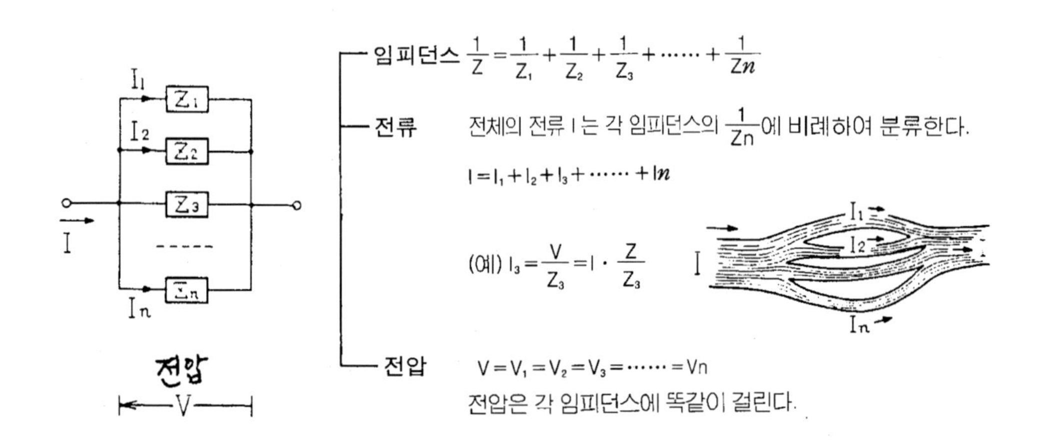

그림5 병렬 접속

로 된다.

일반적으로 n개의 임피던스의 접속에서는,

$$\frac{1}{Z}=\frac{1}{Z_1}+\frac{1}{Z_2}+\frac{1}{Z_3}+\cdots\cdots\cdots\frac{1}{Zn}$$

$$=\sum_{i=1}^{n}\frac{1}{Z_i} \cdots\cdots (5)$$

로 된다.

다음에 병렬 접속한 각 소자의 전류, 전압은 어떻게 되는가.

전압은 명확하게 각 소자에 똑같이 걸린다.

$$V=V_1=V_2=V_3\cdots\cdots\cdots Vn \cdots\cdots (6)$$

전류는 각 소자에 흐르는 전류의 합계가 된다(옴의 법칙)

$$I=\frac{V}{Z}=\frac{V}{Z_1}+\frac{V}{Z_2}+\frac{V}{Z_3}+\cdots\cdots\cdots\frac{V}{Zn}\left(I_i=\frac{V}{Z_i}\right)$$

$$=I_1+I_2+I_3+\cdots\cdots\cdots In \cdots\cdots (7)$$

각 전류는, 각 소자의 $1/Z_i$에 비례한 양이 된다. 물론 전체의 전류는, 강의 흐름이 갈라지는 것과 같이 각 소자에 분류한다.

2 병렬 접속은 어드미턴스Y를 사용하면 편리

이와같이 병렬 접속은 계산이 복잡하게 되어 번거롭다. 그래서,

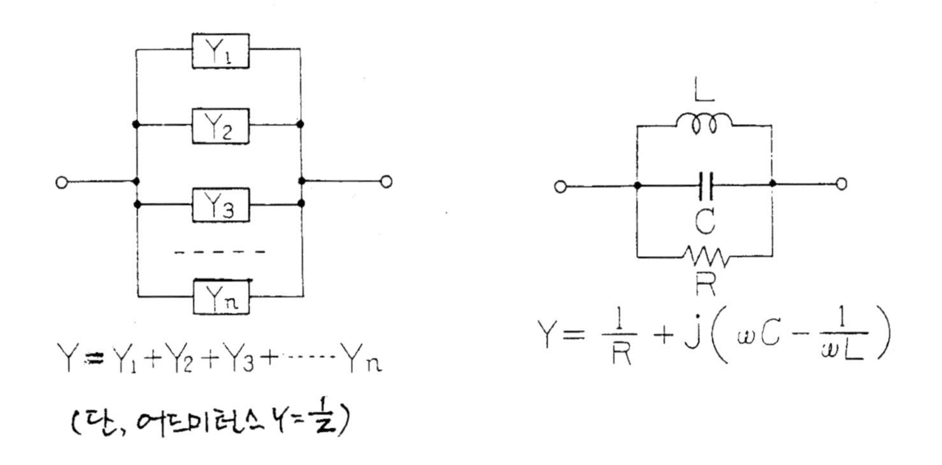

그림6 병렬접속은 어드미턴스가 편리

그림7 병렬공진(共振)회로의 어드미턴스 Y

임피던스의 역수 어드미턴스(Admittance) $Y \frac{1}{Z}$ ………………………………………… (8)

를 도입한다. 이 어드미턴스Y는 전류가 흐르기 쉬움을 나타내며, 그 단위는 [S](지멘스 : Siemens)이다. 병렬 접속의 (5)식은,

$$Y = Y_1 + Y_2 + Y_3 \cdots\cdots Y_n \cdots\cdots (9)$$

가 되어, 임피던스의 직렬 접속의 식고, 같은 형식이 된다. 그러므로 임피던스의 병렬 접속은, 무리하게 임피던스의 형식으로 하지 않고, 어드미턴스의 상태로 계산을 완성시켜 필요하면 뒤에 Y의 역수(逆數)Z를 구하는 방법을 많이 쓴다.

예 제 그림(7)과 같은 L.C.R를 병렬 접속한 때의 Z를 구하라. Z를 구한다는 것은 $A+jB$의 형식으로 하여 실수(實數)부분A와 허수 부분 B를 명확하게 하는 것이다.

풀 이 이것을 임피던스로 구하면, 뒤에 나오는 (11)식과 같이 매우 복잡하게 된다. 그래서 어드미턴스Y를 구하기로 한다.

① 저항 R의 Y : $Y_R = \frac{1}{R}$

② 캐패시턴스 C의 Y : $Y_C = j\omega C$

③ 인덕턴스 L의 Y : $Y_L = \frac{1}{j\omega L}$

합성 어드미턴스Y는 병렬 접속이므로 (9)식과 같이 합계가 되어,

$$Y = Y_R + Y_C + Y_L = \frac{1}{R} + j\omega C + \frac{1}{j\omega L}$$

$$= \frac{1}{R} + j\left(\omega C - \frac{1}{\omega L}\right) \cdots\cdots (10)$$

이 회로는 뒤에 설명하는 공진(共振)회로의 어드미턴스이다.

임피던스 Z가 아무래도 필요하면, 답을 상하 반대로 하면 되나, 결과는 윗식에 비하여 아주 복잡하다.

$$Z = \frac{1}{Y} = \frac{\omega LR}{(\omega L)^2 + (\omega^2 LC - 1)^2}\left[\omega L - j(\omega^2 LC - 1)\right] \cdots\cdots (11)$$

식의 의미로 Y의 형식으로 하는 것이 이해하기 쉽다.

3 L.C.R끼리의 접속

앞에서 임피던스, 어드미턴스의 직렬 및 병렬 접속의 계산법만 알고 있으면, 어떤 복잡한 L C.R의 회로라도 하나하나 계산해 나가면 반드시 답이 나온다. 그러나 계산 속도를 빠르게 하고, 또 L.C.R 자체의 성격을 알기 위해서는 같은 소자끼리의 접속규칙을 이해하고 있으면 편리하다.

물론 앞항은 대원칙에 의거한 것이며, 이해할 수 없으면 1의 (1), (5)식 및 (9)식을 다시 계산해 보면, 알 수 있다.

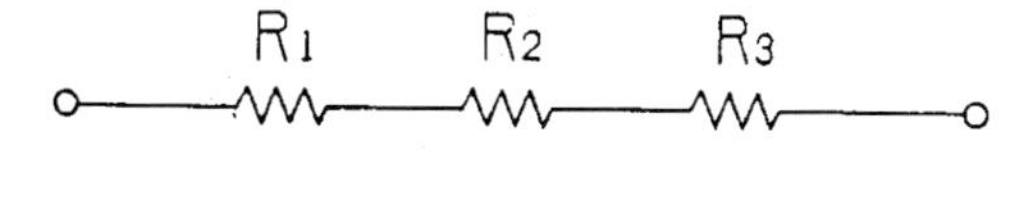

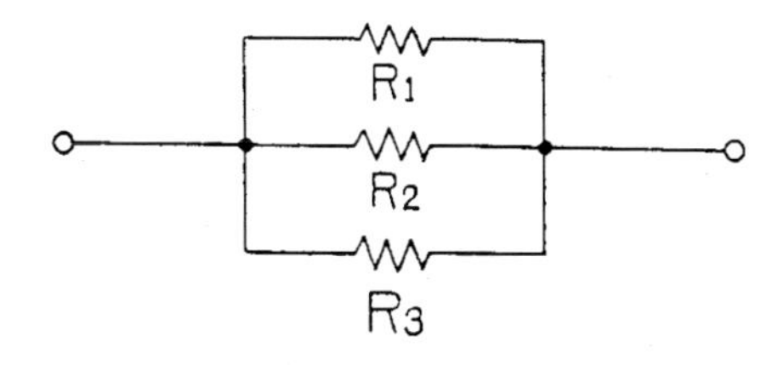

저항은 임피던스 자체이므로 (1)식 (6)식을 그대로 적용한다.

[직렬접속] $R = R_1 + R_2 + R_3$ ············ (12)

[병렬접속] $\frac{1}{R} = \frac{1}{R_1} + \frac{1}{R_2} + \frac{1}{R_3}$ ······ (13)

그림8 저항과 저항의 접속

L1 L2 L3

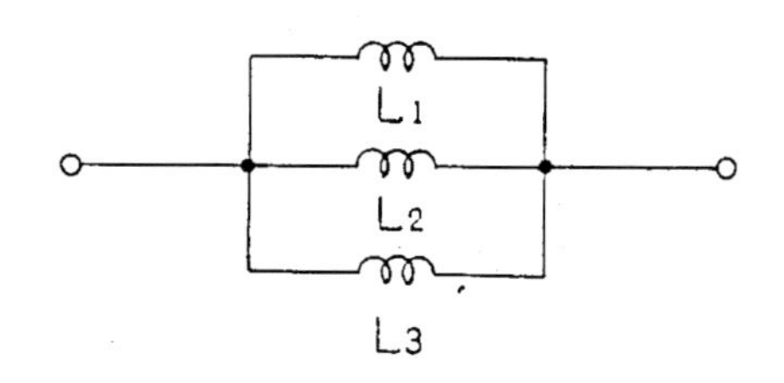

인덕턴스의 임피던스는 $j\omega L$이나, $j\omega$는 전체에 공통이므로 없어져 저항과 똑같은 식이 된다.

[직렬접속] $L = L_1 + L_2 + L_3$ ············ (14)

[병렬접속] $\frac{1}{L} = \frac{1}{L_1} + \frac{1}{L_2} + \frac{1}{L_3}$ ······ (15)

그림9 인덕턴스 끼리의 접속

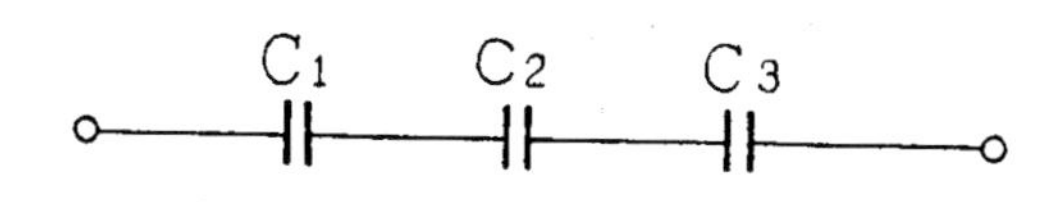

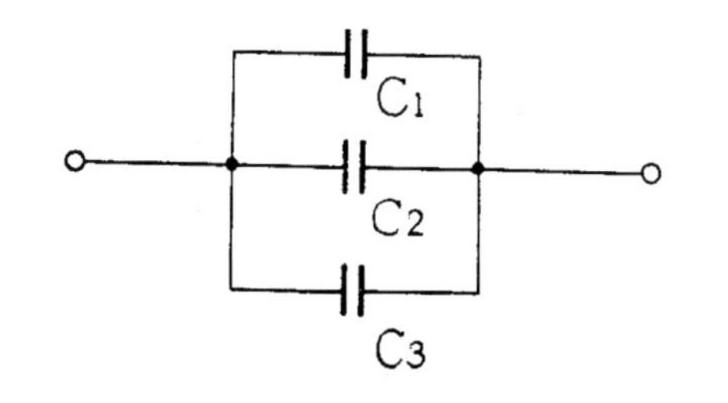

캐패시턴스 C는 R나 L와 반대로, 그 크기는 전류가 흐르기 쉬움을 나타내는 것이 되므로, 합성한 C의 식은 R, L와 반대로 된다

인덕턴스는 $\frac{1}{j\omega C}$ 이며, $j\omega$는 L과 같이 관계가 없게 된다.

[직렬접속] $\frac{1}{C} = \frac{1}{C_1} + \frac{1}{C_2} + \frac{1}{C_3}$ ······ (16)

[병렬접속] $C = C_1 + C_2 + C_3$ ············ (17)

그림 10 캐패시턴스 끼리의 접속

[4] 저항의 사용법(倍率器, 分流器)

직렬 접속과 병렬 접속을 알기 때문에, 이제 저항을 사용하여 실용 회로를 생각해 본다. 만약 알 수 없을 때는 그림(4, 5)를 다시 한번 관찰하기 바란다.

예 제 그림(11)은 2개의 저항 9KΩ과 1KΩ을 직렬 접속한 회로이다. 여기에 10V의 전압(직류이든 교류이든 좋다)을 가하면, 1KΩ의 저항의 양끝에는 몇 V의 전압이 나오는가? 이것은 그림(4)의 간단한 응용이다.

풀 이 전체의 저항R은, 직렬 접속이므로 각 저항 R_1, R_2의 합계가 되어 9+1=10KΩ이 된다. 10KΩ의 저항의 양끝에 10V의 전압이 걸린 때에 흐르는 전류 I는 옴의 법칙을 이용하여,

$$I = \frac{V}{Z} = \frac{V}{R}$$

$$= \frac{10}{10 \times 10^{3}} = 1 \times 10^{-3}\text{A}$$

$$\therefore I = 1\text{mA}$$

이 된다.

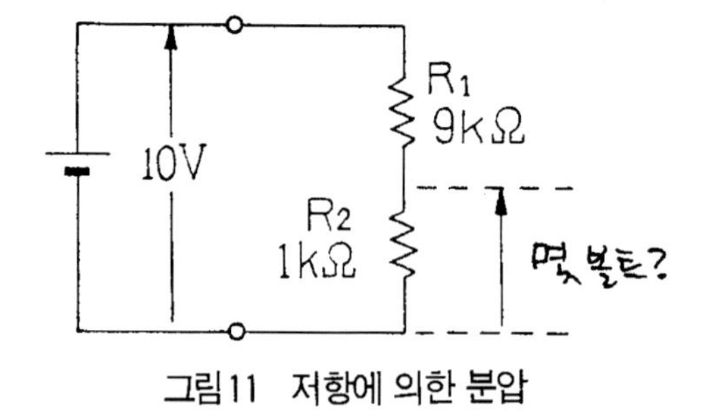

그림11 저항에 의한 분압

즉 2개의 저항 R_1, R_2에는 같은 1mA의 전류가 흐르므로 1KΩ저항 양끝의 전압은, 다시 옴의 법칙에서,

$$V = IR_2 = (1\times10^{-3})\times(1\times10^{3}) = 1\times10^{-3+3} = 1\times10^{0} = 1 = 1\text{V}$$

로 되어, R_2(1KΩ)의 양끝에는 1V의 전압이 나타난다. 또 R_1의 양끝의 전압은 9KΩ×1mA=9V이다.

즉, 저항 2개를 직렬로 접속함으로써 전압을 1/10로 할 수 있다. R_1을 99KΩ으로 하면, R_2의 전압은 1/100인 0.1로 되어, 전압을 1/100로 할 수 있다.

이와 같이 R_1, R_2를 적당히 선택하면, 본래의 전압을 $R_2/(R_1+R_2)$로 할 수 있다. 이것은 **전압을 분압(分壓)하는 나누기의 기능**이 단 2개의 저항으로 될 수 있는 것이다. 이 회로는 전기 회로의 여러 곳에 사용하고 있다.

그림(12)는 전압계에 사용하는 예이다. 전압계 단체(團體)는 1V가 풀 레인지이나, 이 그림과 같이 직렬 저항으로 분압(分壓)함으로써 1V외에 10, 100, 1000V의 전압을 측정할 수 있다. 이와같이 전기 회로로서는 분압되어 있으나, 1V의 전압계의 측정 범위를 10V, 100V로도 확대하기 때문에 그 기능의 측면에서 이 저항 회로를 **배율기**(倍率器)라 부른다.

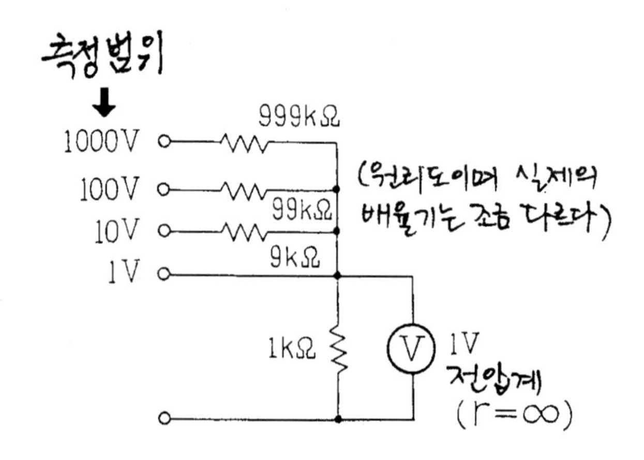

그림12 배율기(倍率器)는 전압계의 측정범위를 넓힌다.

저항을 직렬로 연결하면 전압의 분압(分壓), 즉 배율기가 된다는 것을 알았다. 그래서 약간의 추리력(推理力)을 가진 사람은, 「저항의 병렬 접속은, 직렬 접속과 성질이 대칭(對稱)이므로 전류 의 조절에 잘 이용할 수 있지 않을까?」라는 생각이 들

것이다.

그렇다, 저항의 병렬 접속은 전류를 나누는 데 사용하며, 전류계의 측정 범위를 확대하는 **분류기**(分流器)라 부르고 있다.

그림13(a)와 같이 $R_1=10\Omega$, $R_2=90\Omega$의 저항의 병렬 회로에서는, R_1, R_2에 흐르는 전류를 I_1, I_2로 하면, R_1, R_2의 양끝의 전압V는 같으므로 옴의 법칙에서,

$$I_1R_1=I_2R_2$$

$$\therefore I_1/I_2=R_2/R_1 \cdots\cdots (18)$$

즉 두 저항에 흐르는 전류의 비(比)는, 저항값의 역수의 비가 된다.

이 식에서,

$$\frac{I_2}{I_1+I_2}=\frac{R_1}{R_1+R_2}=\frac{10}{10+90}=\frac{1}{10}$$

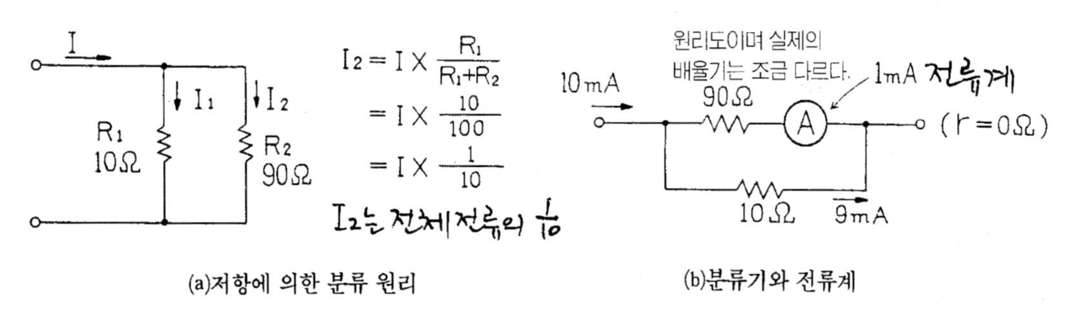

(a)저항에 의한 분류 원리

(b)분류기와 전류계

그림13 분류기(分流器)는 전류계의 측정범위를 넓힌다.

로 되어, 전체의 전류 I_1+I_2에 대해 I_2에는 1/10의 전류가 흐른다.

배율기의 경우와 같이, R_2를 990Ω으로 하면

I_2에는 $\frac{1}{100}$, 9990Ω으로 하면, 1/1000의 전류가 흐른다. R_2에 풀 레인지 1mA의 전류계를 연결하면, 전류계는 분류기를 부착함으로써 1mA, 10mA, 100mA의 전류를 측정할 수 있다.

또 전압계 자체의 저항은 높으나 ∞가 아니고, 배율기에서는 R_2는 전압계가 병렬로 들어가므로 그 수정이 필요하다. 전류계의 저항은 매우 작으나 0이 아니고, 분류기의 R_2에 직렬로 들어가므로 역시 똑같은 수정이 필요하다.

5 가변 저항기의 작용

직렬 접속 저항의 또 하나의 응용으로 가변(可變) 저항기(볼륨)를 알아 본다. 가변 저항기는 통칭 **볼륨**이라 부르며, 오디오 앰프나 텔레비젼, 비디오 기기의 앞면 패널에 손잡이로 달려 있어 음의 크기나 화면의 밝기 등을 조절하는데 사용한다. 볼륨의 어원은 음량(The Volume of the

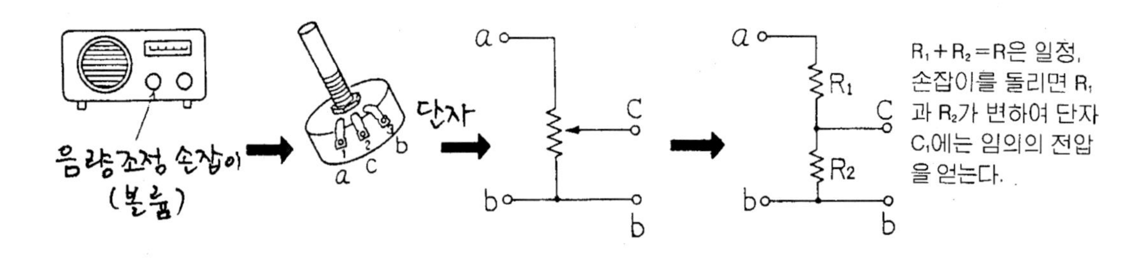

그림 14 볼륨(가변저항기)

Sound)을 바꾸는 점에서 나왔다고 생각한다.

가변 저항기는 그림(14)와 같은 모양의 부품이다. 직선형도 있으나, 대부분은 회전형이다. 단자가 3개 있어, a－b간은 일반적으로 1개의 저항이다. C단자는 회전하는 접촉 브러시에 접속되어 있어, 볼륨을 손으로 돌리면 a에서 b까지 저항체에 직접 접촉한 브러시가 움직인다. 그리고 a－c간 또는 c－b간의 저항을 O ⇄ R로 바꿀 수 있다.

가변 저항기의 단자 a－b에 전압을 가하고, b－c단자의 전압을 보면, 이것은 4의 저항 2개를 직렬 접속한 분압기와 작동이 똑같다. 그리고 볼륨을 돌림으로써 2개의 저항의 비(比) R_1/R_2 즉 분압비(分壓比)를 바꿀 수 있어, 원래의 전압 V에서 희망하는 전압을 단자 b－c에 얻을 수 있다. 이것이 라디오나 오디오의 음량을 조종하는 볼륨의 원리이다.

가변 저항기는 기계 속의 전기 회로 기판(基板)에도 많이 사용하며, 제조 공장에서 출하하기 전에 조정 공정에서, 필요한 전기적 특성을 얻기 위한 조정에도 이용되고 있다.

3. 회로 내에서 전류·전압의 분포파악

1 회로 이해의 맹점

그림15(a)와 같은 3개의 저항을 T형으로 접속한 회로에, 교류 및 직류의 전압을 가했을 때 전류, 전압은 어떤 분포로 되는지 알아 본다. 응용의 기본이 되므로 확실하게 이해해야 한다. 이 계산은 지금까지의 응용이므로 그림(15)의 [계산 순서]를 참고로 하여 실제로 계산해 본다.

먼저 알아야 할 것은, 그림15(a, b)는 똑같은 회로라는 것이다. 전기 회로에서는 이 예와 같이 상식적으로 바라볼 때 틀리다고 생각되는 회로 구성을 자세히 보면 같거나 또는 달리 쓰면 알기 쉬운 경우가 많이 있다.

그러나 그림(b)에서도 아직 이해를 못하는 사람이 있을 것이다. 이것은 직렬 접속과 병렬 접속이 동시에 나타나기 때문이다. 그림(b)에서, R_2와 R_3는 병렬 접속이므로, 먼저 이 합성 저항R_{23}을 구한다. 그러면 전체는 R_1과 R_{23}의 직렬 접속이 된다.

그림(c)는 각 저항에 흐르는 전류의 계산 결과이다. 전지의 ⊕단자에서 2mA의 전류가 나가서, R_1을 지나 C점에 도달한다. C점에서는 그림(d)와 같은 물의 흐름을 상상하면 이해하기 쉬우며, 2mA는 흐르는 강의 분류점(分流点)과 같이 R_2와 R_3로 나뉘어진다. 따라서 R_2와 R_3로 각각흐르는 전류의 합계(I_2+I_3)는 반드시 상류에서 C점으로 흘러온 전류(R_1을 통과한 전류I_1)와 같은 것이다.

$$I_1=I_2+I_3 \qquad (19)$$

이러한 개념은 매우 중요하며, C점에서 누수(漏水)가 없고, 물(전류)의 흐름이 연속적으로 이루어지고 있다는 것을 나타낸다. 그림(d)의 합류점 d에서도 비슷한 것이 일어나서,

$$I_4=I_2+I_3 \qquad (20)$$

로 되어 있다. 이와같이 전류는 전원에서 나가 a, R_1을 지나, R_2와 R_3으로 분류(分流)하고, d점에서 합류(合流)하여 2mA로 원상으로 돌아가, 도선(導線)을 통해 b를 거쳐 전원으로 돌아간다.

전류는 물의 흐름과 같다고 맨처음 설명했는데 전기 회로에서는 전류(직류, 교류)는 반드시 전원에서 나가 회로를 지나 같은 양(여기서는 2mA)이 전원으로 되돌아 간다. 즉 도중에서 끊기지 않는 하나의 둥근 고리를 형성하고 있다고 볼 수 있다.

그림(e)에서는 전압 분포의 생각을 나타냈다(전압의 계산 결과).

여기서 먼저 주의할 점은, 병렬로 접속한 R_2와 R_3에는(단자 c-d간) 같은 전압 0.4V가 걸려 있다는 것이다. 전압은 전류가 흐르게 하는 전기적 압력이므로 반드시 2점 사이에서 생각하지

않으면 안된다. 저항R_1에는(단자a－c) 5.6V의 전압이 걸려 있다. 또 단자 d－b간은 도선으로 연결되어 있어, 같은 전위이므로 단자c－b간의 전압도 단자c－d간도 같은 0.4V이다.

그리고 a－c간 전압 5.6V와 c－d간 전압 0.4V를 합하면, 벽돌을 쌓은 것과 비슷하며, 정확

(a) **회로**

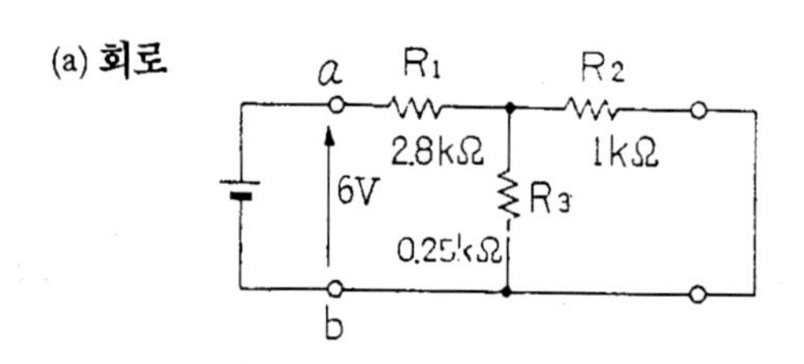

(b) **패턴을 고친다.**

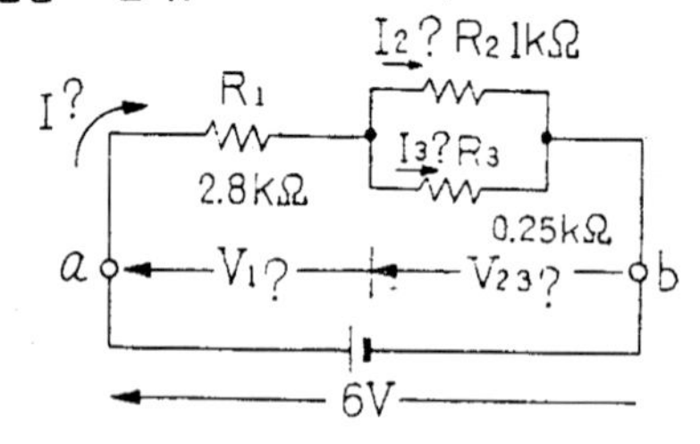

(c) **전류는 어떻게 흐르나**

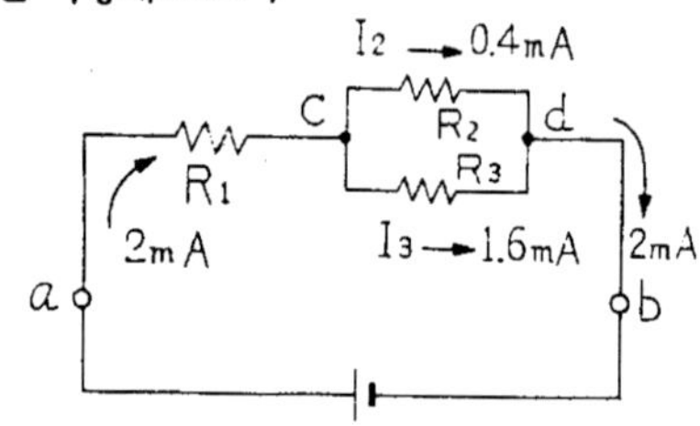

(d) **강의 흐름과 비교한다.**

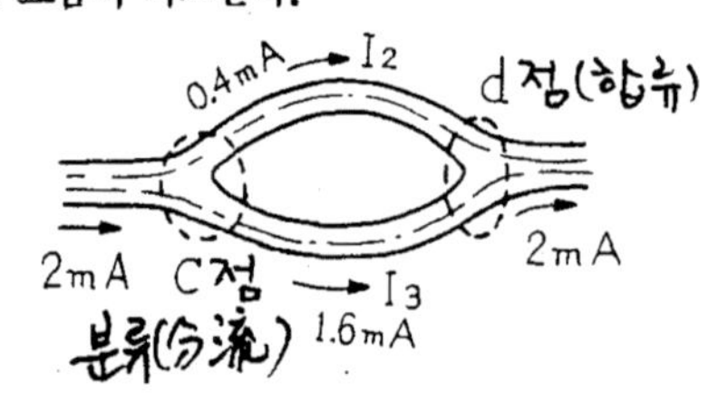

(e) **전압의 분포**

[계산순서]

(1) R_2, R_3의 합성 저항 R_{23}을 계산한다.

$$R_{23}=\frac{R_2\,R_3}{R_2+R_3}=0.2[k\Omega]$$

(2) R_{23}과 R_1은 직렬접속

$R=R_1+R_{23}=3[k\Omega]$

(3) 전류 I를 구한다.

$I=V/R=2[mA]$

(4) R_2, R_3에는 저항에 반비례하여 전류가 흐른다.

$$I_2=I\times\frac{R_3}{R_2+R_3}=1.6[mA]$$

$$I_3=I\times\frac{R_2}{R_2+R_3}=0.4[mA]$$

(5) 전압을 구한다.

$V_1=R_1\,I=5.6[V]$

$V_{23}=R_{23}\,I=0.4[V]$

직렬 접속의 전압은 벽돌을 쌓아 올리는 것과 같다.

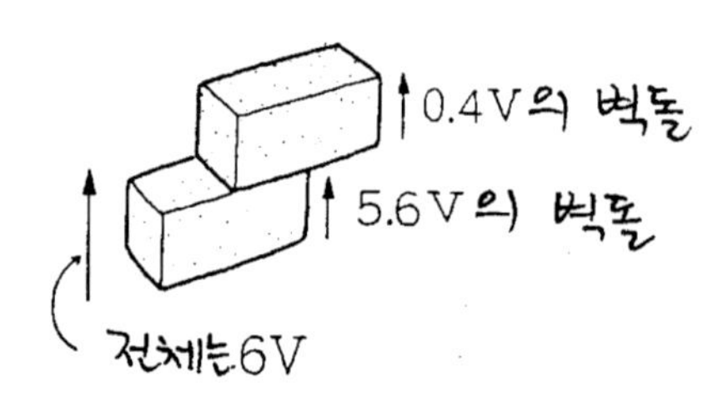

그림15 전압과 전류가 애매하다.

히 전원 전압인 6V와 같게 된다.

$$V = V_1 + V_2 \quad \cdots\cdots (21)$$

로 된다. 전류가 연속하는 것과 같이, 전압도 틈새가 없이 연속한다.

이 항을 다시 정리하면 다음과 같이 2가지 결론이 된다.

(1) 전압은 전류가 흐르게 하는 압력이므로 반드시 2점간의 선으로 정의하고, 전류는 1점을 통과하는 양이므로 점(点)으로 정의한다. 바로 전기 회로의 **점과 선**이다.

(2) 전압과 전류는 연속이며, 회로도에 표시된 이외는 누설이나 틈은 없고, 반드시 각부의 합계는 전체의 양과 일치한다(19, 20, 21식과 같다).

일반적으로 전기 회로의 계산은, 아무리 복잡한 회로라도, 이 예와 같은 방식의 계산을 하나하나 풀어나가면 반드시 할 수 있다. 이 점을 초보자에게 특별히 당부하고 싶다.

2 키르히호프의 법칙

◆키르히호프의 제1법칙(전류의 연속성)◆

임의의 절점(節点, 소자의 접속점)에 들어오는 전류의 합계는, 나가는 전류의 합계와 같다.

이것을 식으로 나타내면,

$$\sum_{i=1}^{n} In = 0 \quad \cdots\cdots (22)$$

(19), (20)식에 대응한다.

다만 전류 In의 부호의 ⊕, ⊖는 예를 들면 들어오는 전류에 ⊕, 나가는 전류에 ⊖를 붙인다. 그러면 합계는 0이 된다(그림 16).

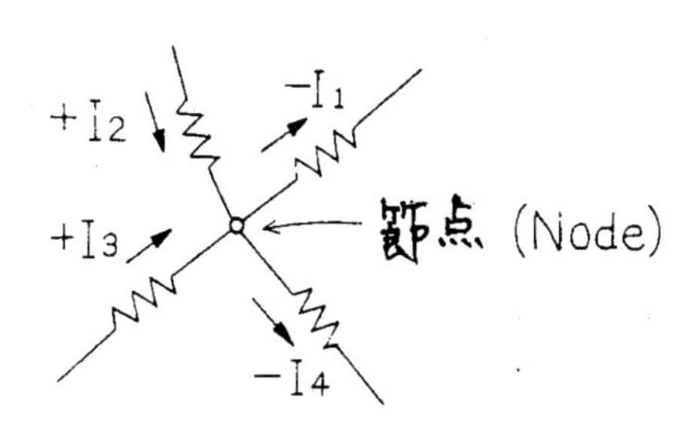

그림16 키르히 호프의 제1법칙

㈜ 절점 : 나무의 마디와 같이 회로의 갈림길, 접속점을 절점(노드)이라 부른다.

독일의 과학자 Kirchhoff의 이름을 딴 법칙이며, 명칭만으로도 어려운 느낌이 드나 내용은 간단하다.

앞에서 설명한 전기 회로 안에서의 전류와 전압의 연속성(19~21식)을 일반화한 것에 지나지 않는다. 전류의 연속성을 설명한 제1법칙과, 전압의 연속성에 대한 제2법칙이 있다. 이해가 안되면 그림15(c, d, e)의 구체적인 예를 다시 한번 보기 바란다.

전류의 경우는 절점에 유출입하는 모든 전류를 생각하지 않으면 안된다. 그러나, 전압의 경우는 그림(17)의 Zx, Zy와 같이, 루프에 접촉시켰으나 루프에 포함되지 않는 것은 전혀 관계없다. 어떤 복잡한 회로의 그물 속에서도, 하나의 루프를 루프 외의 소자와 관계없이 독립하여 생

◆키르히호프의 제2법칙(전압의 연속성)◆

회로 내에서 임의의 루프를 생각할 때, 그 루프 따라 1방향으로 한 바퀴 돌았을 때 각 부분의 전압의 합계는 0, 또는 똑같이 루프를 따라 각소자의 전압 강하의 합계와 전원 전압의 합계는 0이라고도 할 수 있다.

이것을 식으로 나타내면,

$$\sum_{i=1}^{n} Z_n I_n + \sum_{K=1}^{K} E_R \cdots\cdots\cdots\cdots (23)$$

↑ 소자의 전압 강하분의 합계 ↑ 전원 전압의 합계

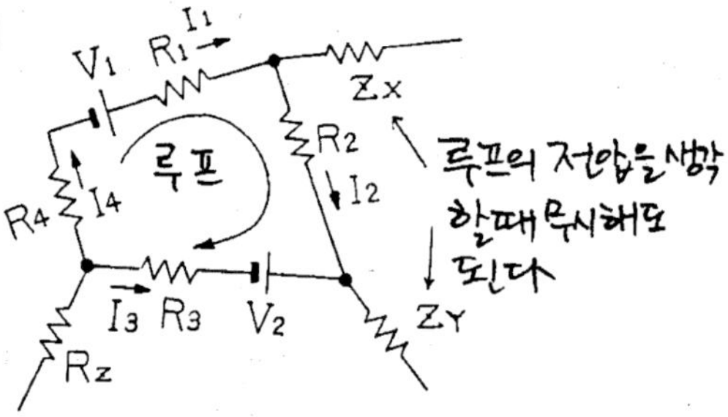

또 루프를 따라 한 바퀴 도는 방향에 대해, 예를 들면 같은 방향은 ⊕, 반대 방향은 ⊖의 부호를 붙인다(그림 17)

그림 17 키르히 호프의 제2법칙

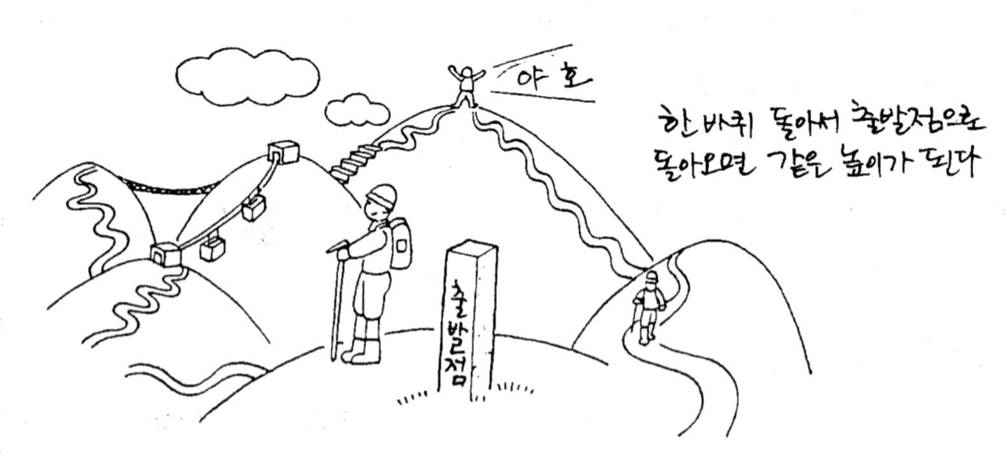

그림 18 제2법칙은 하이킹 코스를 한바퀴 도는 것

각할 수 있는 특징이 있다.

제2법칙은 그림(18)과 같은 한 바퀴의 하이킹 코스와 꼭 같다. 출발점을 시작하면, 산이 있고, 내리막길이 있고, 케이블 카가 있어 오르내려도, 오르내림의 높이[m](오름⊕, 내림⊖)의 합계가 0인 것과 같이, 루프 한 바퀴에서 출발점으로 돌아 올 경우에도 0이 된다.

역시 전압도 ⊕하거나 ⊖하여 루프의 출발점으로 돌아오면 0이 된다.

3 선형의 세계(중복의 정리)

전기 회로의 전압, 전류를 알기 위해 제3장에서 배운 옴의 법칙과 2항의 키르히호프의 법칙의

2가지를 알고 있으면 거의 풀 수 있으나, 계산을 더 간단히 하기 위해 편리한 정석(定石)이 전기 회로에도 있다. 대표적인 정석을 간단히 정리하여 설명한다.

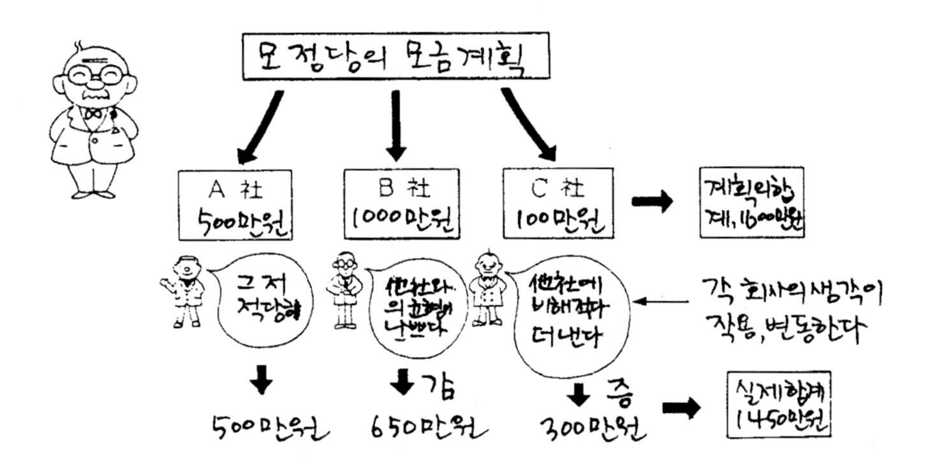

그림 19 세상에는 생각 흥정이 있다(겹침의 정리가 성립하지 않는다)

여러분의 이해를 돕기 위해 정치 자금의 조달에 관한 것을 일예를 들어보자. 어느 정당이 정치 활동을 하기 위한 자금으로 A사(社)에 500만원, B사에 1000만원, C사에 100만원의 기부를 의뢰했다고 하자. 만일 A, B, C의 각 회사가 서로서로 다른 회사의 기부금을 알지 못하고, 또 각 회사의 재정 사정이 허용되면, 정당의 희망대로 합계 1600만원의 자금이 수월하게 모금될 것이다. 「중복의 정리(定理)」가 성립하는 선형(線形)의 세계는 그러한 세계이다.

그러나 만일 A, B, C의 각 회사가 다른 회사의 기부 금액을 알았을 때, 인간에게는 감정이나 술책 등이 반드시 상호 작용한다. A사는 적당히 넘어 가고, B사에서는 「우리 회사는 A사보다 큰 회사이나 A사의 2배를 기부하는 것은 형평을 잃은 것이므로 650만원 정도로 하고 싶다」는 등으로 생각할 것이다.

또 C사에서는 「이때 타사가 500만원, 1000만원을 기부하는데, 100만원은 아무리 빈약한 회사라 해도 안된다. 300만원 정도는 내야겠다」는 등도 생각한다.

그러면 각 회사의 기부금은 상대방의 기부 금액의 영향을 받아 대폭적으로 변동하여 합계 금액도 1450만원으로 변한다.

◆중복의 정리◆

복수의 전압원(原)이나 전류원을 가진 전기 회로망에서는, 각 소자에 흐르는 전류(또는 각 절점의 전위)를 구하려면, 각 전원 중의 하나만을 선정하여 그 기능을 체크하고(다른 전원에 대해서는 전압원은 단락, 전류원은 개방하여 죽은 상태로 한다), 전압, 전류를 구한다. 이와 같은 순서에 입각하여 나머지 전원에 대해서도 그 값을 구하고 따라서 각 부의 전압, 전류를 합하면 전체를 구할 수 있다.

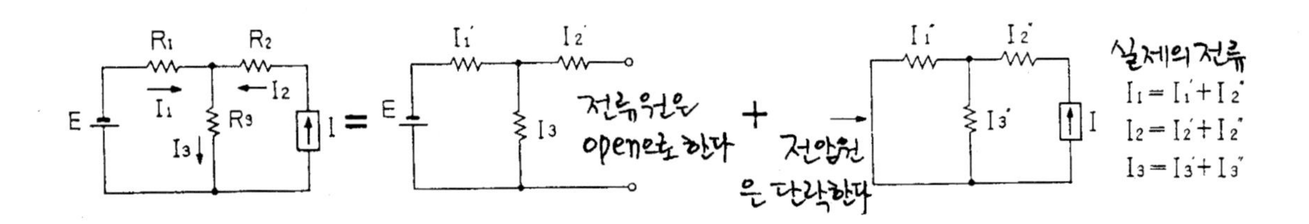

그림20 중복의 정리

전기의 세계에서는 이와 같은 술책이나 감정 등을 절대로 생각하지 않은 냉정한 세계라는 것을 「중복의 정리」라고 말하고 있다.

딱딱한 정리(定理)이나, 그림(20)에 2개의 전원을 가진 경우에 대해서 응용의 순서를 설명한다.

그림에서 I=3A, E=3V, R_1=2Ω, R_2=2Ω, R_3=4Ω로 하여, 각 저항에 흐르는 전류를 계산하라. (답 : I_1=−2.5A, I_2=3A, I_3=0.5A)

즉, 상대가 1000만원이므로 우리는 100만원을 300만원으로 늘리는 술책은, 전원이나 회로 소자 사이에는 절대로 없다. 그러므로 다른 전원의 기능을 전혀 무시하고 각 전원에 의한 전압, 전류의 합계를 구하면 된다.

이와 같은 중복의 정리가 성립하는 세계를 "선형(線形)의 세계"라 한다. 현실의 전기 회로는 대부분 선형으로 취급할 수 있다.

중복의 정리가 성립하는 전기 회로를 선형 회로(리니어 회로)라 하고, 성립하지 않는 회로를 비선형 회로(논리니어 회로)라 한다.

4 테브난의 정리, 노튼의 정리

손자 병법(그리스도가 탄생한 지금부터 2000년전의 중국의 전략가 「孫武」의 저서)에서 "적을 알고 나를 알면 백전백승"이라는 말이 있는데 이 항에서 매우 걸맞는 비유법이다. 그림(21)과 같이, 미지(未知)의 블랙 박스가 있는데, 그 속에는 전원과 회로 소자 등이 접속되어 있다. 이 블랙 박스에서 2개의 단자가 나와 있으며, 이 단자에 임피던스Z를 연결하면 어떤 전류가 흐

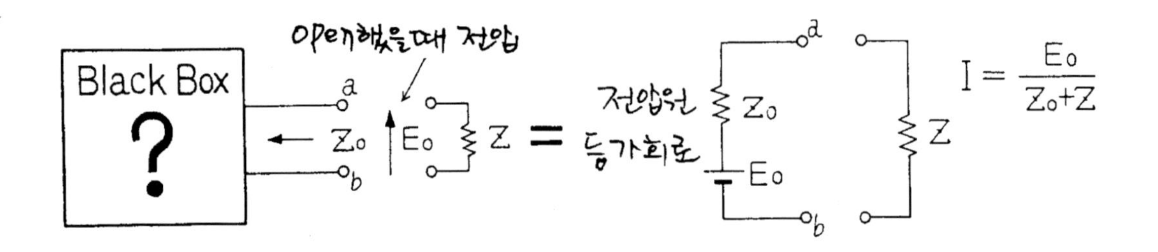

그림21 테브난의 정리

르는가?

「자기를 안다」 : 접속하는 임피던스는 Z이다.

「적을 안다」 : 단자 a－b의 개방 전압을 조사하니 E_0[V], 단자a－b에서 본 블랙박스의 임피던스를 측정한다. Z_0[Ω].

이때 흐르는 전류량 I는,

$$I = \frac{E_o}{Z_o + Z}[A] \quad \cdots\cdots (25)$$

로 「백전 백승」, 전류 I는 알뜰히 계산할 수 있다.

이것이 **테브난의 정리(定理)**이다. 어떤 복잡한 회로라도 개방 전압 E_0와 바깥쪽 a－b에서 본 임피던스 Z_0(회로의 내부 임피던스)를 알면 그것으로 가능하다. 이것은 그림(21)과 같이 E_0, Z_0를 아는 블랙 박스는, 전압원(源) E_0와 임피던스 Z_0의 직렬한 회로와 등가(等價)라는 것을 말한다. 그래서 테브난의 정리는 **「등가 전압원의 정리」**라고도 한다.

또 「테브난의 정리」와 상대적인 관계가 있는 것이 「노튼의 정리」이다.

「적을 안다」 : 단자 a－b를 단락하여 흐르는 전류 I_0[A]를 측정한다. 단자 a－b에서 본 어드미턴스 Y_0[S]를 측정한다.

단자 a-b에 어드미턴스[S]를 접속할 때, 단자 a－b에 나타나는 V[V]는,

$$V = \frac{I_o}{Y_o + Y}[V] \quad \cdots\cdots (26)$$

이 된다.

실제의 회로에서는 단자 a, b를 함부로 단락하여서는 안된다. 큰 전류가 흘러 회로가 파괴될 위험성이 있다. 이 「노튼의 정리」는 오로지 생각에 입각한 것이다.

노튼의 정리에 의해 블랙 박스는 그림(22)와 같이, 정전류원(定電流源), I_0와 병렬 접속된 내부 어드미턴스 Y_0로 표현할 수 있다. 이것을 **「정전류원 등가(等價)회로」**라 한다.

이상으로 「테브난의 정리」와 「노튼의 정리」 및 사고 방식은 회로를 취급할 때, 계산이나 이해하는 데 매우 편리하다. 아무리 복잡하고 알 수 없는 회로라도 **손자 병법** 「적을 알면」을 적용했을 때 E_0와 Z_0를 알면, 나머지는 알 수 있다.

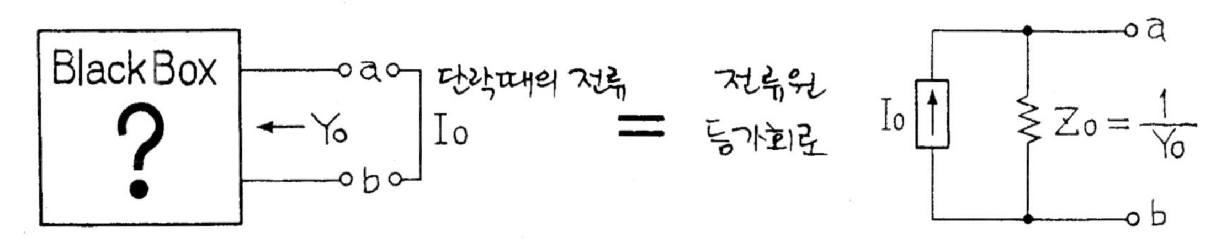

그림22 노튼의 정리

4. 전기의 신호와 성질

[1] 급행 열차와 레일

지금까지의 설명은 대부분 전기 회로 자체에 대한 것이며, 전기 회로의 목적인 신호에 대해서는 거의 다루지 않고, 정현파(正弦波)라는 기본적인 파형(波形) 회로의 성질을 설명했다.

전가 회로에서 신호와 회로의 관계는「급행 열차」가 달리는「레일」의 관계로 생각하면 된다. 레일도 직선로가 있고 급커브가 있고, 터널이 있는 등 여러가지 장소가 있으며, 목적은 열차를 쾌적하고 능률적으로 달리게 하는 것이다. 전기 회로의 목적도 신호를 증폭하거나 여러가지 처리를 하는 데 있다.

여기서는 급행 열차에 해당하는 신호의 성질을 알아 보기로 하자. 급행열차에도 증기 기관차, 전기 기관차, 디젤 기관차 등 여러가지가 있다.

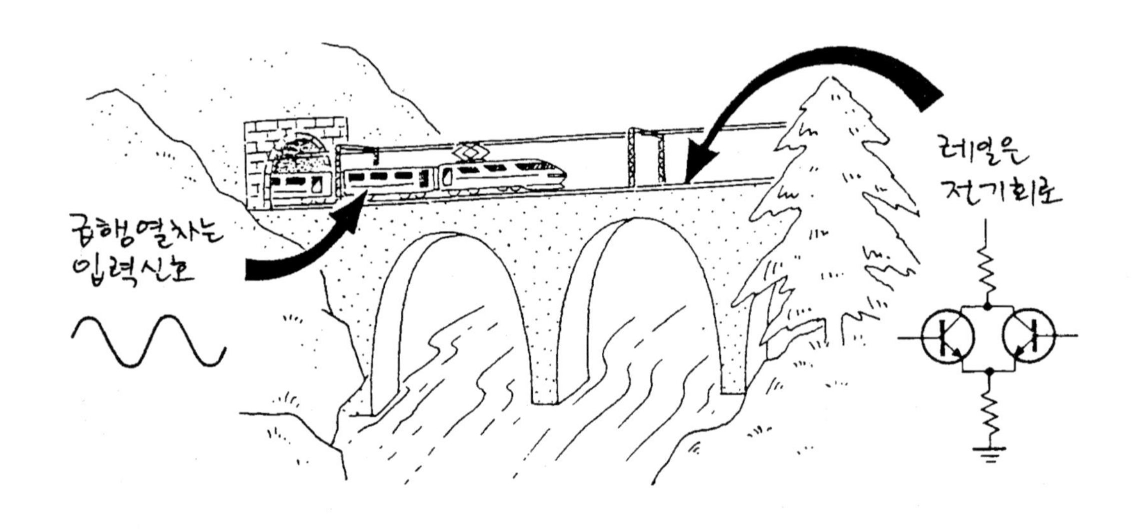

그림23　급행열차로 간다

전기 회로에서 취급하는 전기 신호 파형도 상용(商用)전원과 같이 정현파도 있으나, 많이 취급하는 것은 그림(24)와 같이 3각파형, 톱니파형, 그리고 컴퓨터와 자동제어, CD(Compact Disc) 등에서의 펄스파형, 또는 오디오의 음성신호, 텔레비전의 영상 신호 등 여러가지 복잡한 파형이 있다. 이와 같은 신호는 지금까지 설명한 정현파와 전기 회로학에서는 어떤 관계가 있는지 설명하기로 한다.

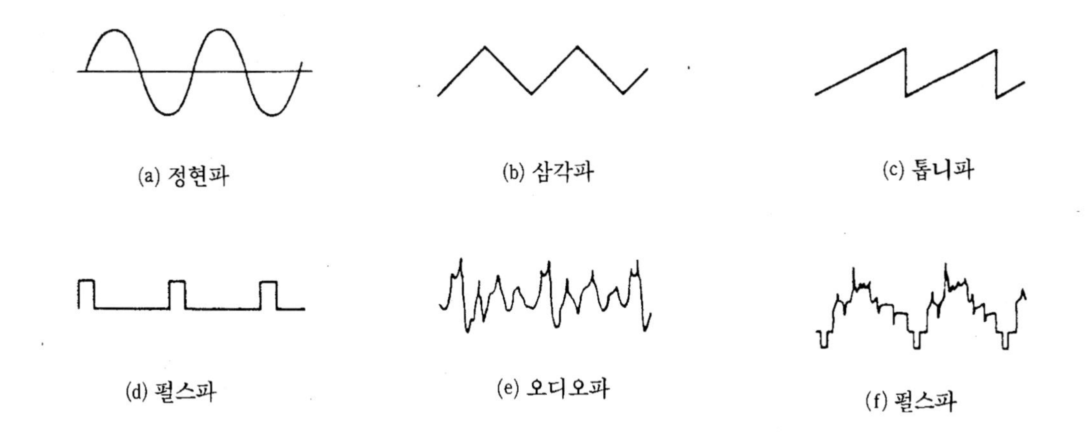

그림24 교류 파형의 예(보기 쉽도록 주기를 같게 했다)

2 펄스파와 정현파의 관계

그림(24)와 같이 실제로 취급하는 여러가지 교류 파형을 볼 때 정현파와 비교하면 어울리지 않는 모양을 하고 있으나 실제로는 대단히 유사한 관계가 형성되어 있다.

그림(25)의 톱니파(텔레비전이나 오실로스코프의 전자 빔 편향(偏向)에 사용하는 전기 파형)의 예에서 알아 본다.

그림(a)는 주파수 f_0가 같은 톱니파와 정현파를 나란히 그린 것이다. 이와같이 주기가 같은 정현파를 톱니파의 기본파(基本波)라 부른다. 다음의 그림(b)는 기본파에 주파수가 2배, 즉 $2f_0$이고 진폭이 1/2의 정현파를 합한 톱니파에 조금 가까워진 파형이다. 그리고 그림(c)는 앞의 (b)의

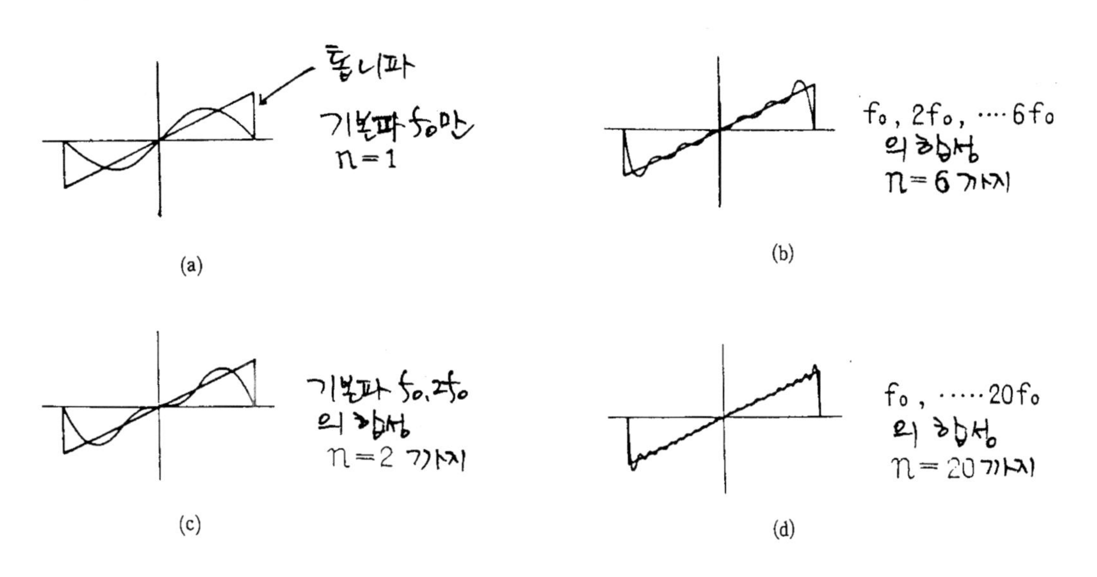

그림25 톱니파형은 정현파의 집합

파형에 진폭 1/3의 $3f_0$, 진폭 1/4의 $4f_0$, 진폭 1/5의 $5f_0$, 진폭 1/6의 $6f_0$의 정현파를 가한 것이다. 그리고 다음의 그림(d)는 기본파 f_0에서 $20f_0$까지의 정현파를 합한 것이다. 이와 같이 f_0, $2f_0$, $3f_0$……nf_0로 기본파의 주파수 f_0 정배수(整倍數)의 정현파(이것을 기본파에 대해 **고조파(高調波, 하모닉스**; Harmonics라 부른다)를 가하면, n이 1, 2, 3, ……으로 증가할수록 점점 본래의 톱니파와 비슷하게 된다. 이상적으로는 n을 더욱 증가하여 $n \rightarrow \infty$로 하면 완전히 톱니파(波)로 된다. 톱니파에 국한하지 않고, 처음에는 그림(24)의 신호 파형도 주기성(周期性)만 있으면 기본파f_0와 그 정배수의 f_0를 가진 고조파(高調波, 정현파)를 가하면 반드시 합성할 수 있다.

식으로 표현하면, 최대값 Vm인 톱니파 $f(t)$는,

$$톱니파 f(t)= \frac{Vm}{\pi}(\underbrace{\sin \omega t}_{기본파}+ \frac{1}{2}\sin 2\omega t+ \frac{1}{3}\underbrace{\sin 3\omega t}_{제3고조파}+\cdots \frac{1}{n}\sin n\omega t\cdots) \cdots\cdots\cdots (27)$$

로, 주파수의 정배수(整倍數)가 정현파의 합계와 같아진다.

또 톱니파의 예에서 보는 바와 같이 각 정현파의 진폭은 기본파가 가장 크고, 고조파(高調波)의 차수(次數)n이 증가할수록 감소한다. 즉 n이 클수록 원래의 파형에 대한 영향은 작아진다. (27)식은 파형이라는 시간 영역(領域)의 정보를 차원이 다른 주파수 영역의 정보로 바꾸어 취급할 수 있다는 것을 나타내고 있다. 이와 같은 변환을 일반적으로는 프리에 급수(級數) 전개라고 한다.

[3] 신호파의 주파수 스펙트럼과 증폭기의 주파수 특성

[2]에서 설명한 바와 같이 주기성이 있는 파형은, 고조파(정현파)의 합계와 같다. 그래서 그림(26)과 같은 그림을 얻을 수 있다. 이 그림은 원래의 신호파형(이 경우 톱니파)의 **주파수 스펙트럼도**라 하여 기본파와 각 고조파의 진폭(최대값)을 선의 길이로 나타내어 그래프화한 것이며, 한 눈에 신호를 구성하고 있는 고조(高調) 정현파의 분포를 알 수 있다.

❖주파수 성분❖

임의의 주기성(周期性) 파형은, 같은 주파수의 정배수(整倍數)의 정현파군(郡)의 집합으로 간주한다. 이 정현파군을 원래 파형의 주파수 성분이라 한다.

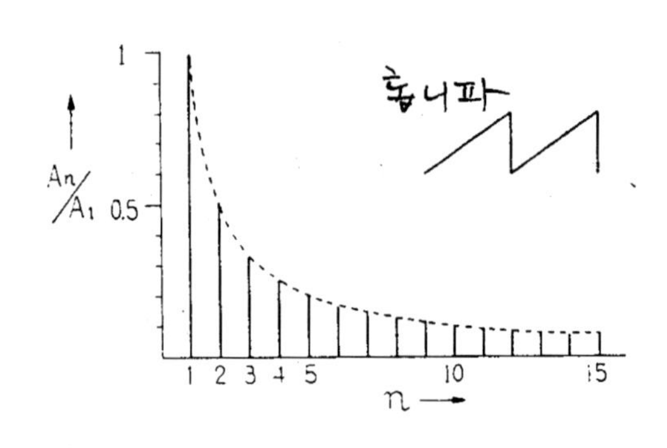

그림26 톱니파와 스펙트럼

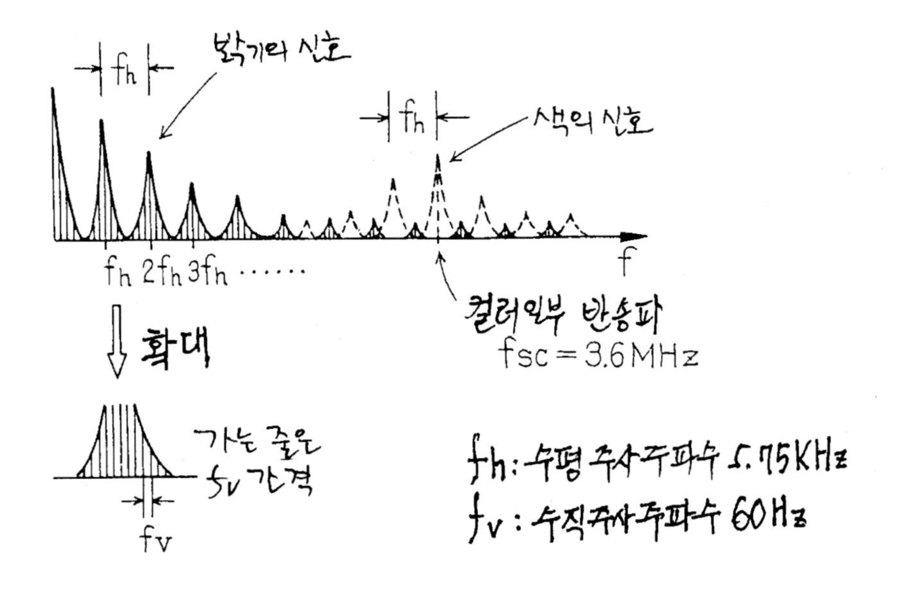

그림27 비디오신호의 주파수 스펙트럼(주사(走査)주파수 fn, fv 간격의 고주파군)

제2장 2.의 ④항중 주파수의 설명에서, 오디오 신호는 30~20,000Hz의 주파수, 비디오 신호는 60Hz~4MHz의 주파수의 정현파를 함유한다고 했는데, 이 **주파수 성분**을 말한다.

비디오 신호(그림24 (f))는 비교적 단순한 주파수 성분의 구성이며, 그림(27)과 같이 텔레비전 카메라의 수평 편향(偏向) 주파수 f_h =15.75kHz, 수직 편향 주파수 f_v=60Hz를 기본파로 하는 고조파로 구성되어 있다. 오디오 신호의 경우는 여러가지 악기의 음색이나 음계(音階)를 가진 음의 혼합이므로 주파수 스펙트럼은 텔레비전 신호보다 훨씬 복잡하다.

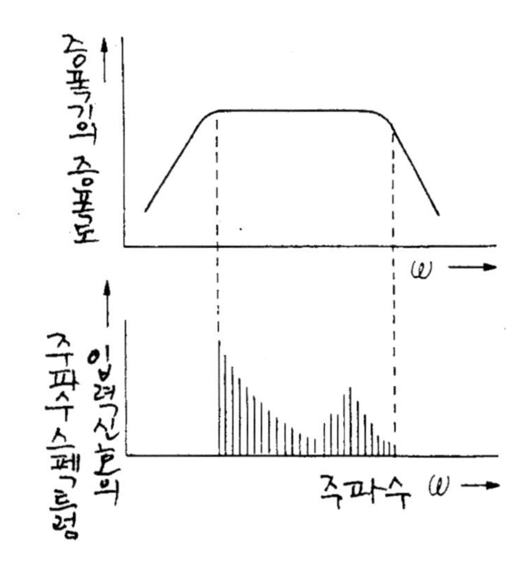

그림28 증폭기의 주파수 특성과 신호의 주파수 스펙트럼과의 대응

이와같이 전기 신호를 취급할 때는,

(1) 전기 신호의 파형을 조사한다(시간의 세계)

(2) 파형의 주파수 스펙트럼(또는 주파수의 분포 범위)을 조사한다는 것이 중요하다.

(1)의 파형은 오실로 스코프로 관측할 수 있다. (2)의 주파수 스펙트럼에 대해서는, 대표적인 신호 파형은 다음의 ④에서 설명하는 수학 해석 방법으로 조사하고 있다. 스펙트럼 아널라

이저로 측정할 수도 있다.

취급할 신호의 파형과 주파수 성분을 알면, 그 신호를 증폭하거나 적당한 파형 처리를 할 증폭기가 갖추어야 할 증폭도(增幅度)의 주파수 특성이 명확하게 된다.

증폭기의 주파수 특성은 그림(28)과 같이, 신호의 주파수 성분의 하한(下限)에서 상한까지의 정현파를 균일하게 증폭하는 평탄(Flat)한 특성을 가져야 한다.

4 프리에 급수전개

2에서 톱니파(波)는 (27)식과 같은 고조파의 합성과 같다는 것을 설명했는데, 일반적으로, 「프리에의 급수 전개」라 부르는 수법으로 표현할 수 있다. 그러면 프리에 급수의 포인트를 간단히 설명한다.

주기T의 파형 $f(t)$가 있을 때, 그 주기 파형은 삼각 함수를 사용한 급수로 표현할 수 있다는 것을 알고 있다.

각 주파수의 진폭을 나타낸다.

$$f(t)=b_o+\sum_{n=1}^{\infty}b_n\cos n\omega t+\sum_{n=1}^{\infty}a_n \text{Sin}\, n\omega t \quad \cdots\cdots (28)$$

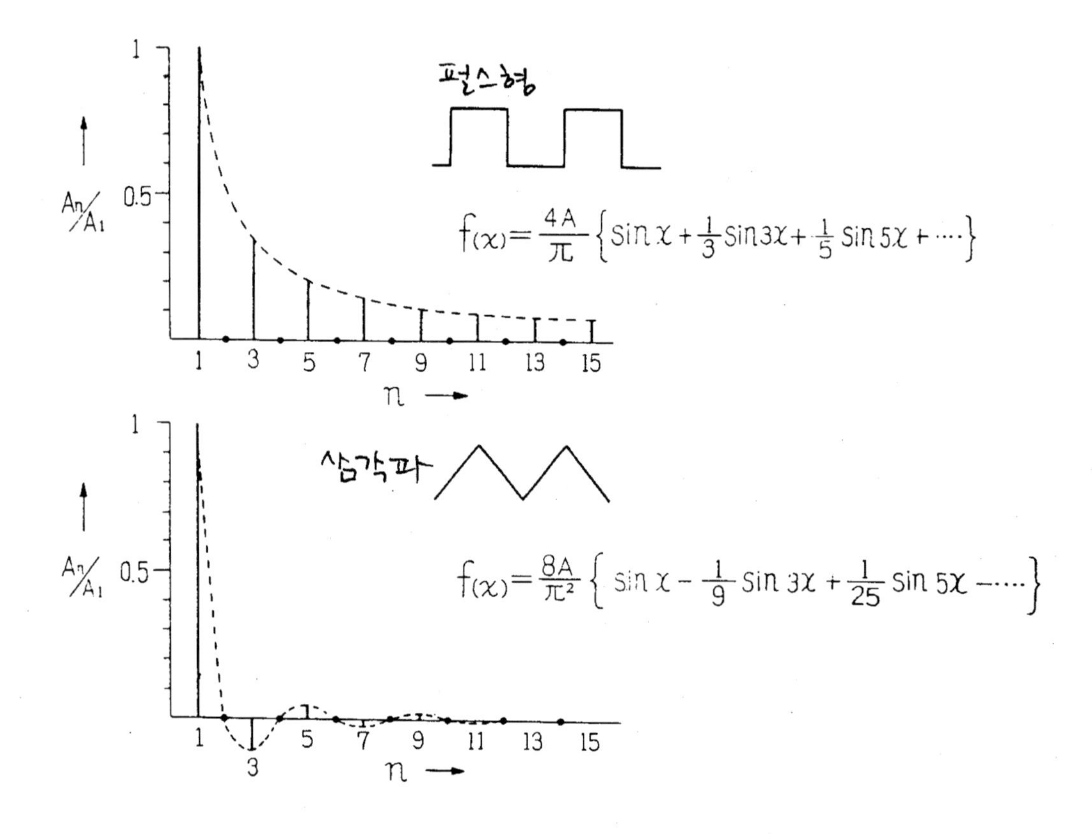

그림29 교류의 프리에 급수와 스펙트럼

여기서, 진폭을 나타내는 급수 b_o, b_n, a_n은 다음과 같은 적분식으로 계산할 수 있다.

$$\left.\begin{aligned} b_o &= \frac{1}{T}\int_o^T f(t)\,dt \\ b_n &= \frac{2}{T}\int_o^T f(t)\cos n\omega t\,dt \\ a_n &= \frac{2}{T}\int_o^T f(t)\sin \omega t\,dt \end{aligned}\right\} \cdots\cdots (29)$$

이 식을 사용하여 함수 $f(t)$를 알면, 누구나 전기 파형의 고조파 계산을 할 수 있다.
그리고 (28)식의 제1항 b_o는 일정한 값으로 되어, 신호의 직류분(直流分)을 나타낸다.

또 cos과 sin은 위상이 90° 다른 같은 파(波)이므로, 진폭 $\sqrt{a_n^2+b_n^2}$, 위상은 $\tan^{-1} b_n/a_n$의 하나의 파를 표현하고 b_n/a_n에 의해 각 고조파의 위상이 다른경우가 있다는것을 알 수 있다. 구형 펄스파(波)와 3각파에 대해, 프리에 전개의 계산결과를 그림(29)에 나타냈다.

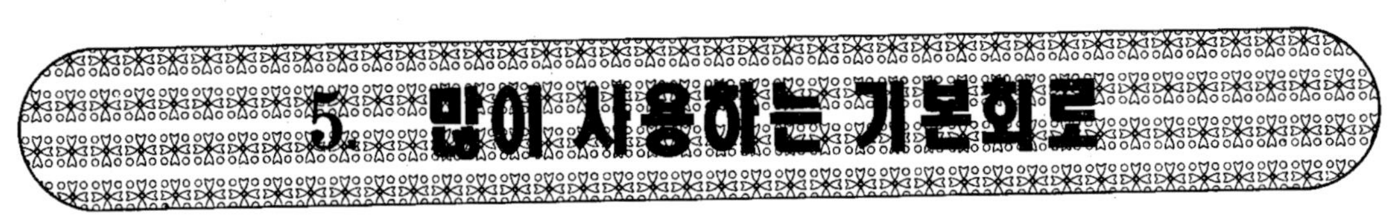

5. 많이 사용하는 기본회로

1 R과 C를 결합하면(1) (하이패스형 RC회로의 주파수 특성)

일반적으로 많이 사용하는 전기 회로로는, R과 C를 결합한 회로가 가장 많다. 이 회로의 특성은 지금까지 설명한 회로의 취급방법을 이용하면 간단히 알 수 있다.

그림(30)의 회로는 고역(高域) 통과형이라고도 부르는 RC회로이다. 먼저 이 회로의 주파수 특성을 알아 본다.

회로에 흐르는 전류 I는

$$I=\frac{V_1}{Z}=\frac{V_1}{R+\frac{1}{j\omega C}}=V_1\cdot\frac{j\omega C}{1+j\omega CR}$$

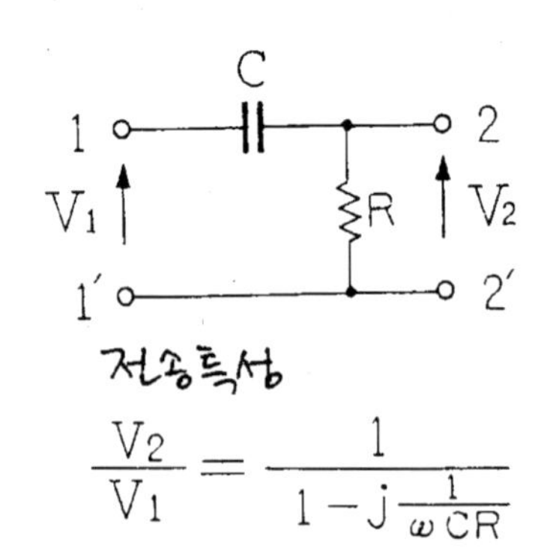

그림30 하이패스형 CR회로

여기서 단자 2−2′(즉 R의 양끝)에 나타나는 전압을 V_2로 하면, $V_2=IR$, 그러므로 단자 1−1′의 전압 V_1과 V_2의 비(比)를 두 식에서 구하면, 입력의 정현파 신호가 출력쪽에 어떻게 나타나는지의 특성(회로의 **전달 특성**이라 한다)을 나타내게 된다.

$$\frac{V_2}{V_1}=\frac{j\omega CR}{1+j\omega CR}=\frac{1}{1-j\frac{1}{\omega CR}} \qquad \cdots\cdots(30)$$

그리고, $\omega_0=\frac{1}{CR}$로 바꾸어보면

$$\frac{V_2}{V_1}=\frac{1}{1-j\frac{\omega_0}{\omega}} \qquad \cdots\cdots(31)$$

로 아주 단순한 식이 된다. 그리고 이 복소수의 절대 값과 위상은,

$$\left.\begin{aligned}\left|\frac{V_2}{V_1}\right| &=\frac{1}{\sqrt{1+\left(\frac{\omega_0}{\omega}\right)^2}} \quad \text{(진폭의 주파수 특성)}\\ \angle\frac{V_2}{V_1} &=\tan^{-1}\left(\frac{\omega_0}{\omega}\right) \quad \text{(위상의 주파수 특성)}\end{aligned}\right\} \qquad \cdots\cdots(32)$$

로 된다. 이들 식을 검토하면, 고역 통과형이라 부르는 CR회로가 어떤 주파수 특성을 갖고 있는지 명확하게 알 수 있다. 또 $\omega_0=1/CR$는, CR회로의 전달 특성을 결정하는 파라미터이므로, **특성 주파수**, 또는 **차단 주파수**(Cut off Frequency)라 한다.

특성 주파수 $\omega=\omega_0$의 주파수에서는, (32)식은,

$$\left|\frac{V_2}{V_1}\right|=\frac{1}{\sqrt{2}},\quad \angle\frac{V_2}{V_1}=\frac{\pi}{4}=(45°) \quad \cdots\cdots (33)$$

이 된다. 그래서 ω/ω_0를 바꾸어 (33)식의 변화를 계산하여, 그래프에 $|V_2/V_1|$(진폭), $\angle V_2/V_1$(위상)의 값을 나타내면, 그림31(a, b)가 된다. 이 그래프의 가로축에 대수(log)를 나타내고, 세로축에 dB를 나타냈다. (dB의 설명은 부록 참조).

이와 같이 전기 회로의 주파수 특성은 세로축, 가로축을 보통 대수(對數)로 나타내고 있어 편리하게 사용하고 있다. 대수(對數)를 사용하면, 범위를 넓게 표현할 수 있고, 곱하기와 더하기로 가산하는 등의 특징이 있다.

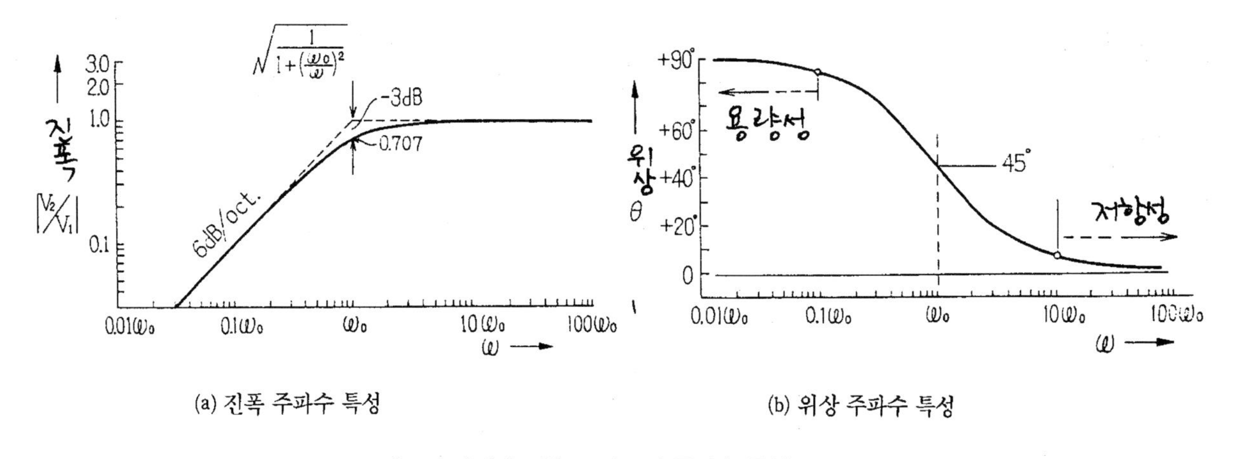

(a) 진폭 주파수 특성 (b) 위상 주파수 특성

그림31 하이패스형 CR회로의 주파수 특성

그림 31(a)를 보면, 특성 주파수 $\omega=\omega_0(\omega/\omega_0=1)$에서는, 진폭은 $1/\sqrt{2}$(−3dB) 로 떨어지고, $\omega<\omega_0$의 낮은 주파수에서는 진폭은 점점 작아진다. 이 저하 곡선은 옥타브(Octave, 주파수가 2배 또는 1/2)마다 −6dB(1/2)의 경사를 갖고, **6dB/ oct.의 저하**라 부르며, 전기 회로의 주파수 특성의 대표적인 경향을 나타낸다.

또 $\omega>\omega_0$의 높은 주파수에서는 진폭은 1에 가까워, 높은 주파수에서는 입력이 그대로 출력에 나타나는 것을 표시한다. 그래서 이 회로를 ω_0부터 높은 주파수의 정현파는 모두 통과시키므로, 고역(高域) 통과형 RC회로라 하고, 고역 통과형 필터(하이패스 필터 : High-pass Filter)의 가장 간단한 일예이다. 이 회로는 직류나 낮은 주파수를 억제하고 높은 주파수를 내는 곳에 사용한다.

또, $\omega=\omega_0=1/CR$는, 통과와 저지의 경계가 되는 주파수이므로, ω_0(또는 $f_0=\omega_0/2\pi$)를 앞에 설명한 바와 같이 특성 주파수(차단 주파수)라 부르고, CR회로의 특성을 정하는 중요한 기준이 된다는 점에 특히 주의해야 한다.

【계산예】 $C=0.01\mu F$, $R=10K\Omega$의 CR회로의 특성 주파수 f_0은 몇[Hz]인가?

$$f_0=\frac{\omega_0}{2\pi}=\frac{1}{2\pi CR}=\frac{1}{6.28\times0.01\times10^{-6}\times10\times10^{3}}=1.6\times10^{3}\text{Hz}$$

2 R과 C를 결합하면(2) (하이패스형 RC회로의 펄스 레스폰스)

그림(30)의 입력 1−1′에, 정현파 대신에 그림(32)와 같이 펄스파(波)를 가하여, 그 출력 2−2′에 오실로스코프를 연결해 보면, 어떤 파형이 나타나는가. 이 출력파형을 회로의 펄스 레스폰스(펄스 응답)라 한다.

지금까지 전기 회로의 정현파에 대한 응답을 여러 가지로 알아 보았으나, 그 기본은 제4장, 3에서 설명한 바와 같이 회로의 미분 방정식을 푸는 것이었다. 펄스 레스폰스의 계산도 그림32(b)와 같이 스위치S를 ON.OFF 했을 때 출력 2−2′(R양끝의 전압)가 과도적(過渡的)으로 어떻게 되는지를 미분 방정식을 써서 그 풀이를 구하면 된다. 여기서 그 결과를 나타내면, 출력 전압의 순간값 v_2는,

$$v_2=V_1\cdot e^{-\frac{t}{RC}} \quad \cdots\cdots (34)$$

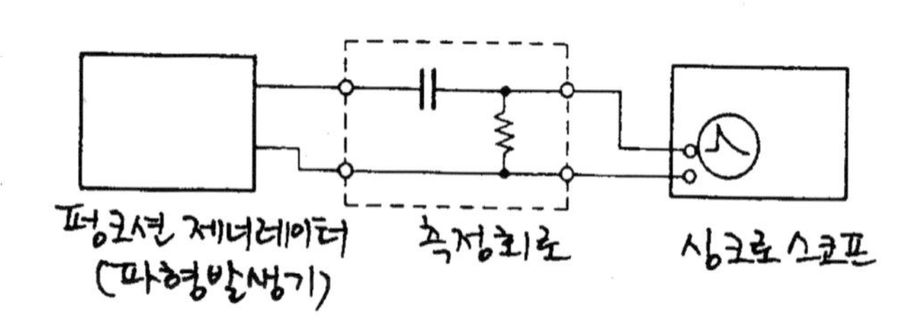

(a)펄스 레스폰스의 측정

V_1 C R i v_2

C에 걸리는 전압 $e_C=\dfrac{q}{C}$

R에 걸리는 전압 $e_R=Ri=R\dfrac{dq}{dt}$

$e_R+e_C=V_1$

$R\dfrac{dq}{dt}+\dfrac{1}{C}q=V_1$

이 미분 방정식을 풀면,

$i=\dfrac{V_1}{R}e^{-\frac{t}{CR}}$

이 된다. 따라서

$v_2=R\cdot i=V_1\cdot e^{-\frac{t}{CR}}$

가 된다.

(b)펄스 레스폰스의 계산

그림32 펄스레스폰스의 측정과 계산

로 된다. 이때 변수는 t이고, 스위치S를 넣은 순간 $t=0$에서는 $e^0=1$이므로, $v_2=V_1$에서 시간이 지남에 따라, 지수(指數) 함수형으로 감소한다. 이 형은 전기 회로뿐만 아니라, 음향 홀의 잔향(殘響)의 감쇠, 종소리의 감쇠, 열의 발산, 방사능의 감쇠에 그치지 않고, 세균을 포함한 생물의 번식, 쇠퇴 등의 상태도 나타낼 수 있는 매우 기본적인 식이므로 상식으로 알아두면 편리하다(그림 34).

여기서 $RC=\tau$[S]는 **감쇠 곡선**을 정하는 중요한 상수이므로, 특히 시상수(時常數 : Time constant)라 한다.

그림(33)를 자세히 보면, $t=\tau=RC$[s]의 곳에서는 $t=0$에서의 곡선의 접선(接線)과 가로축이 교차하는 점에서, 전압은 원래의 36.8%, $t=5\tau$ 이며 원래의 약 1%로 내려간다. 또 τ의 크기에 따라 감쇠 곡선은 완만하게 또는 급하게도 변화한다(그림35).

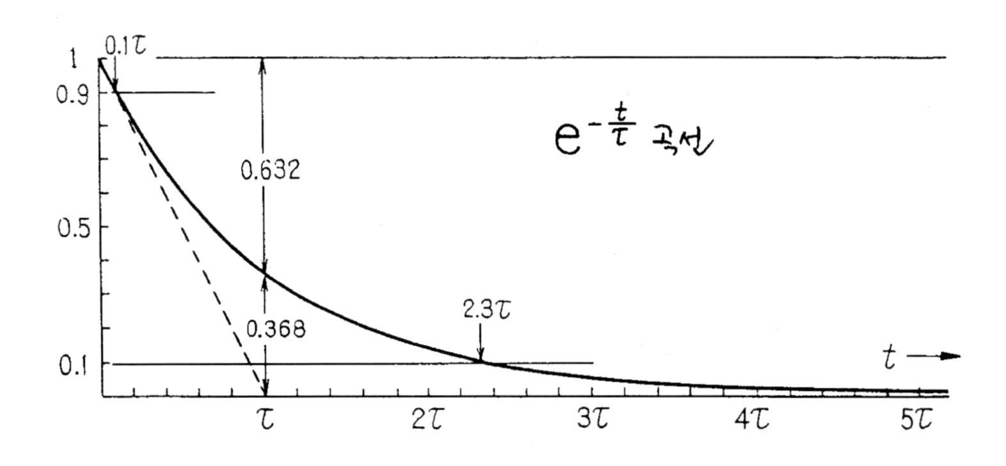

그림33 하이패스형 CR회로의 펄스레스폰스

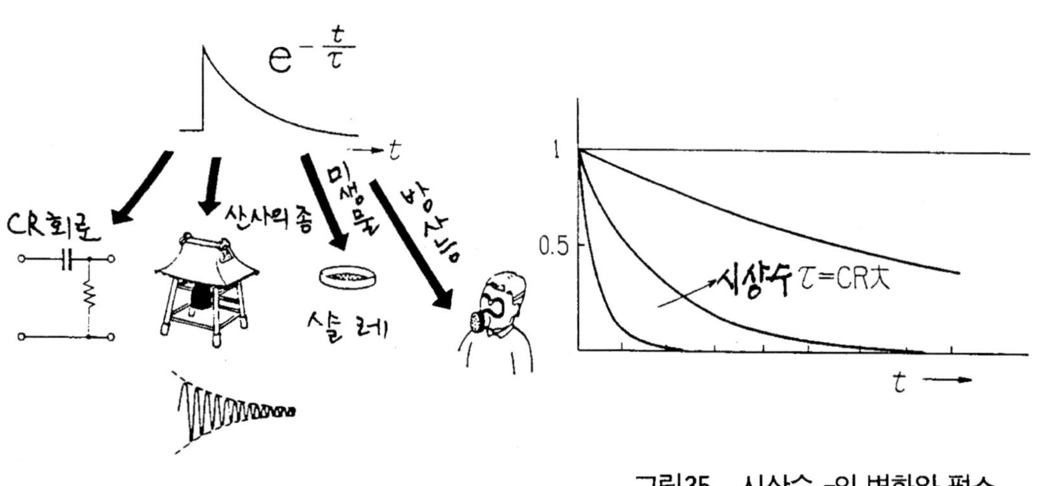

그림34 감쇠곡선 $e^{-\frac{t}{\tau}}$

그림35 시상수 τ의 변화와 펄스 레스폰스(미분회로)

다음에 [1]의 주파수 특성의 (31)식에서 ω가 충분히 작아, $\omega \ll \omega_0$의 경우를 생각해 보면 분모의 j부분만으로 되어,

$$V_2 = V_1 \cdot j\omega CR \quad \cdots\cdots (35)$$

로 되고, 제4장 3에서 설명한 대로, $j\omega$는 $\frac{d}{dt}$ 즉 미분을 의미하므로,

$$v_2 = CR\frac{dv_1}{dt} \quad \cdots\cdots (36)$$

이 된다. 이 식은 v_1을 시간으로 미분한 파형이 v_2로 얻어지는 것을 의미한다.

실제의 출력 파형을 보면, 근사적으로 구형파(矩形波)의 미분 파형이다. 그래서 고역(高域)통과형 RC회로는 파형의 **미분(微分)회로**라고도 부른다. 주파수 특성의 곡선형태를 말하면, [1]의 그림 (31)에서 $\omega_0 = 1/CR$에서 6db/oct의 경사로, 낮은 주파수로 향해 45°의 경사로 떨어지는 부분이 미분 작용에 대응하고 있다. 이 경사는 (35)식에서 얻는 $|V_2|V_1| = \omega CR$(주파수ω에 비례한 출력을 의미한다)에 대응하고 있다.

끝으로 [1]에서 취급한 주파수 특성 곡선의 특성 주파수 ω_0과, [2]에서 취급한 펄스 레스폰스(시간적 특성)의 기준이 되는 τ와는 알고 보면 깊은 관계이며,

$$\omega_0 = \frac{1}{\tau} = \frac{1}{CR} \quad \cdots\cdots (37)$$

로 서로 역수(逆數)의 관계로 나타낼 수 있다. 이것은 주파수 특성과 펄스 레스폰스의 눈에 보이지 않는「연관」을 나타내는 점에 특히 주의해야 한다.

[3] R과 C를 결합하면(3) (로패스형 RC회로)

로패스형 RC회로는 그림(36)과 같이 하이패스형의 R과 C가 대체한 형태이며, 모든 특성은 하이패스형의 반대로된 특성을 갖고 있다. 결과만을 간단하게 정리해 본다.

(1) 주파수 특성

$$\frac{V_2}{V_1} = \frac{1}{1 + j\omega CR} \quad \cdots\cdots (38)$$

$$\left.\begin{aligned} \left|\frac{V_2}{V_1}\right| &= \frac{1}{\sqrt{1+\left(\frac{\omega}{\omega_0}\right)^2}} \text{ (진폭의 주파수 특성)} \\ \angle \frac{V_2}{V_1} &= \tan^{-1}\left(\frac{\omega}{\omega_0}\right) \text{ (위상의 주파수 특성)} \end{aligned}\right\} \quad \cdots\cdots (39)$$

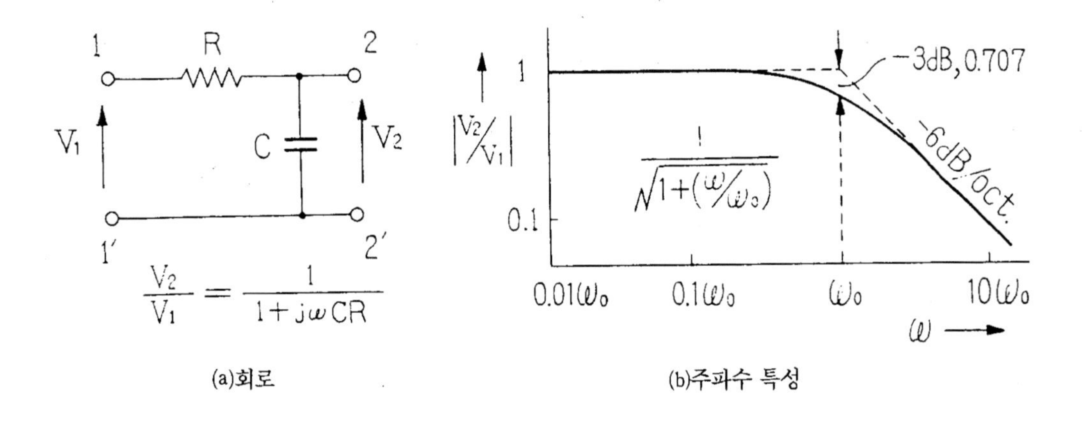

(a)회로 (b)주파수 특성

그림36 로패스형 CR회로

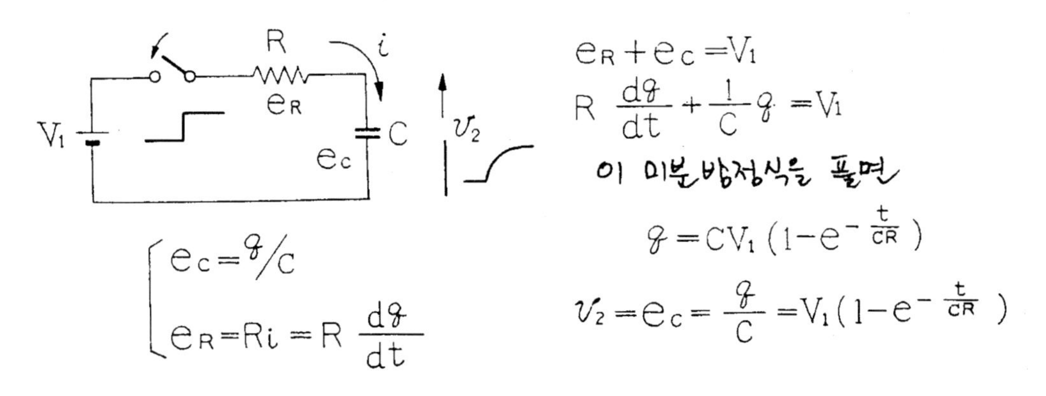

그림37 펄스 레스폰스의 계산

로 되어 대수(log) 그래프에 눈금을 그리면 그림36(b)와 같이 된다.

$$\omega_0 = 2\pi f_0 = \frac{1}{CR} \quad \cdots\cdots (40)$$

을 특히 특성 주파수라 부르고, 하이패스형의 반대이며 ω_0보다 위의 주파수는 6db/oct. 에서 감쇠한다. 즉 ω_0에서 아래의 주파수는 통과하고, ω_0보다 위의 주파수는 제한되므로 저역(低域) 통과형이라 부르고, 로패스 필터의 가장 간단한 형이다. 실은 거의 모든 증폭기의 주파수 상한(上限)은 이 형을 쓰고 있다.

(2) 펄스파 응답

$\omega \gg \omega_0$에서는, (38)식의 분모의 j부분이 남아,

$$V_2 = V_1 \cdot \frac{1}{j\omega} \cdot \frac{1}{CR}$$

따라서, $v_2 = \frac{1}{CR} \int v_1 dt$ ································· (41)

이 된다.

$1/j\omega$는, $\int dt$의 적분 기호와 같은 작용을 하므로(제4장 [3]항 참조), $\omega \gg \omega_0$에서는, 적분 작용이 나타나기 때문에 **적분(積分)회로**라 부른다.

펄스파 응답은 [2]에서 설명한 바와 같이 기본적으로는 미분 방정식을 풀어서 구할 수 있으며 결과는,

$v_2 = V_1 \cdot (1 - e^{-\frac{t}{RC}})$ ································· (42)

가 된다. 이 식의 형을 자세히 보면, 1에서 예의 **감쇠 곡선**을 뺀 형, 감쇠 곡선을 뒤집은 형태로 되어 있다. 이것을 그래프화하면, 그림(38)의 형태가 된다. 미분 회로는 펄스의 전선(前線)을 예리하게 잡아내는데, 적분 회로는 펄스파를 무디게 하여 작동을 지연하는 작용이 있다. 미분 회로와 같이,

시상수 $\tau = CR[S]$ ································· (43)

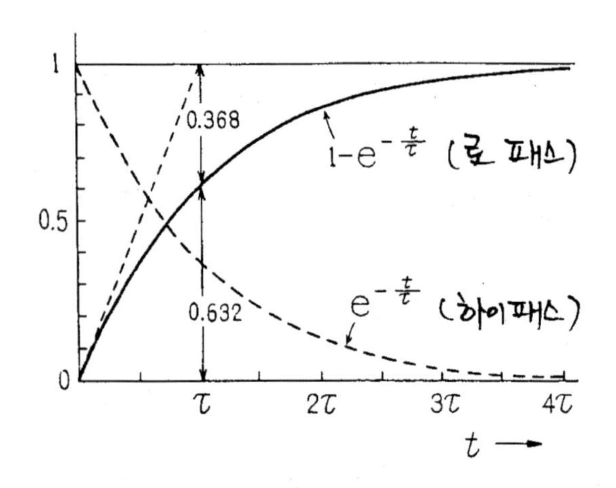

그림38 로패스형 CR회로의 펄스 레스폰스
(하이패스형의 레스폰스를 반전한 모양)

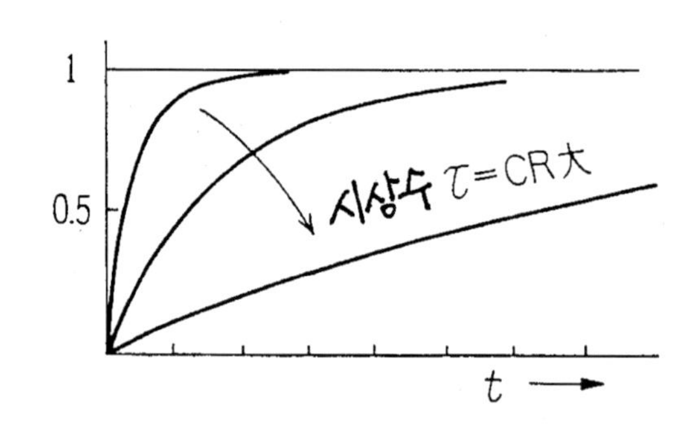

그림39 시상수 τ의 변화와 펄스 레스폰스 (적분회로)

이 회로 동작이 기준의 파리미터로 정의되어 있다. 이 그림에서 보는 바와 같이 $t=\tau$에서, $t=0$의 곡선의 접선(接線)은 가로축과 교차하여, 진폭은 가한 전압의 63%까지 성장하고, $t=5\tau$가 지나면 99%로 된다.

그림(39)는 같은 펄스파에 대해 τ=CR이 다른 회로에서의 파형이며, τ가 크면 생각했던 것보다 적분 회로이나, τ가 작아지면 파형의 작동이 점점 좋아져, 펄스의 작동을 무디게 하는 작

용이라는 느낌을 준다.

주파수 성분이 높은 잡음을 제거하거나, 펄스 회로에서 펄스폭이 다른 펄스를 선별할 때 이 회로는 많이 쓰인다. 또,

$$\text{특성 주파수 } \omega_o = \frac{1}{\text{시상수}\tau} = \frac{1}{CR}$$

의 관계는 하이패스 필터의 경우와 같다.

[4] 주파수 특성과 펄스 레스폰스

「괴인 20면상(面相)」은 제2차 대전 전에 활약한 탐정 소설가(에도가와 란보氏)가 만든 인물(Character)이다. 이 주인공은 상황에 따라 20가지의 다른 변장(變裝)을 하여, 경찰이나 유명한 탐정의 눈을 속여 결코 붙잡힌 일이 없는 괴도(怪盜)이다.

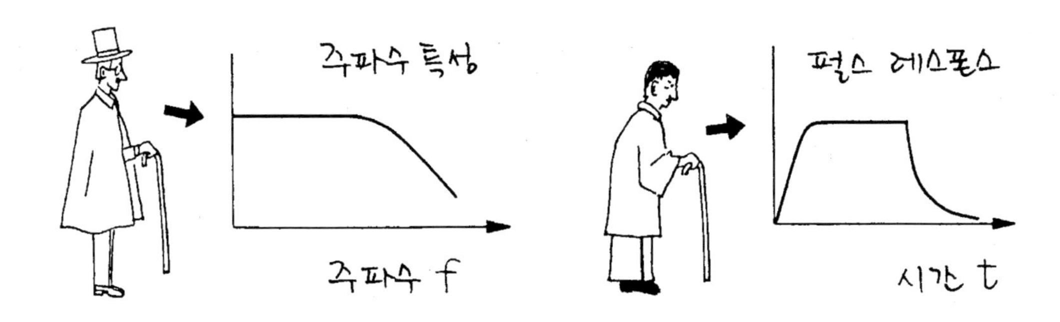

그림40 괴인 2.0 면상(面相)

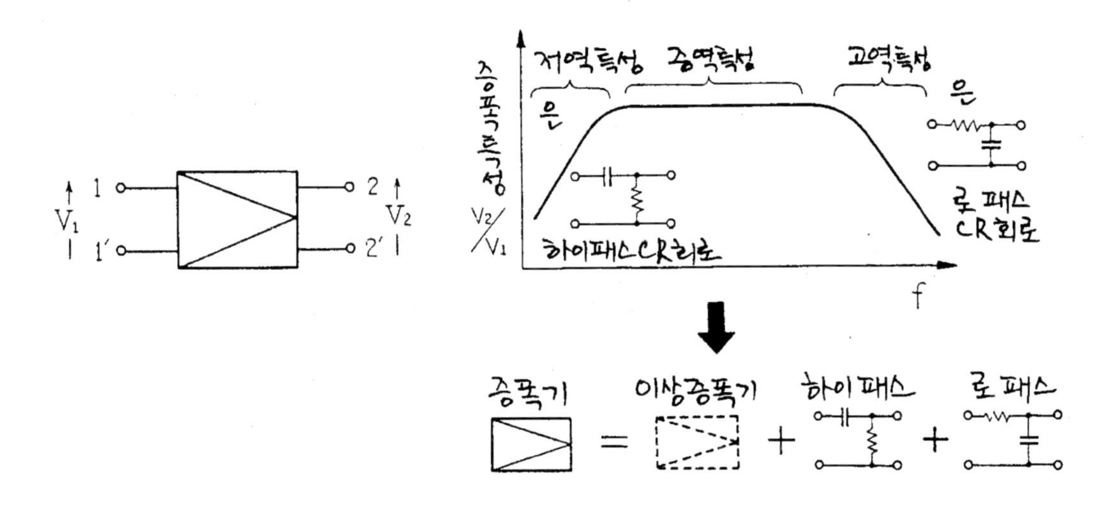

그림41 증폭기의 주파수 특성

전기 회로도, 지금의 당신에게는「괴인 2.0면상」과 같이 힘겨운 상태인지도 모른다. 여기서는 전기 회로의 특성을, 주파수 특성과 펄스 레스폰스의 2가지 면에서 알아보기로 한다.

1, 3에서 설명한 2종류의 CR회로는, 전기 회로에 반드시 나오는 것이므로 이것을 예를 들어 설명하겠다.

(1) 증폭기의 주파수 특성과 CR 회로

증폭기란, 입력 단자 1－1′의 전압(전류)를 몇 배로 증폭하여 출력 단자 2－2′에 출력하는 기능이 기본이다. 그리고 입출력 전압의 비(比) V_2/V_1을 증폭기의 **증폭도**(增幅度, 利得)라 한다.

이 증폭도의 주파수 특성은 어떻게 되어 있는가? 그림(41)의 예와 같이 중역(中域)은 평탄하고 증폭할 입력 신호의 주파수 성분(4. 3항)의 범위를 거의 커버하는 것이 필요하다. 중역(中域)의 양쪽은 고역(高域)과 저역(低域)이라 하여, 특성이 중역에 비하여 직선으로 내려간 것이 보통이다.

이 증폭기의 특성을 보고 깨달은 점이 무엇인가? 그것은 즉 저역특성은 하이패스형 CR회로와 비슷하고, 고역 특성은 로패스형 CR회로와 비슷하다. 증폭기는 2종류의 CR회로와 주파수 특성이 직류($\omega=0$)에서 $\omega\rightarrow\infty$까지 균일한 이상적인 증폭기의 결합에 가깝게 할 수 있다. 증폭기의 주파수 특성을 대충 알 때는, 이와 같이 2개의 CR회로의 주파수 특성을 생각하면 되고, 다음은 1 ~ 3에서 설명한 대로이다.

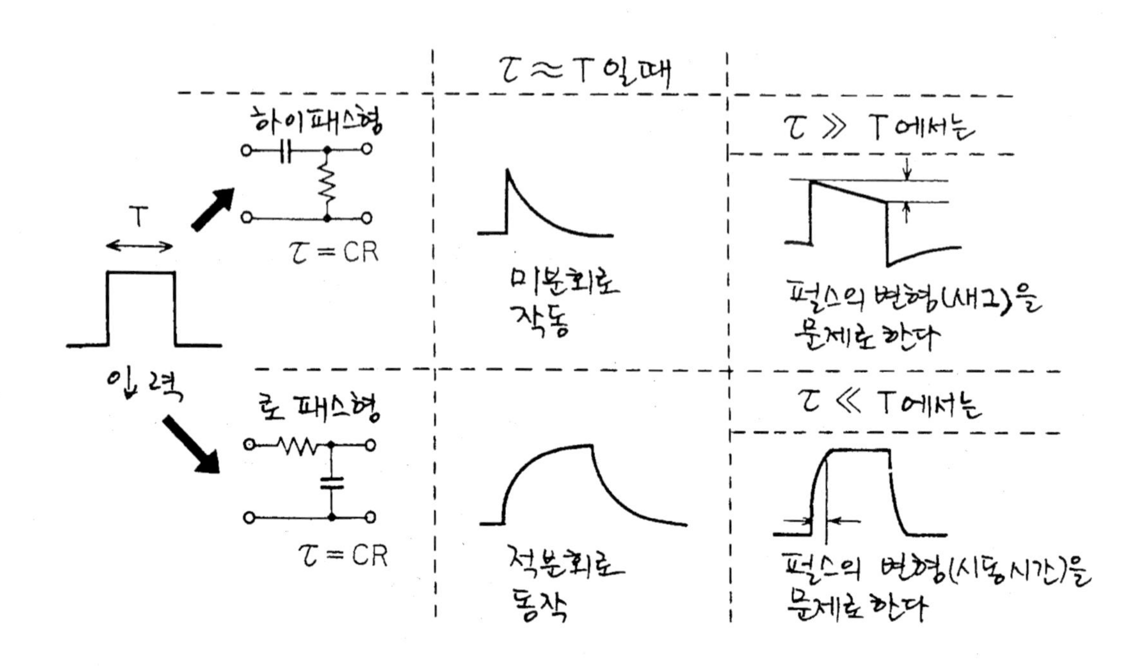

그림42 CR회로의 시상수 τ와 입력 펄스폭 T

(2) 증폭기의 펄스 레스폰스와 CR회로

그림(42)에 정리한 것과 같이, 대상으로 하는 입력 신호 파형에 대응하여 CR회로의 시상수(時常數)τ가 거의 대응할 때는 [2], [3]항에서 설명한 바와 같이 CR회로는 펄스 처리의 동작, 즉 펄스의 미분 회로, 적분 회로로서 작용한다. 그러나 (1)에서 설명한 증폭기에서는 신호 변형이 적게 증폭하지 않으면 안되므로 신호 에너지의 절반을 차지한 중역(中域)의 주파수(가령ω_m로 한다)에 대해,

저역 특성을 나타내는 CR회로 : 특성 주파수 $\omega_0 \ll \omega_m$, 시상수 τ가 매우 큰 경우

고역 특성을 나타내는 CR회로 : 특성 주파수 $\omega_0 \gg \omega_m$의 영역, 시상수 τ가 매우 작은 경우

가 된다(그림42).

그래서 위와 같은 경우에 따라, CR회로의 정규화(正規化)한 파형도 (그림 33)에서, 증폭기의 펄스 레스폰스를 도출해 본다. 어디에서 입력 파형과 다른점(**파형 변형**이라 한다)이, 회로의 시상수 τ와 관련하여 나오는지 주의해야 한다.

(3) 고역 특성과 펄스 레스폰스

결론부터 말하자면, 그림(43)과 같이 증폭기의 고역 특성의 영향은, 펄스의 무딤으로 나타난다.

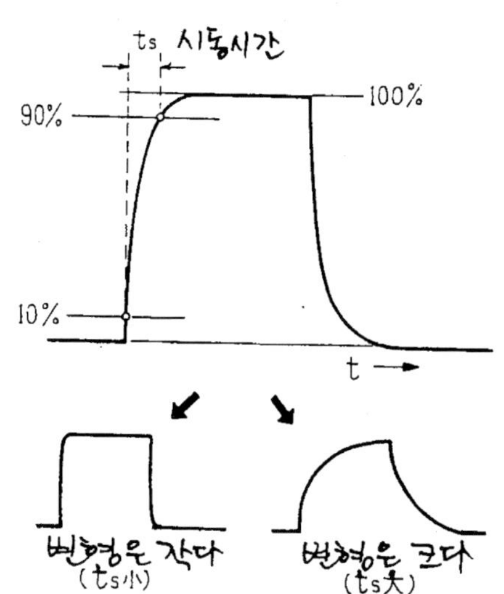

그림43 펄스의 고역(高域) 변동은 시동 시간으로 나타난다.

이 무딤은 그림(43)과 같이 펄스 진폭의 10%와 90% 사이의 시간(t_r)을 측정하여 표현한다. t_r[s]를 작동시간이라 하고, 일반적으로 [ms], [μs]가 순서이다. 그림(33)에서 그림의 상하를 반대로 사용하여 10%의 시간은 0.1τ, 90%의 시간은 2.3τ라는 것을 알 수 있으므로,

작동시간 $t_r = (2.3 - 0.1)\tau = 2.2\tau$

가 된다. 그래서 증폭기의 고역 차단 주파수 f_0와 출력 펄스의 작동 시간 t_r과의 관계는, [3]항의 (40)식에서,

$$\text{작동 시간 } t_r[\text{s}] = 2.2\tau = 2.2\frac{1}{2\pi f_0} = 0.35\frac{1}{f_0} \quad \cdots\cdots (44)$$

가 된다. f_0가 [MHz] 단위일 때는 t_r는 [μs] 단위가 되어, 예를 들면 차단 주파수 4MHz의 비디오 증폭기의 출력 펄스의 작동 시간은, $t_r=0.35/4\times10^6=0.088$[μs]로 계산할 수 있다. f_0가 낮아지면, f_0에 반비례하여 작동 시간은 커져 파형의 무딤이 심해진다. 또 CR로 표현하면,

$$t_r[s]=2.2CR \quad \cdots\cdots (45)$$

이다. 이것으로 증폭기의 고역 주파수 특성과 펄스 레스폰스의 가장 기본적인 관계를 알았다.

(4) 저역 특성과 펄스 레스폰스

고역 특성을 취급한 것과 같은 요령으로 펄스 레스폰스를 낼 수 있다. 다만 여기서는 입력 신호 파형이 가장 변형하기 쉬운 경우, 그림44(b)와 같은 펄스T_{in}, 듀티 팩터 50%(Duty Factor)$=T_{in}$(펄스폭) / T(주기)의 파형을 상정(想定)하여 그 변형이 어떻게 나오는가를 생각한다.

파형 변형은 그림44(a)와 같이, 펄스머리의 작은 경사로 나타난다. 이것을 새그(Sag)라 하며, 경사진 진폭을 전체의 진폭으로 나누어 100%를 곱하여 표현한다.

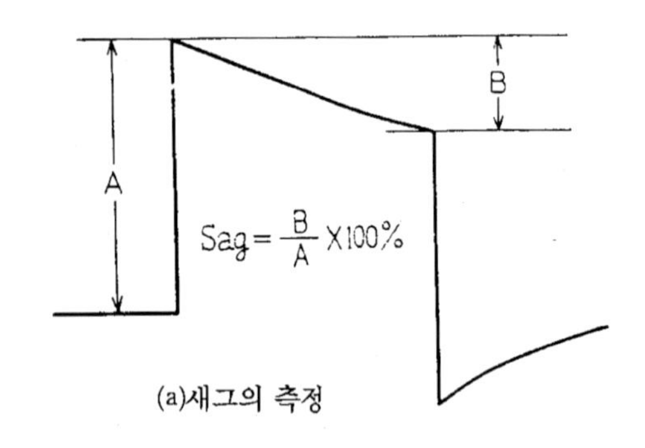

(a)새그의 측정

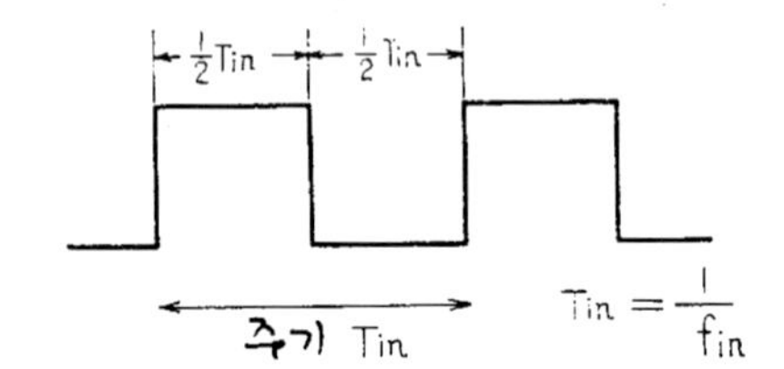

(b)여기서는 입력 펄스를 듀리 팩터50%의 펄스로 한다.

그림44 펄스의 저역(低域)변형은 새그(Sag)로 나타난다.

앞에서와 같이, 정규화(正規化)한 감쇠 곡선(그림 33)으로 돌아가서 생각하면, 0점 부근의 접선(接線)이 그어진 부분을 처리하면 좋다는 것을 알 수 있다. 이 부근은 τ에 비례하여 저하하므로,

$$\text{Sag S}=\frac{T_{in}}{2\tau}[\%] \quad \cdots\cdots (46)$$

이 된다. 그림44(b)와 같이 입력 펄스의 기본 주파수

$f_{in}=\frac{1}{T_{in}}$로 하면, $\tau=1/2\pi f_0$이므로,

$$\text{Sag S}=\pi\frac{f_0}{f_{in}} \quad \cdots\cdots (47)$$

이 된다. 이 식을 사용하여 입력 신호 펄스의 기본 주파수 f_{in}=60Hz일 때, 새그 S=10%로 하기 위한 특성 주파수 f_0와 τ=CR를 구해 본다.

$$f_{\circ}=\frac{Sf_{in}}{\pi}=0.318\times0.1\times60\cong2\text{Hz}$$

$$CR=\frac{1}{2\pi f_{\circ}}=\frac{1}{2S\cdot f_{in}}$$

$$=\frac{1}{2\times0.1\times60}=0.083\text{S}$$

파형 변형을 고려하면, 입력 신호에 비하여 저역(低域)까지 증폭기의 차단 주파수를 늘리지 않으면 안된다. 그렇게 되면 C의 값이 큰 것이 필요하며, IC에 채택하고 있는 직결 증폭기(저역 특성이 직류까지 평탄, 직류도 증폭한다)가 유리한 것을 알 수 있다.

이상으로 「괴인2.0면상」, **주파수 특성**과 **펄스 레스폰스**의 2가지 면에서 전기 회로를 파악하는 방법을 알았을 것이다.

5 악기는 음의 공진 회로

전기의 기본 회로 가운데 가장 재미있고 응용상 중요한 회로이다. 크게 울리는 브라스 밴드의 큰북, 찡하는 높은 음의 트라이 앵글, 바이올린 등의 현악기, 팡파르를 울리는 트럼펫이나 표정이 풍부한 클라리넷 등, 금관(金管) 악기와 목관(木管) 악기, 곰곰히 생각해 보면 악기나 음을 내는 도구의 전부는, 일정한 높이(주파수)의 진도의 공진(共振), 공명(共鳴)현상이라 생각된다(실제의 음은 단일의 정현파 주파수가 아니라, 많은 고조파(高調波)와 그 밖의 수음(随音)을 동반하여 그것이 악기의 음색을 형성한다).

전기 회로에서 공진, 공명하는 회로는 악기보다 훨씬 간단하고 그것도 잘 알려진 인덕턴스L과 캐패시턴스C로 만들 수 있다.

그림45 악기는 모든 음의 공진회로

그림(46)과 같이 L.C.R를 직렬 접속한 회로, 직렬 공진 회로를 알아 본다. 이 회로의 임피던스Z는,

$$Z=R+j\omega L+\frac{1}{j\omega C}$$

$$=R+j\left(\omega L-\frac{1}{\omega C}\right) \quad \cdots\cdots\cdots\cdots\cdots\cdots \ (48)$$

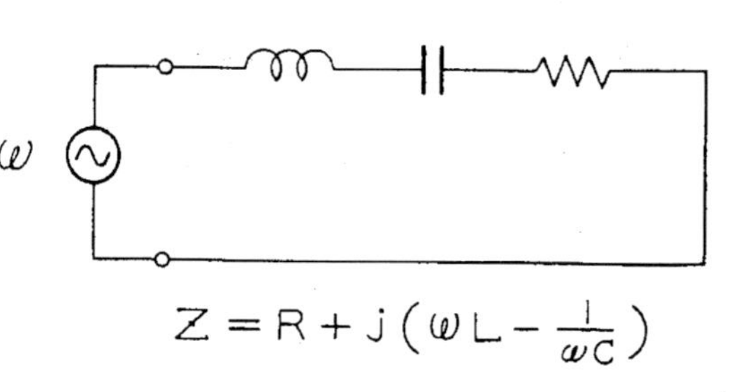

그림46 직렬공진회로

(1) 공진 주파수 ω_0

여기서 윗식의 j부분을 0으로 하고 (L과 C의 리액턴스가 같다), 이때의 주파수 $\omega=\omega_0$로 하면,

$$\omega_0 L=\frac{1}{\omega_0 C}$$

따라서

$$\omega_0=\frac{1}{\sqrt{LC}} \quad \cdots\cdots\cdots\cdots\cdots\cdots \ (49)$$

$$Z=Z_0=R \quad \cdots\cdots\cdots\cdots\cdots\cdots \ (50)$$

이 ω_0를 공진 주파수라 하고, $\omega=\omega_0$일 때, 임피던스 Z는 최소로 되어 공진이 가장 커진다. 주파수 f[Hz]로 표현하면,

$$f_0=\frac{\omega_0}{2\pi}=\frac{1}{2\pi\sqrt{LC}} \quad \cdots\cdots\cdots\cdots\cdots\cdots \ (51)$$

이 된다. 공진 주파수는 공진 회로의 특성을 나타내는 중요한 파라미터이다.

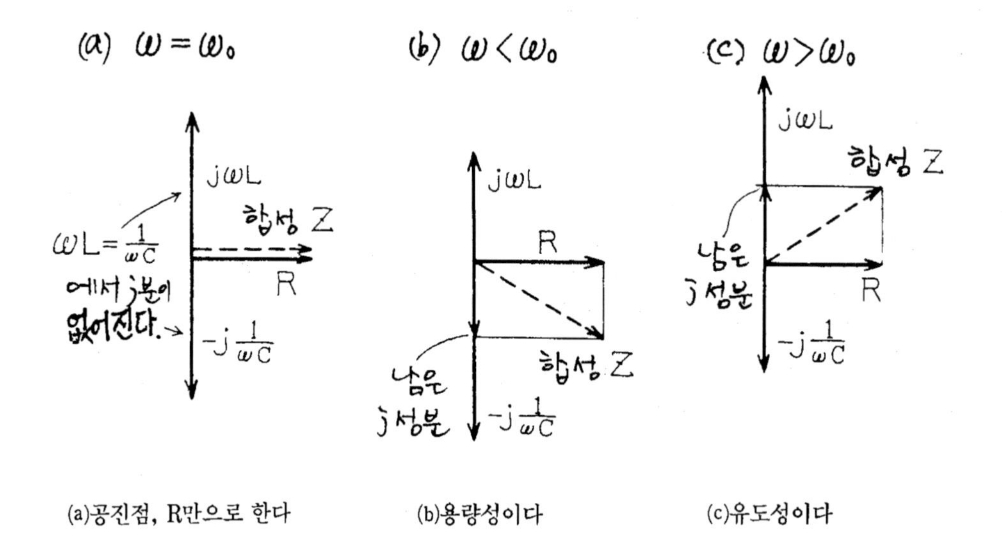

(a)공진점, R만으로 한다 (b)용량성이다 (c)유도성이다

그림47 직렬공진 회로의 임피던스(벡터그림)

그런데, 임피던스Z의 벡터도는 그림(47)과 같이, L과 C의 분(分)은 j축상에서 반대 방향의 벡터이므로 양자는 뺄셈의 관계가 된다. 그리고 ω의 변화에 대하여 Z가 어떤 변화를 하는지 알아 보자.

(1) $\omega=\omega_0$에서는 Z=R이고, Z는 정(正)의 실축(實軸)상이다. R이 작을 때는 Z는 0에 가깝고, $\omega=\omega_0$에서 Z는 최소로 된다. 여기는 공진점(共振点)이며, ω_0을 공진 주파수라 한다.

(2) $\omega<\omega_0$에서는, $\omega L<(1/\omega C)$이며, j부분은 ⊖로 된다. 그래서 Z는 L분(分)이 없어지고 C분 만이 남아 있는 것같이 보인다. 이 회로는 용량성(容量性)이 있다고 한다. $\omega\rightarrow 0$에 따라 $-j$성분(容量性)은 증가한다.

(3) $\omega>\omega_0$에서는, 앞의 경우와 반대이며, $\omega L>(1/\omega C)$에서 j부분은 정(正)이 되어 C분(分)이 없어지고 L분 만이 남아있는 것같이 보인다. 이때 회로는 유도성(誘導性)이 있다고 한다. $\omega\rightarrow\infty$에 따라 $+j$분(유도성)은 증가한다.

위와같은 합성 벡터의 변화를 연속하여 그리면, 벡터 궤적(軌跡)이라 부르는 그래프가 된다. 한 눈에 주파수 ω에 대한 Z의 벡터 변화를 알 수 있다(그림 48).

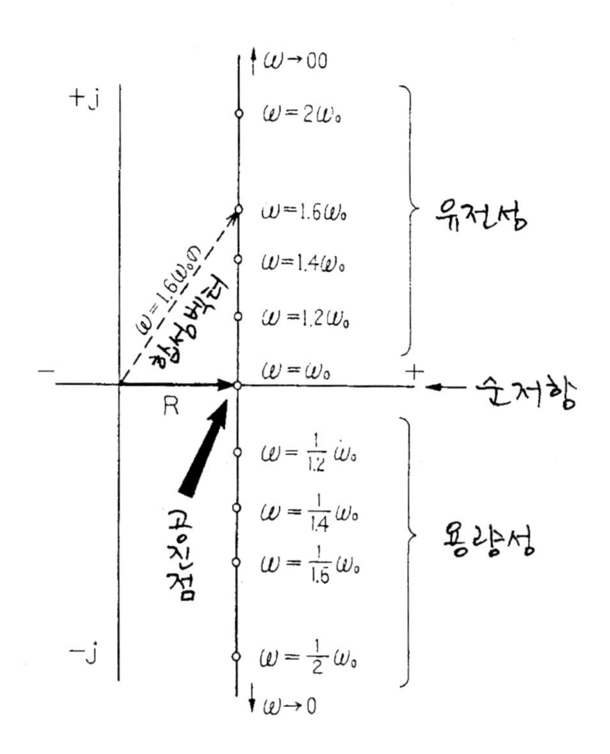

그림48 임피던스 Z 벡터 궤적(軌蹟)
(각 주파수 ω를 바꾸어 벡터Z의
변화를 본다)

(2) 전압 확대율 Q

이 공진 회로에 전압V를 가했을 때, 전류I가 각(角)주파수 ω의 변화에 대하여 어떻게 변하는지를 알아 본다. 옴의 법칙에 (48)식을 대입하여,

$$I=\frac{V}{Z}=V\cdot\frac{1}{R+j(\omega L-\frac{1}{\omega C}} \quad\cdots\cdots (52)$$

공진점 $\omega=\omega_0$에서는 분모의 j부분은 없어져,

$$I_0=V/R \quad\cdots\cdots (53)$$

공진(共振)에서의 각 소자에 가하는 전압 V_L, V_C를 구하면,

$$V_R=I_O\times R=V$$
$$V_L=I_O\times j\omega L=\frac{V}{R}(j\omega L)=jV\cdot\frac{\omega_0 L}{R}$$
$$V_C=\frac{I_O}{j\omega C}=\frac{V}{R}\cdot(-j\frac{1}{\omega C})=-jV\cdot\frac{1}{\omega_0 CR} \quad\cdots\cdots (54)$$

여기서, $|V_L|=|V_C|$에 대입하면,

$$\left|\frac{V_2}{V}\right|=\left|\frac{V_C}{V}\right|=\frac{\omega_0 L}{R}=\frac{1}{\omega_0 CR}=\frac{1}{R}\sqrt{\frac{L}{C}} \quad\cdots\cdots (55)$$

가 된다. 여기서 (55)식을 Q로 대치하면,

$$Q=\frac{1}{R}\sqrt{\frac{L}{C}} \quad\cdots\cdots (56)$$

(54)식은 아주 간단히 다음과 같이 된다.

$$\left.\begin{array}{l} V_R=V \\ V_L=jVQ \\ V_C=-jVQ \end{array}\right\} \quad\cdots\cdots (57)$$

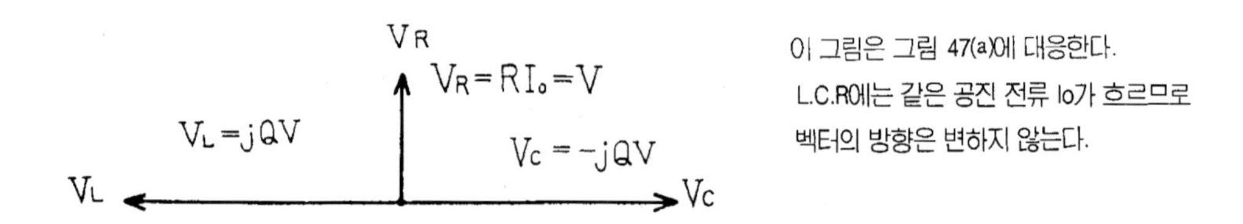

그림49 공진점(共振点)의 각 소자의 전압벡터(L와 C의 전압은 Q배로 된다)

위의 전압을 복소(複素) 평면상의 벡터로 표현하면, 그림(49)와 같이 된다. 여기서 전체의 전압V는 저항R에 가해져, L과 C의 양끝의 전압은 VQ 이며, Q배로 되어 나타난다. 그러나 V_L과 V_C는 180°의 위상차(位相差)로 되어 양쪽의전압 파형은 없어져, 전원쪽에서 보면 저항R의 전압만 나타난다.

이와같이 직렬 공진 회로에서는, 가한 전압을 Q배로 확대하는 작용이 있다는 것을 알 수 있다.

(3) 공진 곡선, 공진 회로의 선택도Q

직렬 공진 회로에서는, 공진 주파수의 ω_0에서 임피던스Z_0=R이 최소로 되고, 전류 I_0=V/R로 되어 최대로 된다. (52)식에서 ω를 바꿨을 때 I의 변화를 계산해 보면, 그림(50)의 공진 곡선이라 부르는 커브가 된다. R이 작을수록, 즉 Q가 클수록 공진의 산(山)과는 날카롭고, 또 높아진다. 공진 곡선의 $1/\sqrt{2}$(3dB 내려간 점)내려간 점의 주파수의 차(差)를 대역폭(帶域幅)이라 하며, 이 대역폭을 2Δω로 대치하면,

$$Q=\frac{\omega_0}{2\Delta\omega} \cdots\cdots (58)$$

로 된다. 이와같이 공진 회로는 여러가지 주파수 중에서 공진 주파수ω_0 만을 선택, 확대하

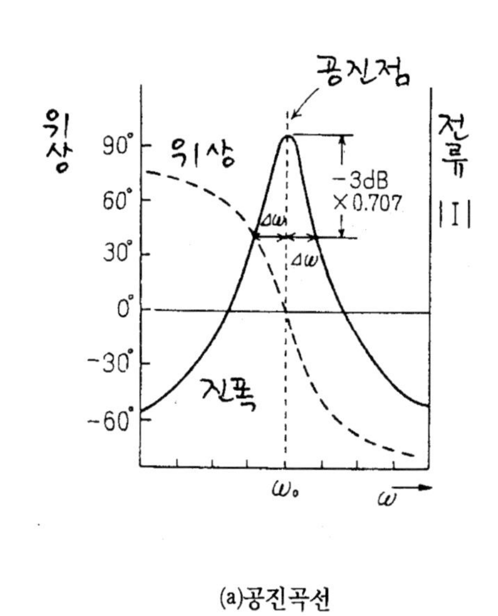

(a)공진곡선

〈공진 회로의 선택성〉

피크의 $\frac{1}{\sqrt{2}}$=0.707의 주파수 폭을 공진의 대역폭

(帶域幅=2Δω)이라 한다.

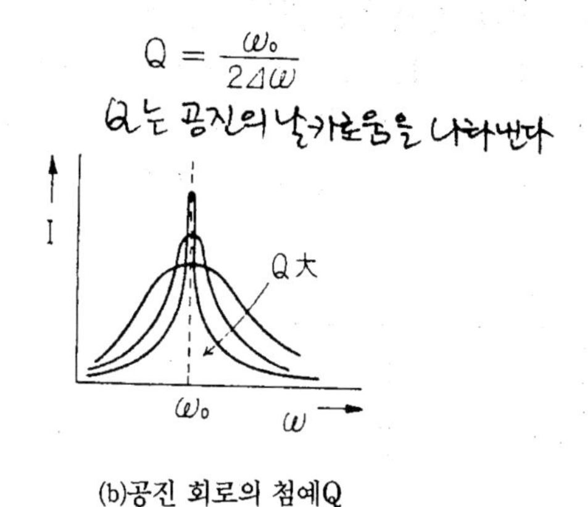

(b)공진 회로의 첨예Q

그림50 공진 곡선(공진전류의 주파수 특성)

는 작용이 있다. 또한 그 선택도(選擇度)는 (58)식에서 보는 바와 같이 Q로 나타낸다. Q가 클수록 ω_0에 비하여 대역폭 2Δω는 좁아져, 예리하게 ω_0만을 선택하고, ω_0이외의 주파수를 억제하

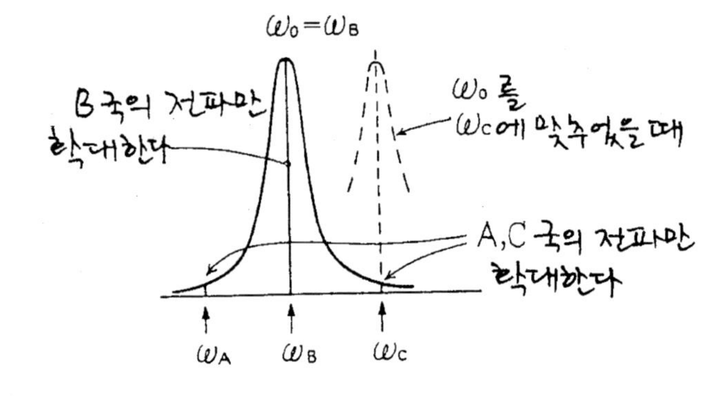

ω_0(C 또는 L을 바꾸어)를 바꾸어 목적으로 한 방송국의 주파수 ω_B에 맞춘다.

그림51 공진회로와 전파의 선택

는 작용이 강해진다. 그래서 공진 회로는 그림(51)과 같이, 라디오, FM, 텔레비전 등의 수신기에서 목적으로 하는 방송국의 전파만을 선택하고, 다른 방송국의 전파는 혼신(混信)되지 않도록 억압하는데 사용한다. 듣고 싶고, 보고 싶은 방송을 선택하기 위해 다이얼을 돌리거나, 버튼을 누르면, 이것이 수신기의 공진 회로의 공진 주파수 ω_0를 바꾸어 목적하는 방송국 전파의 주파수에 맞추는 것이다.

공진 회로는 **공진 주파수** $\omega_0=2\pi f_0$와 공진 성능을 나타내는 **파라미터Q**의 2가지로 그 특성이 결정된다.

6 직렬 공진과 병렬 공진

5항에서는 직렬 공진 회로의 특성을 예를 들어 설명했다. 그러면 L.C.R를 병렬 접속한 **병렬 공진 회로**는 어떤 성질을 나타내는가. 여기서는 저항R는 코일의 저항분을 표현하여 코일의 인덕턴스L에 직렬로 넣어 생각한다. 병렬 회로이므로 전체의 어드미턴스Y를 고려하여

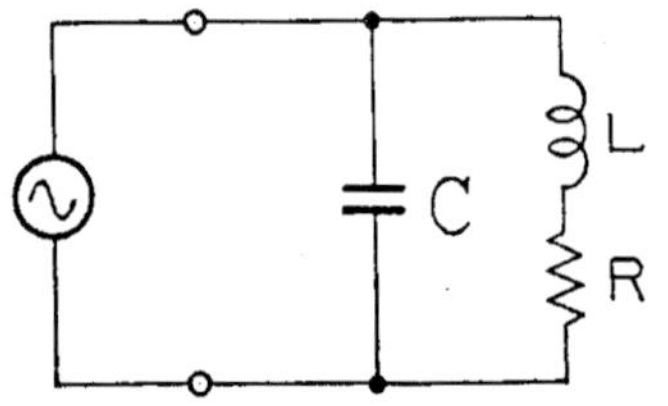

C L R

$$Y=\frac{R}{R^2+(\omega L)^2}+j\left\{\omega C-\frac{\omega L}{R^2+(\omega L)^2}\right\}$$

그림52 병렬공진회로

$$Y=j\omega C+\frac{1}{j\omega L}+R$$

$$=\frac{1}{R^2+\omega^2L^2}[R+j\omega C\{(R^2+\omega^2L^2)-\frac{L}{C}\}] \quad \cdots\cdots (59)$$

로 조금 복잡한 식이 된다. 병렬 공진은 윗식의 j부분이 0으로 되는 조건에서,

$$\omega_o=\sqrt{\frac{1}{LC}-(\frac{R}{L})^2} \quad \cdots\cdots (60)$$

이 된다. 실용상은 $R \ll \sqrt{L/C}$의 경우가 많고, 공진 주파수는,

$$\omega_o \cong \frac{1}{\sqrt{LC}} \cdots\cdots (61)$$

로 되어 직렬 공진과 같은 식으로 나타낼 수 있다. 이때 공진 임피던스 Z_0공진 전류 I_0는,

$$Z_0=\frac{R^2+\omega_o^2\ L^2}{R} \quad \cdots\cdots (62)$$

$$I_0=\frac{V}{Z_0}=\frac{R}{R^2+\omega_o^2\ L^2}\ V \quad \cdots\cdots (63)$$

이 된다. 공진 주파수 ω_0에서 전류I는 다른 주파수의 경우에 비하여 최소의 값이 된다. 직렬 공진 회로와 반대로, 임피던스 최대, 전류 최소로 된다. 그림 (53)에 병렬 공진 회로의 공진 곡선을 나타냈다(엄밀하게는 최대, 최소점의 주파수는 ω_0로 조금 빗나가지만, 통상 은 위와같이 생각해도 된다).

또, 전항에서 취급한 공진 회로의 성능을 나타내는 Q도 마찬가지로,

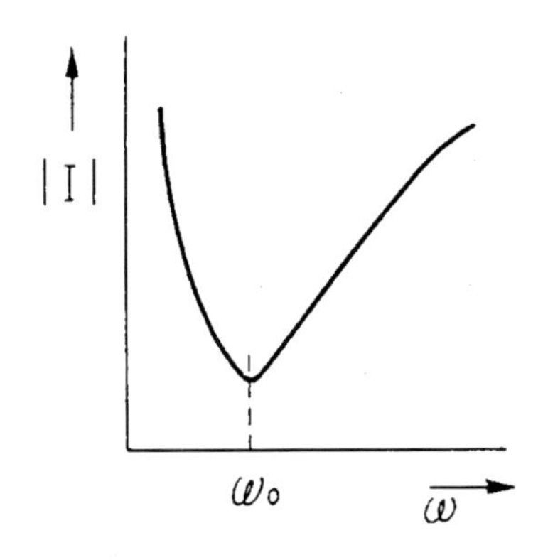

그림53 병렬공진회로의 공진 곡선
(공진 주파수 $\omega=\omega_0$ 에서
전류가 최소로 된다)

$$Q=\frac{\omega_o L}{R}=\frac{1}{R}\sqrt{\frac{L}{C}} \quad \cdots\cdots (64)$$

로 나타낸다. $\omega_0 L \gg R$일 때, 이 Q는 공진시의 L 및 C에 흐르는 전류가 회로 전체의 전류 I_0의

Q배로 되는 것을 나타낸다.

$$I_{LO}=I_{CO}=I_0Q \quad \cdots\cdots (65)$$

L과 C에 흐르는 이 Q배의 전류는, L과 C의 자기(磁氣) 에너지와 정전(靜電)에너지가 번갈아 에너지의 캐치 볼을 하여, ω_0의 주파수에서 L과 C 사이를 번갈아 이동하고 있다. 그래서 전류쪽에는 나타나지 않는다. 이것은 직렬 공진이며, L과 C의 전압이 반대 방향인 것에 대응하고 있다. 이상을 정리하면 다음과 같이 된다.

(1) 직렬 공진과 병렬 공진

① 공진 주파수 ω_0

$\omega=\omega_0$에서 회로는 큰 기능 변화를 나타낸다(공진 현상).

② 임피던스

직렬 공진에서는 최소(R=0이면 $Z_0=0$), 병렬 공진에서는 최대(R=0이면 Z_0는 ∞)로 된다.

③ 유입 전류

직렬 공진에서 최대, 병렬 공진에서 최소.

④ L과 C의 전압, 전류 확대 작용

직렬 공진에서는 전압은 인가(印加) 전압을 Q배로 확대하고, 병렬 공진에서는 유입 전류를 Q배로 확대 작용한다.

⑤ 회로 응용

직렬 공진은 공진 주파수 ω_0와 같은 주파수의 선택에 사용하고, 병렬 공진은 ω_0와 같은 주파수의 억제, 삭제에 많이 사용한다(그림54).

⑥ 성능 지수 Q

직렬, 병렬 공진의 모든 Q는 회로의 전압(전류) 확대율이나 공진의 산(山)의 날카로움(선택후, 억압후)을 나타내는 성능을 표시하는 지수이다.

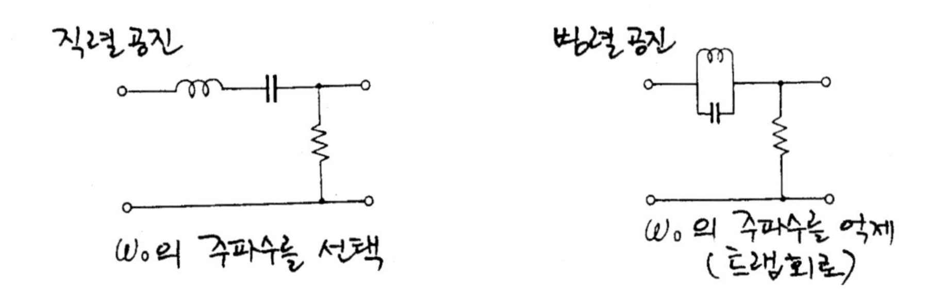

그림54 직렬, 병렬 공진회로의 응용

7 트랜스포머(먼저 理想 트랜스포머)

그림(55)와 같이 자성(磁性) 재료(규소, 강판, 페라이트 등 다양한 재료가 개발되어 있다)의 코어에, 독립한 2개의 코일을 감은 것을 **트랜스포머**라 한다. 트랜스는, 변전소나 전주에 설치하여 50~60Hz의 큰 전류를 취급하는 것부터, 오디오나 비디오 신호, 펄스 등의 신호를 취급하는 것까지 있다. 어느 것이나 전압, 전류의 크기를 변환하거나 임피던스를 바꾸는 데 사용한다.

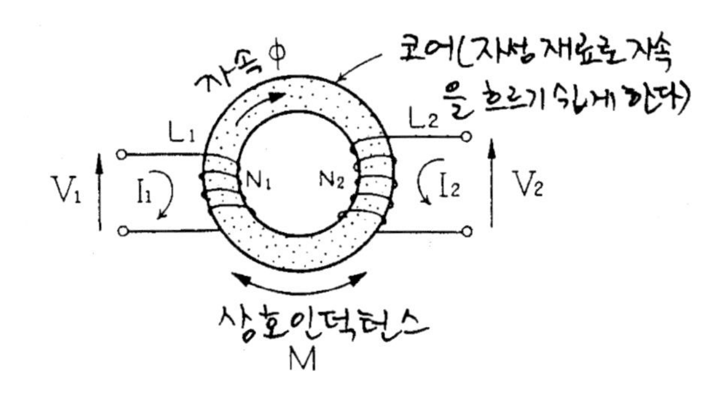

그림55 트랜스포머의 원리적 구조

입력쪽의 코일에 교류 전류가 흐르면, 코어에는 같은 주파수로 변화하는 자장(磁場)이 생기므로, 이 변화하는 자장에 결합한 출력쪽 코일에는 당연히 교류전압이 발생한다. 입력 전압 I_1에 대해, 출력 전압 V_2 인덕턴스 L의 경우와 유사하며,

$$V_2 = j\omega M I_1 \quad \cdots\cdots (66)$$

$$\left.\begin{aligned} V_1 &= j\omega L_1 I_1 + j\omega M I_2 \\ V_2 &= j\omega L_2 I_2 + j\omega M I_1 \end{aligned}\right\} \quad \cdots\cdots (67)$$

의 관계가 성립한다.

여기서 2개의 권선(券線)에는 똑같은 교류 자속(磁束)이 결합하고(자속의 누설이 없다.), 또 두 코일의 인덕턴스L_1, L_2가 그 비(比) L_1/L_2를 일정하게 유지하며 무한대인 이상(理想) 상태를 생각하면, $M=\sqrt{L_1L_2}$에서, 입출력의 전압, 전류의 관계는 권수 N_1, N_2의 비(比)로 나타낸다.

$$\left.\begin{aligned} \frac{V_1}{V_2} &= \frac{N_1}{N_2} \\ \frac{I_1}{I_2} &= \frac{N_2}{N_1} \end{aligned}\right\} \quad \cdots\cdots (68)$$

즉 전압은 권수비(券數比) N_1/N_2에 비례하고, 전류는 반비례하여 출력쪽으로 출력할 수 의 관계가 성립하고, M을 **상호 인덕턴스**(Mutual Inductance)라 한다. 출력쪽에 부하 저항을 연결하여 전류가 흐르게 하면, 입력쪽, 출력쪽의 전압, 전류의 관계는,
있다. 상용(商用) 전원에 교류를 널리 사용하고 있는 첫째 이유는 트랜스포머를 사용하면 전압을 자유로이 바꿀 수 있는 점이다. 오디오 기기나 텔레비전에는 상용 전원 100V부터, 트랜지스터 회로용의 6~24V의 낮은 전압으로 바꾸는 전원 트랜스포머가 반드시 들어 있다.

또 (68)식에서, 그림(56)과 같이 출력쪽에 임피던스Z를 연결한 경우의 입력쪽에서 본 임피던스 Z_i는 (68)식을 서로 나누어,

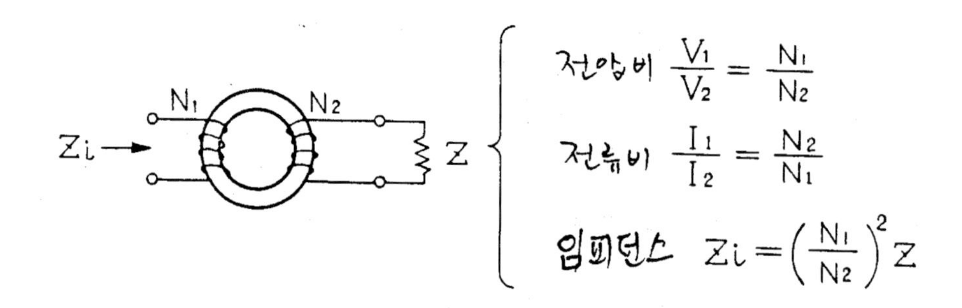

그림56 이상(理想) 트랜스포머(이상 트랜스포머란 L_1, L_2가 무한대이고, 누설 인덕턴스가 없는 트랜스포머)

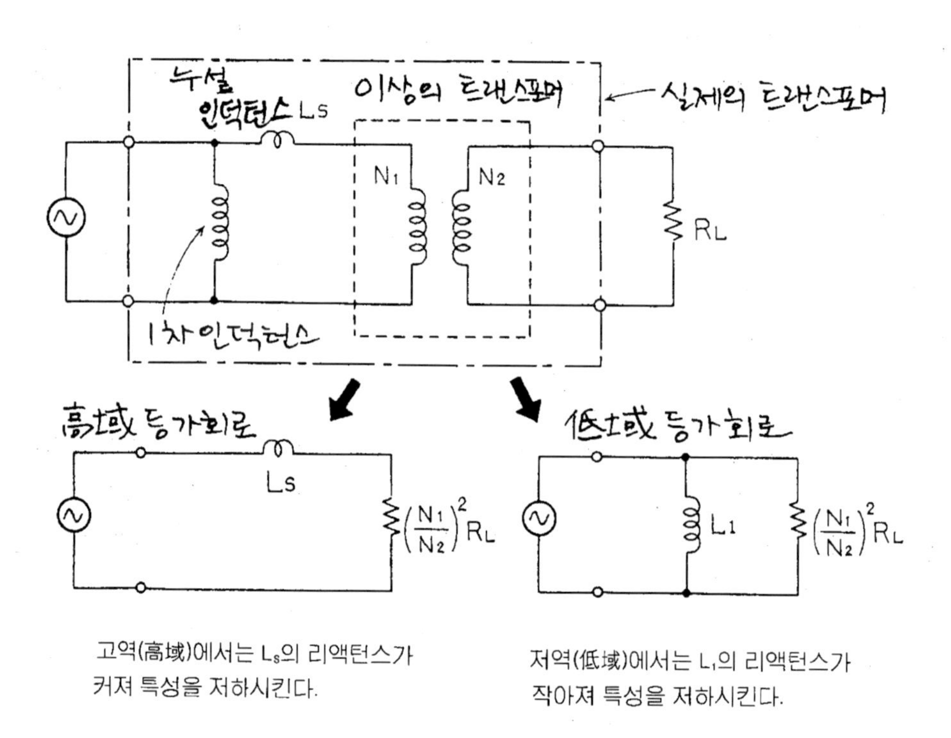

그림57 통신용 트랜스포머의 특성

$$Z_i=\left(\frac{N_1}{N_2}\right)^2 Z \cdots\cdots (69)$$

로 나타낸다. 이것은 트랜스포머를 사용하면 임피던스를 자유로이 바꿀 수 있다는 트랜스포머의 제2의 이점을 의미한다.

예를 들면, 텔레비전 수상기의 안테나 단자에서, 동축 케이블의 임피던스 75Ω을 가장 높게 하여 회로쪽에 접속하는 곳 등에 응용하고 있다.

트랜스포머의 기능을 이해하고, 대략의 사용법을 알기 위해서는, 이상과 같은 권수비 N_1/N_2로 전압, 전류, 임피던스를 임의로 변환할 수 있는 트랜스포머의 이상(理想) 상태의 기능을 알면 충분하다(68, 69식).

이와 같이 이상적인 특성을 나타내는 트랜스포머를 **이상(理想) 트랜스포머**라 하며, 경우에 따라서는 그림(57)과 같이 낮은 주파수에서는 권선의 자기 임피던스L_1, 높은 주파수에서는 2개의 코일이 완전히 결합되지 않은 경우의 **누설인덕턴스**L_S를 고려하지 않으면 안된다. 어느 경우도 저주파역(域), 고주파역의 성능을 이상 트랜스포머보다 저하시킨다.

1 전력(와트, [W])이란

전기 회로는 발전기라든가 모터등, 파워를 취급하는 것부터 시작했기 때문에 일반적인 책에서는 전력을 처음에 취급하고 있지만 이 책에서는 독자의 이해를 쉽게 하기 위해 굳이 처음에 취급하지 않았다. 그래서 여기서는 **전력**에 대한 핵심만을 설명하기로 한다.

전구나 전열기(電熱器), 냉장고 등, 가정에서 쓰는 전기 기구에는 모두 소비 전력 몇 와트[W]가 정해져 있다. 100W의 전구는 60W의 전구보다 밝고, 그만큼 전기를 많이 소비하는 것은 누구나 알고 있는 상식이며, 이 와트[W]를 전기의 세계에서는 **전력**이라 한다.

◆전 력◆

전력이란, 1초간에 소비하는 에너지의 양이며, 다음과 같이 정의한다.

$$\text{전력[W]} = \frac{\text{소비 에너지량}}{\text{시 간}}\text{[J/S]} \quad \cdots\cdots (70)$$

에너지를 시간으로 나눈 점이 특색이며, 말하자면 그 전기 기기의 에너지를 소비하는 능력이라고 생각해도 좋다. 가정에서는 전기의 에너지를 전력 회사로부터 편리하게 사용하나, 월1회지불하는 전기 요금은 몇 킬로와트의 전력을 몇 시간 사용하였는가를 킬로와트아워[KW · Hr]로, 전력에 시간을 곱하여 에너지양의 단위로 고쳐서 계산하고 있다.

전기 회로에서도 모든 저항은 전류가 흐르면 전력을 소비하고, 그 에너지는 전부 열로 된다. 그림(58)과 같이 저항이 소비하는 전력P는 전압V와 전류 I를 곱한 값이 된다.

I
V
R
$P = I^2 R$

그림58 저항 R[Ω]에서 소비되는 전력 P[W]

$$\text{저항의 소비 전력}P = VI = I^2 \cdot R = \frac{V^2}{R}\text{[W]} \quad \cdots\cdots (71)$$

1kw의 전열기에는 전압 100V로 하며, 위식에서

$$I = \frac{P}{V} = \frac{1000}{100} = 10\text{A}$$

$$R=\frac{P}{I^2}=\frac{1000}{10}=10\,\Omega$$

로 10A의 전류가 흐르고, 저항은 10Ω라는 것을 알 수 있다.

LSI(대규모 집적 회로 ; Large Integrated Circuit)는 매우 많은 저항과 트랜지스터를 집적했기 때문에 소비 전력에 의한 발열이 문제이다. 그래서 열을 외부로 잘 배출하는 연구 외에 저전압 저전류로, 그리고 고속으로 작동하는 것이 요구된다.

부품으로서의 저항 작동도 발열하는 것은 당연하나, 최고치로 온도가 올라가면 저항

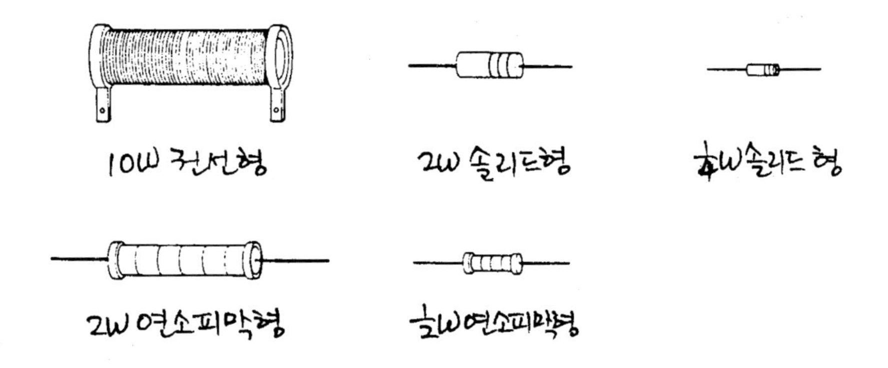

그림59　저항기는 정격 전력 값으로 형태가 다르다

체가 변화하거나, 타서 끊어지므로 **정격(定格) 전력**이 규격화되어 있다. 보통 1/8w, 1/4w, 1/2w, 1w, 2w형을 많이 쓰고 있다. 정격 전력이 큰 것일수록 모양도 크고, 열의 방산(放散)이 잘되게 되어 있다.

2 임피던스의 정합

그림(60)과 같이 일반 전기 회로에 부하 저항을 접속하여 될 수 있는 대로 큰 에너지를 끌어

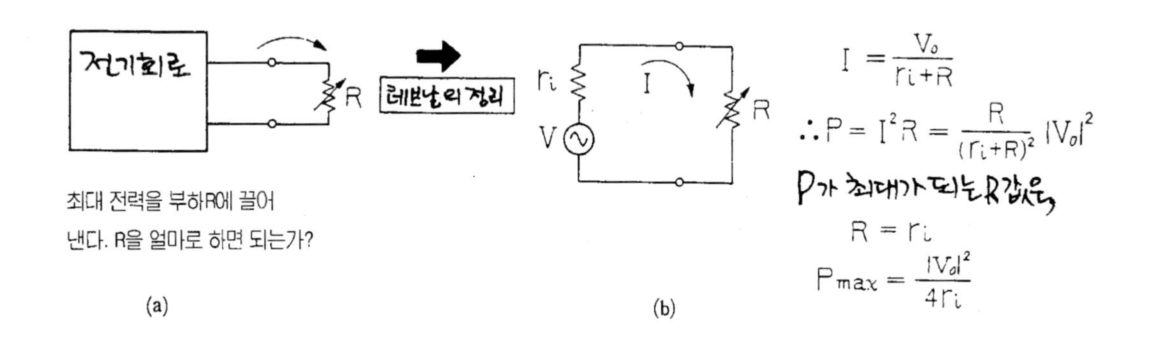

그림60　최대 전력을 출력한다.

나타낸 것이다. 그림(a)와 같이 건전지 2개를 합치면, 발생 전압은 1.5×2=3.0V로 되고, 건전지 2개인 경우에 비하면 꼬마 전구는 더욱 밝아진다. 이것은 전류가 전지의 전압에 비례하여 흐르기 때문이다.
신호 출력이든 원리적으로는 모두 같다.

일반 전기 회로의 출력 단자는 그림(60)과 같이 제5장 3의 [4]항「테브난의 정리」에서, 내부저항 ri와 단자 개방시의 전압 V_0를 가진 전압원으로 표현할 수 있으므로, 그림60(b)는 모든 전기 회로의 출력과 등가(等價)라고 생각된다(여기서 기본이 되는 저항 만의 경우를 취급하나, 내용은 모두 교류, 직류에 공통으로 성립한다).

여기서 부하 저항R에 어느 정도의 전력을 끌어낼 수 있는지 계산해 본다.

$$I=\frac{V_0}{r_i+R}$$

$$P=RI^2=\frac{RV_0^2}{(r_i+R)^2} \cdots\cdots (72)$$

R를 가로축에 나타내고,부하에 끌어낼수 있는 전력 P가 어떻게 되는지 그래프에 그리면, 그림(61)과 같이 된다. R=0에서는 전류 최대, 전압이 0이며 전력P는 0, R=∝에서는 전압 최대, 전류가 0이고 전력P는 0이 된다. 최대 전력은 R은 0이나 ∝가 아니고, 중간의 적당한 값,

$$R=r_i \cdots\cdots (73)$$

에서 최대로 된다. 이때의 전력 P_{max}는, 다음과 같이 된다.

$$P_{max}=\frac{1}{4}\cdot\frac{V_0^2}{r_i}[W] \cdots\cdots (74)$$

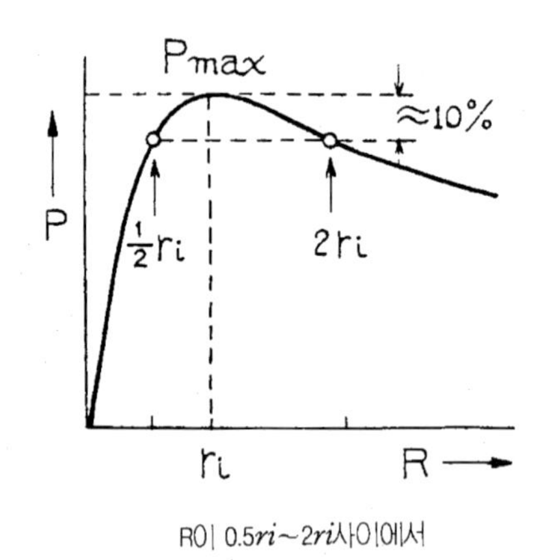

그림61 전력P는 저항 R에서 어떻게 변하는가

ri=R이므로, 이때 전원 내부에서 소비되는 전력과, 부하에서 소비되는 전력이 똑같이 50%씩 된다. 또 그림(61)의 곡선에서, P가 최대값보다 10%저하하는 경우를 구하면, R의 값은 최적값 ri의 1/2과 2배로 된다.

R의 최적값(最適値)이라 해도, R의 작은 수치에 크게 구애될 필요가 없다.

여기서 부하R은 일반적으로 전기적인 저항이나 그것만이 아니다. 회로적 표현은 저항R로 하면 되나, 예를 들면 전구에서는 빛으로 변화되는 에너지, 모터에서는 회전력이 되는 에너지, 스피커에서는 음향으로 되는 에너지, 모두 임피던스를 측정하면 저항분으로 나온다. 그러므로 저항R이라 해도 모두가 열로 되어 소비되는 것이 아니라, 전구, 모터, 스피커가 목적으로 하는 빛, 회전, 음향의 에너지에 대응하는 것도 저항R 속

에 포함되어 있다.

일반적으로 신호를 취급하는 전기 회로에서도, 신호를 변형없이, 그리고 잡음의 영향을 될 수 있는 대로 적게 하여 처리하기 위해서도 상대로부터 효율적으로 에너지를 끌어내는 것은 중요한 일이다. 그리고 R=ri로 하여 상대로부터 최대 전력을 끌어내는 것을 **임피던스 정합(整合)**, 임피던스 매칭이라 한다.

[3] 리액턴스 부하는 역률을 생각한다

기본적인 저항 부하를 설명했는데, 부하에 인덕턴스나 캐패시턴스를 포함한 경우 전력은 어떻게 취급하면 좋은가.

그림(62)와 같은 인덕턴스와 저항을 직렬로 한 부하의 전력을 생각해 본다.

앞항에서의 전력은 전압V와 전류I를 곱한 값이라고 했는데, 부하에 리액턴스가 들어 있으므로 당연히 전압과 전류에 위상차 θ가 나온다.

그래서 전압과 전류의 순간값으로 돌아가서 계산해 보면,

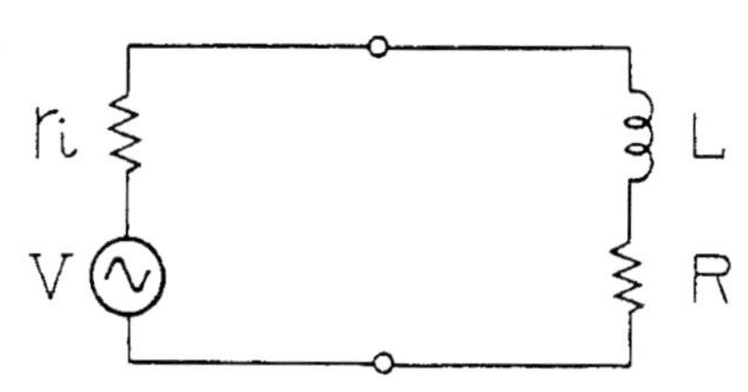

그림62 인덕턴스를 가진 저항 부하의 전력

$$\left.\begin{aligned} v&=Vm\,\mathrm{Sin}\omega t \\ i&=Im\,\mathrm{Sin}(\omega t-\theta) \end{aligned}\right\} \cdots\cdots (75)$$

로 하여, 순간 전력 $P=v\cdot i$를 계산한다.

$$\begin{aligned} P&=v\cdot i=Vm\,Im\,\mathrm{Sin}\omega t\cdot \mathrm{Sin}(\omega t-\theta) \\ &=\frac{Vm\cdot Im}{2}\{\cos\theta-\cos(2\omega t-\theta)\} \\ &=|V|\cdot|I|\cos\theta-|V|\cdot|I|\cos(2\omega t-\theta) \cdots\cdots (76) \end{aligned}$$

최후의 식은 삼각 함수의 공식

$\sin A\cdot\sin B=\frac{1}{2}\{\cos(A-B)-\cos(A+B)\}$에서 구할 수 있다.

여기서 (76)식의 제1항은 일정한 값이며, 제2항은 주파수 ω에서 시간 t와 더불어 변화하는 항이다. 제2항의 1사이클을 생각하면, 순각적 전력의 변화는 나타나지만 평균하면 ±0이며, 실제의 전력은 제1항을 생각하면 되고, 결국 리액턴스를 포함한 부하의 소비 전력은,

$$P=|V|\cdot|I|\cos\theta \cdots\cdots (77)$$

이 된다.

그림(63)은 전류 I를 기준으로 한 벡터도(圖)이며, 윗식은 저항R에서 소비되는 전력P_R를 표현하고 있는 것이 된다.

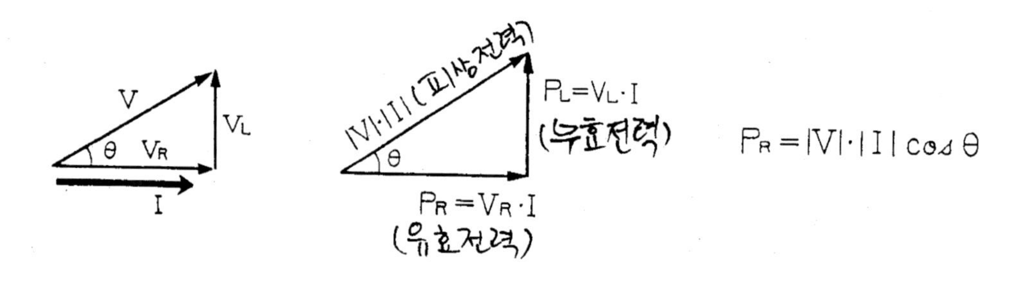

그림63 인덕턴스를 가진 저항 부하의 전력(벡터그림)

인덕턴스가 취급하는 전력 V_LI는 제2장에서 종종 나온 축적 자장(磁場)의 에너지에 대응하는 것이며, 소비는 없다. 그래서 이것을 **무효 전력**, 단지 |V|, |I|의 곱한 값을 **피상(皮相) 전력**(외견상의 전력)이라 한다. 전력이란 엄밀하게는 유효 전력이라 부른다. 그림(63)에서 보는 바와 같이,

$$(\text{피상 전력}V\cdot I)=(\text{유효 전력}V_R\cdot I)I\pm j\ (\text{무효 전력}V_L\cdot I) \quad\cdots\cdots(78)$$

$$\frac{(\text{유효 전력})}{(\text{피상 전력})}=\cos\theta \quad\cdots\cdots(79)$$

의 관계가 있다.

전류, 전압의 위상차 θ가 커지면, θ는 0에 가까워지므로 전력P는 점점 저하한다. 그림(62)의

그림64 COSθ를 작게하여 사용한다
(cosθ가 크면, 같은 유효전력(에너지) 공급에 대해 전류가 많이 흐르게 해야 한다. 공급설비에 낭비가 생긴다)

회로는 공장이나 세탁기의 모터를 표현하고, R는 회전력 에너지, 모터가 하는 일을 의미한다(일부는 열로 되는 분도 포함한다). 그리고 무효전력이 크면(즉 ωL이 R에 비해 크며 $\cos\theta\rightarrow 0$), 같은 전력에 대해 피상전력 |V|·|I|는 자꾸 커진다. 그러면 전력을 배급하는 전력 회사로서는 변전소나 발전소의 설비, 송전, 배전선을 대규모로 하지 않으면 안되고, 전기 요금을 인상하지 않으면 회사의 운영을 할 수 없게 된다.

cosθ는 역률(力率)이라 하여 파워를 취급하는 경우에는 중요한 지수가 된다.

이상이 L과 C의 직렬 회로에서 설명했으나, 리액턴스를 포함하는 모든 회로에서 이 방식은

성립한다.

또 $\cos\theta$를 1에 가깝도록 역률을 개선하기 위해서는 5장 5의 [5]항에서 설명한 공진 회로의 성질(공진하면 L가 없어져 R만으로 된다)을 응용하면 되고, 전원의 주파수(50~60Hz)에 공진하는 콘덴서를 모터에 부착하는 방법을 널리 시행하고 있다. 이 콘덴서를 **역률 개선용 콘덴서**, 또는 **진상(進相) 콘덴서**라 한다.

[4] 전원선(電源線)과 어스선

상하수도는 근대적 생활을 하는데 불가결한 것이며, 우리 나라도 대도시뿐만 아니라 전국적으로 정비가 전개되어 많은 사람이 그 혜택을 받고 있다.

그런데 전기 회로를 작동하기 위해서는 전기 에너지의 공급이 필요하며, 그 역할을 하는 직류의 전원선과 어스선은 마치 가정에 끌어온 상하수도의 이미지와 꼭같다.

전기의 에너지를 운반하는 전류(전압)는 마치 상수도처럼 전원선을 통해 각 부분 회로로 흘러간다. 그리고 각부분 회로를 통해 필요한 회로 동작을 한 다음, 하수도에 해당하는 어스선을 통하여 다시 전원으로 되돌아간다.

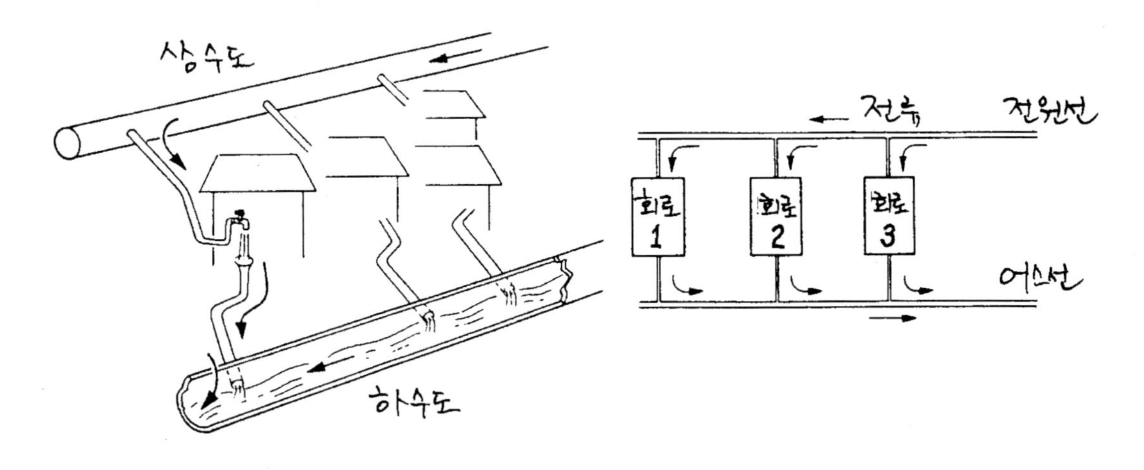

그림65 전원선, 어스선은 전기 회로의 상하수도

큰 전류를 취급하는 곳은 상하수도의 각 관(管)과 같이 굵고 튼튼한 선을 끌어둘 필요가 있다(다시 말하면 임피던스를 극도로 낮게 하는 것이다).

그림(66)은 전기 회로의 일예이며, 전원선, 어스선은 회로도를 보는 경우에 하나의 기준이 된다.

(1) 전기 회로도(回路圖)를 그릴 때는 될 수 있는 대로 레퍼런스가 되는 전원선, 어스선은 직선으로 명확하게 긋는다.

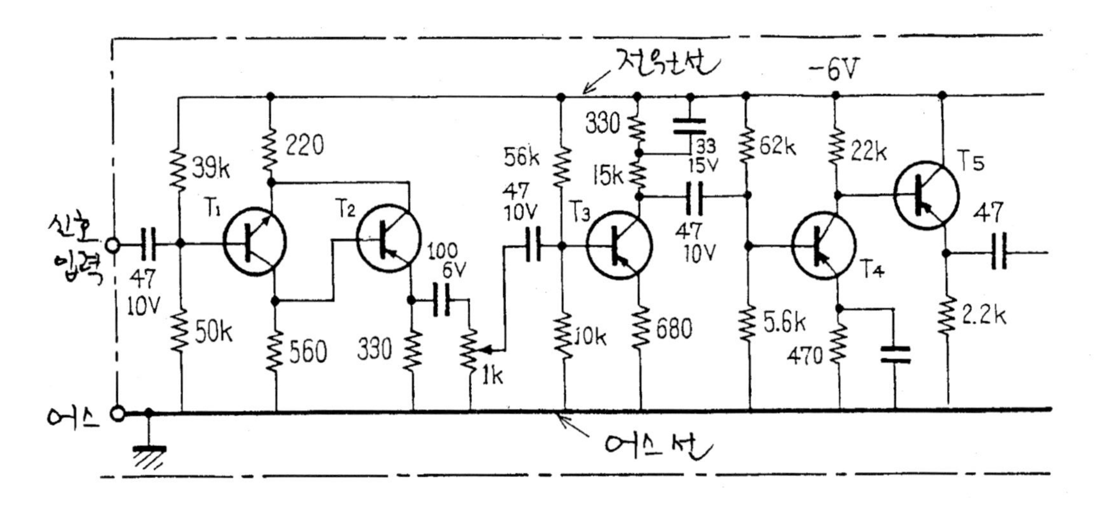

그림66 전기 회로는 어스선, 전원선에 주목

(2) 실제의 회로 배선에서는 어스, 전원선은 될 수 있는 대로 굵게 하여 그 부분의 저항을 작게 하도록 노력한다.

(3) 큰 전류, 고주파수를 취급하는 부분 회로는 공통의 전원선, 어스선을 통해, 다른 회로의 전원선의 전압, 어스전위(電位)를 변동시키기 쉬우므로 특히 주의한다.

(4) 작고 세밀한 신호를 취급하는 부분 회로는, (3)의 반대이며, 전원, 어스를 통해 다른 회로의 영향을 받기 쉽다. 따라서 최근의 스테레오 앰프와 같이 전원을 별도로 하는 등, 특별한 배려가 필요하다.

(2), (3), (4)는 상하수도에 비유하여 생각해 보면 재미있다. (3)등은 어디서 다량으로 수도물을 사용하였을 때 공통관(共通管) 부분이 가늘면, 다른 집에서는 물이 잘 나오지 않는 것과 같다.

예 제 공진 회로의 계산

그림(46)의 직렬 공진 회로에서, L=0.5mH, C=0.002μF, R=5Ω일 때, 공진 주파수 ω_0, f_0, 공진의 Q 및 공진곡선의 대역폭(帶域幅) $2\Delta\omega(2\Delta f)$를 구하라

풀 이

(49)식에서.

$$\omega_o=\frac{1}{\sqrt{LC}}=\frac{1}{\sqrt{0.5\times10^{-3}\times0.002\times10^{-6}}}=1\times10^6\ \mathrm{rad/s}$$

(51)식에서,

$$f_o=\frac{1}{2\pi\sqrt{LC}}=\frac{1\times10^6}{2\pi}=159\mathrm{kHz}$$

(56)식에서,

$$Q=\frac{1}{R}\sqrt{\frac{L}{C}}=\frac{1}{5}\sqrt{\frac{0.5\times10^{-3}}{0.002\times10^{-6}}}=100$$

(58)식에서

대역폭(帶域幅) $2\Delta\omega=\frac{\omega_o}{Q}=\frac{10^6}{100}=10^4\text{rad/s}$

주파수로 환산하면,

대역폭(帶域幅) $2\Delta f=\frac{f_o}{Q}=\frac{159\text{kHz}}{100}=1.59\text{kHz}$

이 된다.

이 공진 회로는 159kHz의 정현파 전압을 100배로 확대하여, 공진의 피크에서 3dB저하한 대역폭은 1.59kHz의 특성을 갖는 것을 알 수 있다.

제6장

트랜지스터의 회로 특성과 사용법

학습요점

제5장까지 전기회로의 기본에 대해 대략 설명이 끝났으며, 제5장의 1에서 설명한 대로, 특히 3장과 5장에서 일반적인 전기회로를 푸는 지식(전기회로학의 포인트)를 다루었다.

이 장에서는 이제 트랜지스터 회로에 들어간다.

첫째는 기술혁신의 기수이고 반도체(Electronics)에서 생긴 새로운 메커니즘으로 작용하는 소자인 트랜지스터는 어떤 구조인가?

둘째는 지금까지의 L. C. R과 달라 증폭이나 파형처리를 할 수 있는 능동소자이다.

이 2가지 관점에서 반도체의 구조 트랜지스터의 회로 소자로서의 특성과 사용법, 응용의 기본을 설명한다.

1. 다이오드와 트랜지스터

1 순수한 반도체

제1장 2에서 어떤 물질에 전기가 통하기 쉬움(電導度)은, 그 물질을 구성하고 있는 원자의 맨 바깥쪽의 전자와 원자핵의 결합의 세기로 결정된다는 것을 알았다. 자유 전자가 많은 금속 등의 **도체**, 반대로 외각(外殼) 전자가 핵에 붙어 있어 떨어지지 않는 **절연체**, 양자의 중간적인 성질이며, 외각 전자의 움직이기 쉬움을 인간이 제어할 수 있는 **반도체**의 3종류로 크게 나눌 수 있다.

(1) 진성 반도체

실제의 다이오드나 트랜지스터에 사용하는 것은, P형, n형이라 부르는 특별한 공정을 거친 반도체이며, 먼저 순수한 반도체가 어떤 성질을 가졌는지 알아 본다. 순수한 재료는, 마치 그림을 그리기 전의 하얀 캔버스와 같이 순도가 나인 일레븐, 즉 99.999……9%로 9가 11개나 되는 놀라울 만큼 순수하게 정제(精製)한 실리콘(Si)이나 게르마늄(Ge)이다. 이와 같이 정제한 실리콘의 결정(結晶)의 모양을 보면, 그림(1)의 모델도(圖)처럼 원자의 외각 전자는 **공유(共有) 결합**이라 부르는 상태로 되어있다.

실리콘은 4개의 가전자(價電子, 외각전자)를 갖고 있으며, 그림(1)과 같이 4개의 인접한 원자와 서로 1개씩 가(價)전자를 내서 공유하며, 그것에 의해 원자끼리 결합하고 있다. 그러므로 1개의 실리콘 원자는 8개의 공유 전자를 갖게 된다.

공유 결합에서는 1개의 가(價)전자는 2명의 남자(원자핵)에게 유혹된 숙녀처럼 양쪽의 원자핵에서 끌어당긴 상태에서는 몸을 움직일 수 없다.

이 나인 일레븐이라는 순수한 규소(Si)결정에 따라 공유 결합 상태의 안정으로 전도도(電導度)가 낮은 재료를 얻은 것이 오늘날 반도체가 실용화하여 발전한 첫째 요인이다. 이 순수한 반도체를 일반적으로 진성(眞性) 반도체라 부르고, 뒤에 나오는 불순물을 혼합한 반도체와 구별한다.

(2) 방해물, 자유 전자와 홀

그런데 진성(眞性) 반도체에 약간의 전도도(電導度)의 원인은, 원자의 열진동에 따라 약간의 전자가 공유 결합에 벗어나 자유 전자가 생기기 때문이다. 동시에 Si나 Ge의 경우는 원자가 떠난 자리의 구멍도, 마치 정(正)의 전자를 가진 입자와 같이 결정(結晶)내를 이동한다.

이 원자가 나간 구멍의 이동은, 실은 근처의 Si 원자의 공유 결합 전자가, 빈 구멍으로 뛰어들어서, 그 근처의 규소(Si:실리콘) 원자로 구멍이 이동하는 방법으로 일어난다. 이런 식으로 이

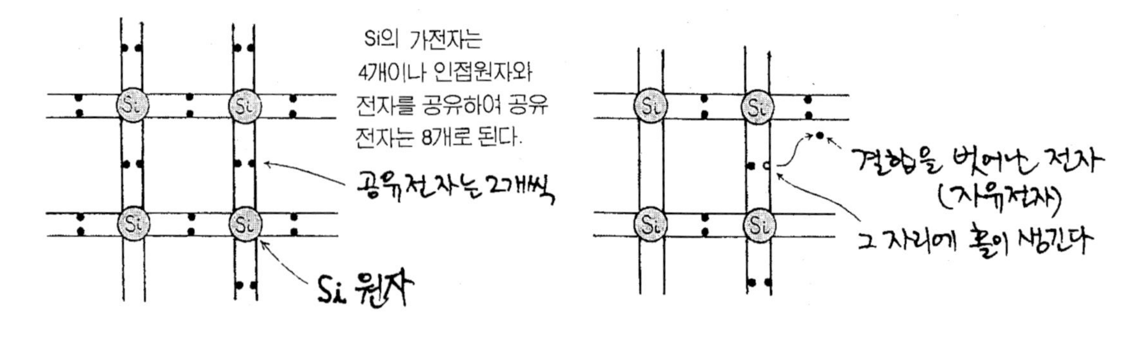

그림1 Si원자는 공유결합 전자를 통해 결합하고 있다(순수한 반도체)

그림2 극히 적으나 진성 반도체에도 자유전자와 홀이 생긴다

구멍은 원자에서 원자로 이동한다. 이 빈 구멍은 전자가 없어진 자리이므 로 마치 ⊕의 전하를 가진 입자가 이동하고 있는 것처럼 행동하므로 홀(hole : 正孔)이라 부른다.

⊖의 전하를 가진 자유 전자와 ⊕(正)의 전하를 가진 정공(正孔)은, 진성 반도체에서 온도 요란으로 발생하며, 그 양은 적지만, 방해물에 가까운 것이다.

[2] n형 반도체와 P형 반도체

앞에서 설명한 순수한 반도체(眞性 반도체)에 소량의 불순물을 혼합하여 결정을 만들면 아주 재미있는 현상이 일어난다. 이 현상이야 말로 반도체의 발전과 실용화의 제2의 중요한 점이라 할 수 있다. 진성 반도체 속에 그 반도체의 원자와 아주 비슷한 다른 원자를 넣으면, 같은 종류의 원자로 생각하고 단짝으로 공유(共有) 결합하여 결정을 구성하는 성질이 있다. 여기서 혼합

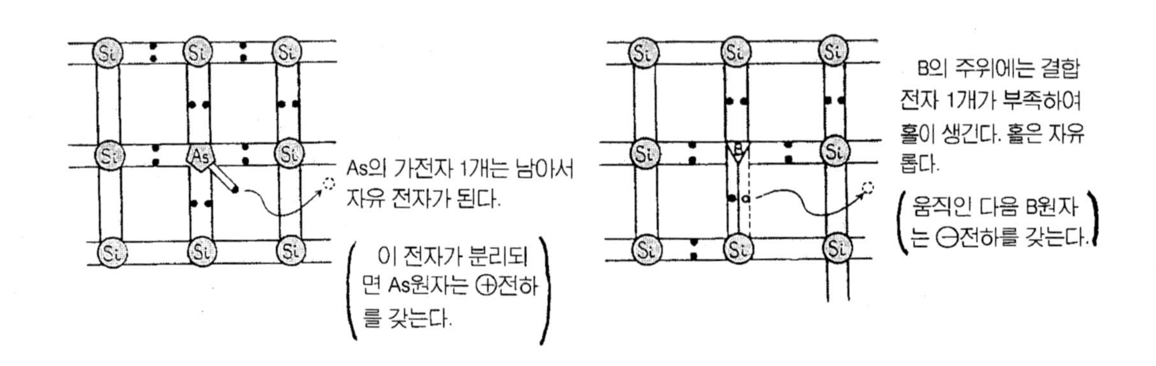

그림3 가전자 5개의 불순물 원자는 1개의 자유전자를 만든다 (n형 반도체)

그림4 가전자 3개의 불순물 원자는 1개의 홀을 만든다(P형 반도체)

하는 원소에 또 하나의 미세한 공정이 이루어지고 그 가(價)전자는 규소(Si)나 게르마늄(Ge)의 4개보다 ±1의 3개 또는 5개의 수를 가진 것을 선택한다. 5개의 가전자를 가진 불순물 원소로는 비소(As), 안티몬(Sb)을 쓰고, 3개의 가전자를 가진 불순물 원소로는 붕소(B)나 인듐(In) 등을 사용한다.

(1) n형 반도체

가(價)전자가 5개인 원소(As)를 혼합한 경우의 상태를 그림(3)에 나타냈다. 비소(As) 원자 주위의 규소(Si)원자는, 비소(As)원자에 대해 규소(Si)의 원자의 경우와같이 8개의 가전자를 공유하나, 비소(As)원자의 가전자 1개는 공유할 상대가 없으므로(남은상태), 자유 전자가 되어 결정안를 이동할 수 있다.

규소(Si)의 결정 속에 비소(As) 원자의 혼합도가 증가하면, 이 자유 전자의 수는 혼합한 비소(As)원자의 수만큼 증가하므로 사람이 자유롭게 전기 전도도(電導度)를 제어할 수 있게 된다.

이와 같이 규소(Si)에 5개의 가전자를 가진 불순물을 혼합한 결정(結晶)을 n형 반도체라 한다. n형이란 negative의 뜻이며, ⊖의 전하를 가진 전자가 전도도(電導度)를 지배한다는 뜻에서 붙인 명칭이다.

(2) p형 반도체

3개의 가전자를 가진, 붕소(B)를 규소(Si)에 혼합하여 결정을 만들면, 곧바로 반대의 현상이 일어나서 그림(4)와 같이 전자가 1개 부족한 상태, 즉 홀이 붕소 원자의 주위에 생긴다.

홀은 공유 원자가 1개 부족하면 구멍이 생기므로, 근처의 규소(Si)원자의 공유 결합전자가 움직여 그 구멍을 막는 구조로 이동한다. 결국 홀은 결정 안을 자유로이 이동할 수 있는 ⊕전하

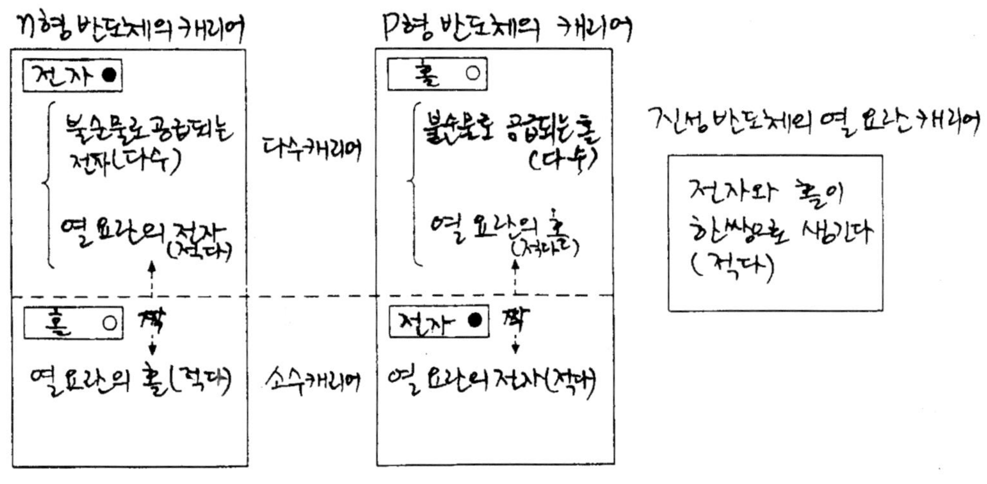

다수 캐리어도 상대의 틀속에 들어가면 많이 있어도 소수 캐리어라 부른다.

그림5 반도체 속의 캐리어(전하의 운반자)

를 가진 입자라고 생각된다. 홀은 진성 반도체에서는 방해물이었으나, 이 경우는 전도도(電導度)의 주역이며, 혼합하는 불순물 붕소(B)의 원자 수만큼 생기므로, 불순물 붕소(B)의 양을 가감하여 결정의 전도도를 임의대로 조절할 수 있다.

이와같이 홀이 전기 전도도에 기여하는 가전자가 3개인 불순물을 혼합한 반도체를, ⊕전하가 움직이므로 positive라 뜻에서 p형 반도체라 부른다.

(3) 다수 캐리어(carrier)와 소수 캐리어

n형 반도체의 경우는, 전자가 움직이기 쉽고, 전자를 전하(電荷)의 운반자라는 의미를 살려 **다수 캐리어**라 부른다. 물론 *n*형 반도체에도 진성 반도체와 같이 열요란(熱擾亂)에 의해 생기는 홀도있고, 또 근처에서 어느 양이 이동해 오는 경우도 있어 홀을 n형 반도체의 **소수(少數) 캐리어**라 한다.

p형 반도체의 경우는 이와 반대이며, 다수 캐리어는 홀이고, 소수 캐리어는 전자이다. 굳이 이러한 명칭을 붙이는 이유는 다이오드나 트랜지스터가 작동을 할 때 근처에서 이동해 오는 소수 캐리어가 중요한 역할을 하기 때문이다.

3 도너(Doner)와 억셉터 (Acceptor)

n형 반도체에 혼합하는 5가(價)의 불순물 원소인 인(P), 비소(As), 안티몬(Sb) 등의 원자를 **도너** 또는 도너 준위라고 한다. 5가의 원자는 4가(價)의 규소(Si)에 대해, 1개의 전자가 남아, 혼합한 원자의 수만큼 자유 전자를 공급하기 때문에 기증자라는 뜻이 담겨있다(n형 반도체 속의 도너는 전자가 분리하면 ⊕전하를 갖는다). P형 반도체에 혼합하는 3가(부록. 원소의 주기율표 참조)의 원소, 원자는 반대로 전자가 필요한 홀을 인접한 Si 원자와 만들기 때문에 전자를 받는 자를 **억셉터** 또는 억셉터준위라고도 한다. 억셉터 원자는, P형 반도체 속에서 홀이 분리하면 (부족한 전자가 채워지면)⊖전하를 갖는다.

그림(6)을 보면, 도너 원자는 본래 ⊕전하를 띄고 있고, 1개의 자유 전자(⊖전하)를 안고 있고 때문에 전하적으로는 0이다. 그리고 억셉터 원자는 본래 ⊖전하이며, 움직이기 쉬운 ⊕전하

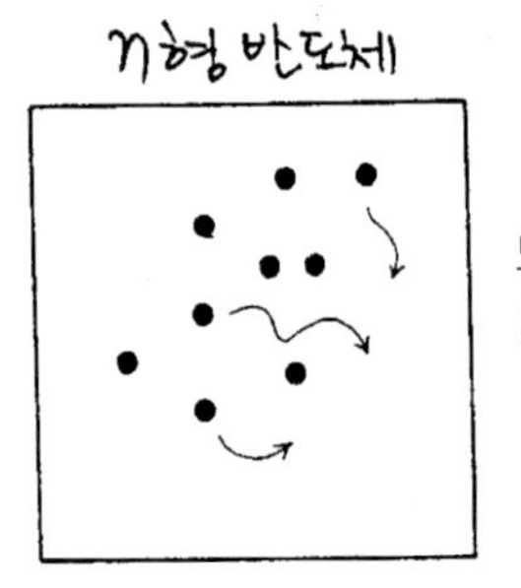

도너 (As)• 원자수와 같은 자유전자가 돌아다닌다.

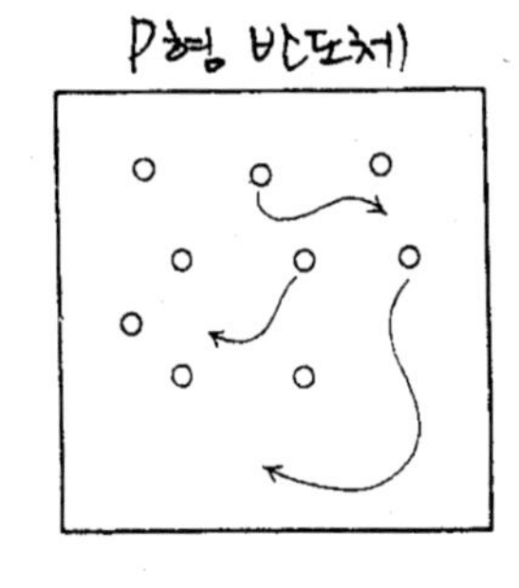

억셉터 (B)° 원자수와 같은 홀이 돌아 다닌다.

그림6 매크로로 본 n형, p형 반도체

인 홀을 안고 있다고 생각하면 간단하다.

한개한개의 도너, 억셉터 원자는 제1장 2에서 설명한 바와같이 자유로운 전자를 가진 금속 원소와 비슷한 상태로 된다.

n형 반도체와 P형 반도체

진성반도체	불순물 반도체	
가전자 : 4개	n형 반도체	p형 반도체
	가전자 : 5개	가전자 : 3개
실리콘(Si) 게르마늄(Ge)	비소(As) 인(P) 안티몬(Sb)	인듐(In) 갈륨(Ga) 알루미늄(Aℓ)

(1) 불순물 반도체의 캐리어의 수를 계산

여기서 도너(5가의 불순물), 억셉터(3가의 불순물)를 진성 반도체에 혼합하면, 전자와 홀의 수(1㎤에 대한 밀도)가 얼마나 증가하는지를 계산해 보자.

① 진성 반도체의 전자(홀) 밀도(熱擾亂分)

반도체 물리 이론에서의 계산 결과는, Si결정(結晶)에 대해,

본래의 Si원자의 수(1㎤에 대해)

5×10^{22}개

25℃에서의 자유 전자(홀)의 수

1.7×10^{10}개

온도가 올라가면, 이 1.7×10^{10}의 수는 점점 증가한다.

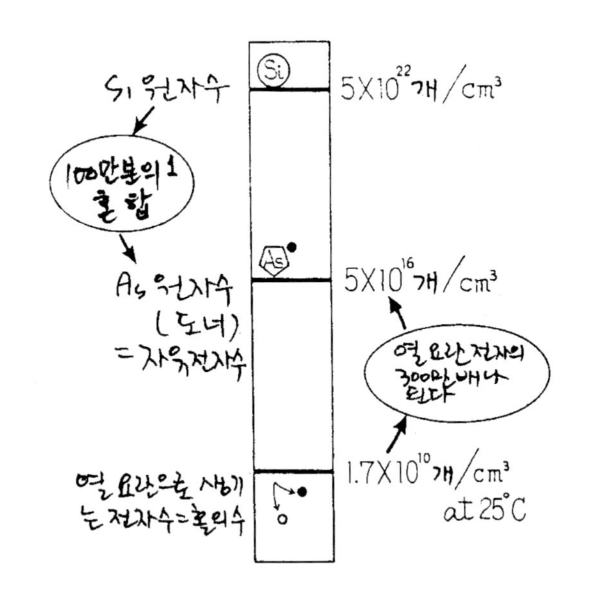

그림7 Si원자에 불순물을 혼합한다
(25℃에서의 양의 비교)

② 불순물 반도체의 전자(홀) 밀도

예를 들면 비소 원자(5가)를 도너로 하여, Si원자에 대해 100만분의 1의 비율로 혼합하면, 이 n형 반도체의 자유 전자의 수는 $5\times10^{22}\div1\times10^{6}=5\times10^{16}$개, 이 수를 혼합하기 전에 열(熱)요란에 의한 전자의 수로 나누면, $5\times10^{16}/1.7\times10^{10}\fallingdotseq3\times10^{6}$이 되어, 100만분의 1의 불순물의 혼합만으로 자유 전자의 수는 300만배로 늘어난다. 5×10^{16}의 전자는 도너라고도 할 수 있는 전자이므로, 그 수는 온도의 영향을 전혀 받지 않는다. 정확하게 말하면,

〔n형 반도체 속의 다수 캐리어의 수(1㎤)〕

$=$〔도너에 의한 분〕$+$〔열요란에 의한 분〕

$=5\times10^{16}+1.7\times10^{16}\fallingdotseq5\times10^{16}$

이 된다. 다수 캐리어의 수나 밀도는 도너의 혼합 상태로 결정되고, 온도의 영향을 받지 않는다는 것을 알 수 있다.

이 계산 예와 같이 도너, 억셉터 원소를 순수한 Si에 미량(微量)의 혼합만으로 자유 전자(또는 홀)의 수를 바꾸어, n형, P형 반도체로, 인간이 자유로이 그 전도도(電導度)를 조종할 수 있다.

4 p형, n형 반도체의 접합

앞에서 불순물의 혼합 방법에 따라 전기 전도도를 제어할 수 있고, 또한 ⊖전하와 ⊕전하가 움직이는 n형과 p형 반도체를 만들어낼 수 있다는 것을 기술했다.

그러면 또 하나의 생각은, n형과 p형의 반도체를 그림(8)과 같이 접합하면 어떤 것이 일어날 수 있을까. 이러한 구조를 pn 접합이라 하며, 다이오드나 트랜지스터의 기본이 되는 구성이다. 물론 p형과 n형의 접합면은 기계적으로 접촉하고 있는 것이 아니라, 경계면에서도 Si는 공유(共有) 결합 전자를 갖는 결정(結晶)으로서, 원자의 배열도 일정하게 연속하도록 만든다.

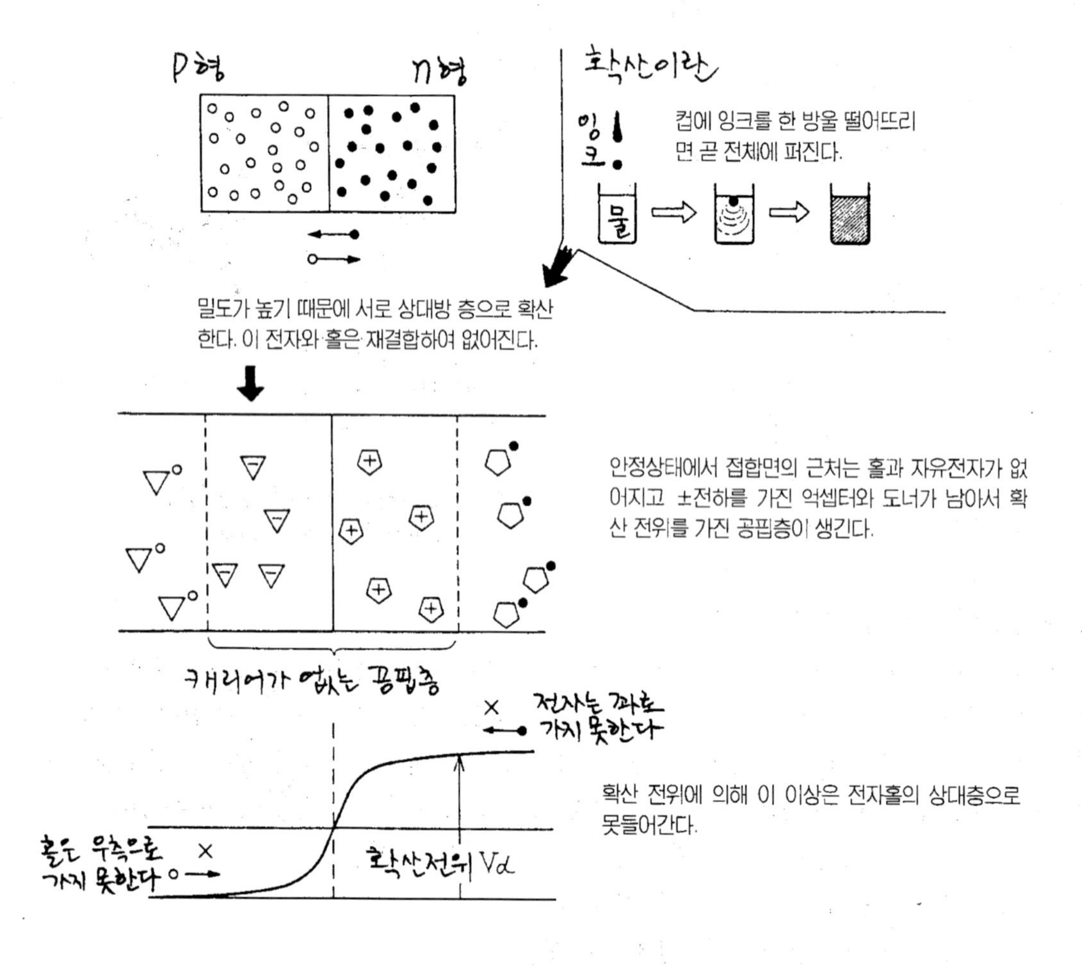

그림8 전압을 가하기 전에 접합 부분의 상태

(1) 전압을 가하기 전의 pn접합

이 pn 접합에 전압을 가하면 어떻게 되는가 그러면 그림 (8)에서 전압을 가하기 전의 접합 부분 상태를 알아 보자.

접합면을 경계로 하여 우측의 n형은 자유 전자의 밀도가 조밀하고, 좌측에는 거의 없다. 좌측의 p형은 홀의 밀도가 조밀하나, 우측에서는 홀의 밀도가 매우 희박한 상태이다. 이와같이 전자와 홀 밀도의 급격한 단절이 접합면에 일어나므로 컵의 물 속에 붉은 잉크를 한 방울 떨어뜨리면 금방 컵 전체에 확산하는 것처럼, 우측에서 전자가 확산하고, 좌측에서 홀이 확산한다. 확산한 전자와 홀은 각각 상대층의 다수 캐리어인 홀이나 전자는 서로 결합하여 소멸한다.

결론적으로 접합면 부근에는 인접한 층끼리의 확산과 재결합에 의해 p형의 독특한 홀이나, n형의 독특한 전자는 존재하지 않는 지대가 생긴다. 따라서 본래의 캐리어가 존재하지 않는 곳을 **공핍층(空乏層)**이라 부른다. 공핍층의 우측 절반은 ⊕전하의 도너 원자, 좌측 절반은 ⊖전하를 가진 억셉터 원자가 서로 맞서있는 형태로 남아 있다. 이것은 콘덴서에 직류 전압을 가했을 때, 2장의 전극에서 마주하는 ⊕와 ⊖의 전하와 똑같은 형태이며, 공핍층에는 전하에 따른 전위차 V_d가 발생한다. 이 전위차를 pn 접합의 **확산 전위**라 한다. 또 공핍층은 용량(capacity)의 기능을 갖는다고 볼 수 있으므로, 이것을 **장벽(障壁) 용량** 혹은 공간저하층이라고도 한다.

5 pn접합에 전압을 가한 경우

(1) 순방향 특성

앞에서 평형 상태에 있는 pn접합은 다수 캐리어를 잃은 공핍층과, 그 확산 전위차 V_d가 생기는 것을 알았다.

이 pn접합에 V_d를 없애는 방향, 그림9(a)와 같이 p형에 ⊕, n형에 ⊖의 전압을 가하면 어떻게 되는가.

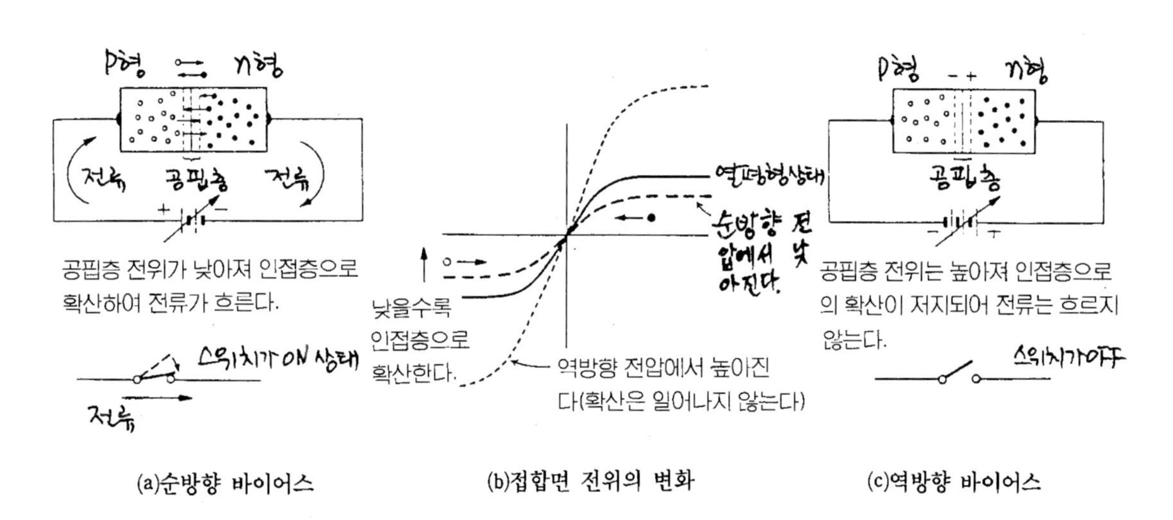

(a)순방향 바이어스 (b)접합면 전위의 변화 (c)역방향 바이어스

그림9 Pn 접합에 전압을 가한다.

지금까지 확산 전위차의 벽에서, 홀과 전자가 접합면을 넘어가지 못했으나, 이벽이 외부에서 가한 전압 때문에 낮아져, p층에서는 홀이 n층으로 흐르고, n층에서는 전자가 다시 확산에 의해 흘러 들어간다. 그리고 외부 전압을 높이면, 이 확산은 더욱 왕성하게 된다. 이것을 pn접합의 순방향(順方向) 특성이라 하고, 흐르는 전류를 순방향 전류라 부른다. 여기서 주의할 것은, 이 순방향 전류는 전자 및 홀의 상대층 쪽으로 가는 소수 캐리어의 확산에 의해 성립되는 점이다. 발생한 층에서는 다수 캐리어이나, 상대층으로 들어가면 소수 캐리어로 된다. 뒤에 설명하는 트랜지스터 속에서도 같은 현상이 일어난다. 이 전류는 통상의 회로에서의 전압으로 생기는 전류와는 다르며, 확산 원리로 흐르는 새로운 현상이다.

(2) 역방향 특성

다음에 순방향과 반대의 직류 전압을 그림9(c)와 같이 가한 경우는 어떻게 되는가. 이때 전압은 확산 전위차V_d를 강화하는 방향에서, 외부 전압은 대부분이 공핍층에 가해져, 순방향에서 일어난 소수 캐리어의 확산은 완전히 멈춘다. 그러나 진성(眞性) 반도체 자체가 미약하지만 열(熱)요란에 의해 분리한 자유 전자와 홀을 함유하고 있다. 그러므로, p층의 자유 전자와 *n*층의 홀은, 오히려 역(逆)전압에 끌리는 형태와같이 상대쪽으로 유입하여 역(逆)바이어스일 때 전류로 된다. 이것은 누설 전류와 같으며, 그 크기는 순방향 전류에 비하면 비교가 안되는 적은 전류이다.

6 다이오드(pn 접합)의 전기적 특성과 회로 응용

반도체 다이오드는 Pn접합을 그대로 부품화한 것으로서 그림(10)과 같은 것이 있다. 또 IC에도 많이 사용된다.

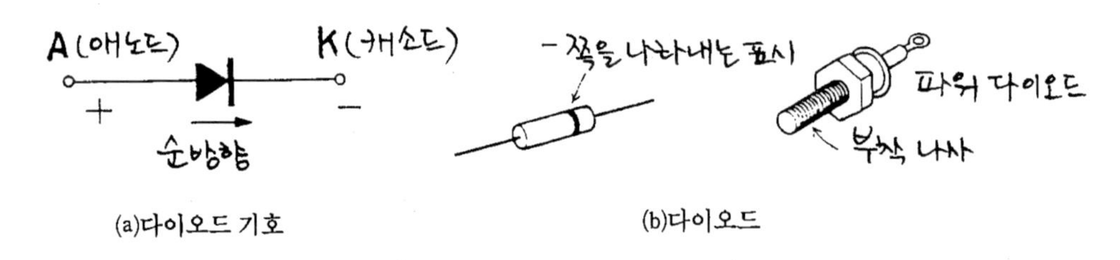

(a)다이오드 기호

(b)다이오드

그림10 다이오드 부품

(1) 전압, 전류 특성

그림(11)은 다이오드의 전압, 전류 특성을 나타냈다. 이 곡선은 거의 이론식

$$I=Is\,(e^{qv/kt}-1) \quad \cdots\cdots (1)$$

Is : 포화 전류라 부르며, 역방향 전압이 충분할 때 역방향 전류이다. 실리콘에서 μA의 오더이며 극히 작다.

q : 전하, V : 전압, R : 볼츠만의 상수 1.38×10^{-23} J /K, K : 절대 온도로 표현한다.

※ (볼츠만의 상수(Boltzman's Constant) :전자의 열운동에너지는 절대온도에 비례하는데 그때의 비례정수를 말하며 기호는 R를 쓴다.)

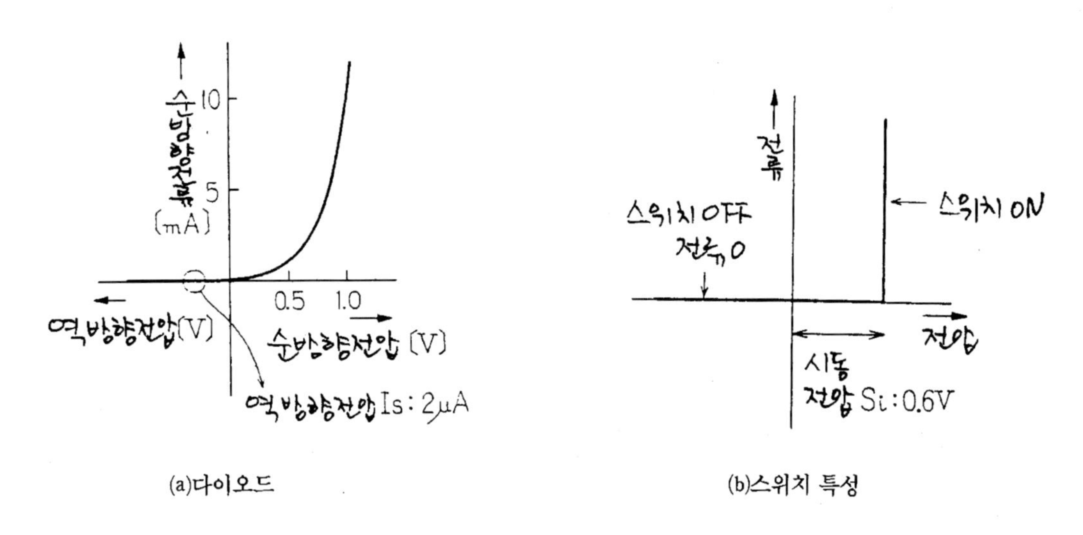

(a)다이오드

(b)스위치 특성

그림11 다이오드의 전압, 전류 특성

그림(11)에서와 같이, 순방향은 지수(指數) 곡선이며, 전압을 조금 올리면, 급격히 전류가 증가한다. 그리고 증가는 대부분 직선적이다.

역방향은 Is에서 일정하며, 수 μA 오더이다. 순방향에 비하면 전류는 거의 흐르지 않는다.

그래서 다이오드는 가하는 전압(순방향 전압)에 따라, ON이 되고, 역방향 전압에서는 OFF로 되는 스위치라고 생각할 수 있다. 그림11(b)와 같이 다이오드의 전압-전류 특성은, 시동전압 부분을 제외하면, 스위치의 특성에 가깝다.

(2) 다이오드의 특성 곡선

그림(12)는 Si와 Ge의 특성의 차이를 나타냈다. Si는 비교적 이상적인 스위치에 가깝고, 곡선이 험준하다. 이에 비하여 Ge는 순, 역 양방향이 모두 완만한 특성을 나타낸다.

순방향 특성에서는, 전류가 급격하게 흐르기 시작하는 「시동(초기)」의 전압이 중요하며, **오프셋 전압**이라 한다. Ge는 얕으며 0.3~0.4V, Si는 깊으며 0.6~0.7V이다. 순방향이라 해도 오프셋 전압을 넘지 않으면 전류가 흐르지 않는다는 것을, 회로에 사용하는 경우에 알아 둘 필요가 있다.

다음에 역방향 특성이며 전압을 올리면 Ge에서는 완만하나 Si에서는 어느 전압에서 급격히

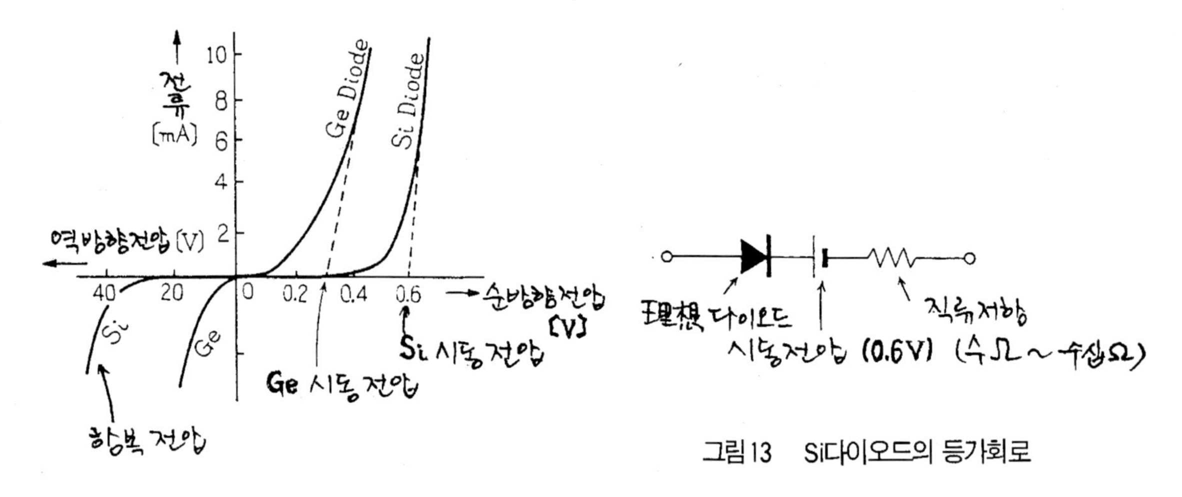

그림 13　Si다이오드의 등가회로

그림 12　다이오드 특성(Si와 Ge의 차이)

역(逆)전류가 증가한다. 이 전압을 다이오드의 **항복 전압**(브레이크 다운)이라 하고, 전압을 이 이상 증가하면 다이오드는 파손되므로 역방향 전압의 최대 정격(定格)으로 제한하고 있다.

이 항복 전압에서는, 접합 부분에 가해진 큰 역방향 전압으로, 역방향 전류의 캐리어가 가속되어, 접합 부분의 결정(結晶)에 연속적으로 충돌하므로 전자와 홀이 짝을 이루는 현상이 발생하게 된다(애벌란쉬 현상 : Avalanche).

이론식(理論式)인 (1)식의 미분(dv/di)을 취하면, 매우 작은 신호에 따라 다이오드의 저항 r_d를 얻는다. 결과는 다음과 같이 된다.

$$r_d = 26 / I(\Omega) \qquad \cdots\cdots (2)$$

r_d는 직류 전류 1mA일 때 26Ω이다. 다이오드는 이 밖에 수Ω~수 십Ω의 직류 저항을 가지고 있으며 작은 신호용 Si다이오드의 등가(等價) 회로는 그림 (13)과 같다.

(3) 제너 다이오드와 가변 용량 다이오드

① 제너 다이오드(Zener Diode)

불순물 농도가 높은 pn 접합에서는, 당연히 공핍층(空乏層)의 폭이 좁아진다. 이것에 역전압을 가하면 그림(14)와 같이 어느 전압Vz에서 급히 전류가 증가하는 현상이 나타난다.

이것은 통상의 항복 전압에서 나타나는 애벌란쉬 현상이 아니라, 제너 현상이라 부르는 것이다. 이 현상은 역(逆)바이어스된 pn 접합에서, 극히 얇은 공핍층일 때, n층의 Si결정의 가전자(價電子)가 직접 공핍층을 뛰어 넘어, p층으로 들어가는 효과라고 한다.

이 현상을 응용한 것이 제너 다이오드이며, 그림(14)와 같이 제너 전압Vz에서 전류의 변화에 따라 전압이 일정하므로, 전압의 기준, 정(定)전압 다이오드의 기능을 한다. Vz는 2~100V의 제너 다이오드가 있어, 상용(商用) 전원에서 직류 전류를 얻는 안정화 직류 전원의 전압 기

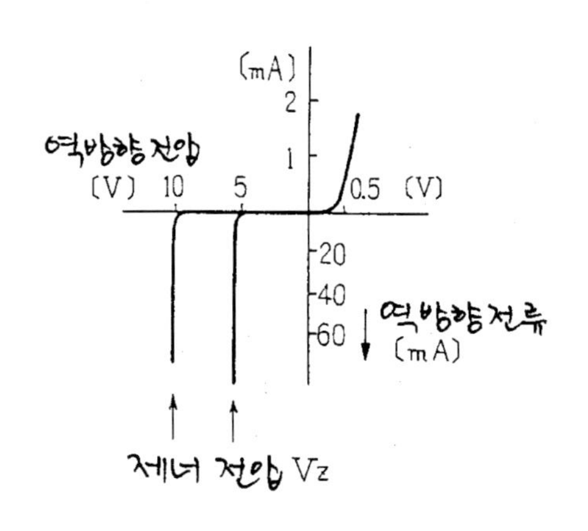

(a) 전압 전류 특성
제너 전압으로 날카로운
시동 특성

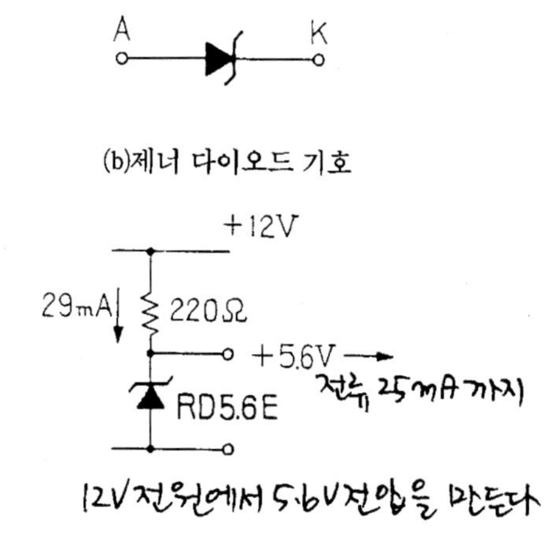

(b)제너 다이오드 기호

(c)간단한 定전압 회로를 만들 수 있다.

그림 14 제너 다이오드의 특성

준 등에 널리 쓰이고 있다.

② 가변 용량 다이오드(Variable Capacitance Diode)

역(逆) 바이어스된 pn 접합은, 캐패시턴스(Capacitance : 정전용량) 기능을 갖는다는 것을 [4]에서 설명했다. 이 캐패시턴스의 크기는, 거의 $\sqrt{V}$에 비례한다. 이 현상을 응용한 것이 가변(可變) 용량 다이오드이며, 역바이 어스란 직류 전압의 크기에 따라 pn접합 부분의 캐패시턴스를 바꿀 수 있다.

특성의 일예를 그림(15)에 나타냈다. 이 다이오드는 n층의 불순물 농도를 접합면에서 높게 하는 등의 고안에 의해 큰 용량 변화를 얻을 수 있도록 했다. FM, TV수신기의 국부 발진기(發振器)나 AFC 회로 등의 LC 공진(共振) 회로의 C를 바꾸어, 발진 주파수 $1/\sqrt{LC}$를 가변(可變)으로 하는 용도에 이용한다.

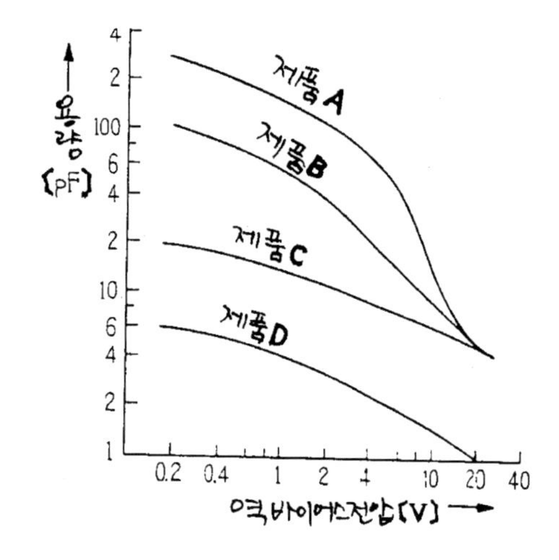

그림 15 가변용량 다이오드의 특성
(역바이어스 전압으로 용량C를 바꿀 수 있다)

[7] 트랜지스터란

(1) 트랜지스터의 구성

트랜지스터(Transistor)는, [4]에서 설명한 pn 접합의 구조를 잘 이해하면, 그 동작을 잘 알 수 있기 때문에 pn 접합의 작동 방법에 대하여 더 자세히 알아보기로 한다.

트랜지스터의 구조는 그림(16)과 같이, pn 접합 2개를 등을 맞대어 붙인 형태로 되어 있으며, pnp형과 npn형이 있다. 여기서는 pnp형에 대해 설명하기로 한다. 이 형식의 트랜지스터를 바이폴라 트랜지스터(Bipolar Transistor)라 하며, 가장 기본이 되는 형식이다.

그림(a)의 좌측의 np접합 가운데, 맨좌측의 n층을 이미터라 하고, 가운데층을 베이스라 한다. 또 베이스층과 또 하나의 pn접합을 구성하고 있는 맨 우측의 층을 컬렉터라 부른다. 어느 층이고 바깥쪽의 리드선은 전기적으로 접속되어 있다. 또 pn접합의 등을 맞대어 샌드위치한 구조이므로, 3개의 층의 원자 배열은, 이미터에서 컬렉터까지 정연하게 연속된 형태로 결정(結晶)을 구성하고 있다.

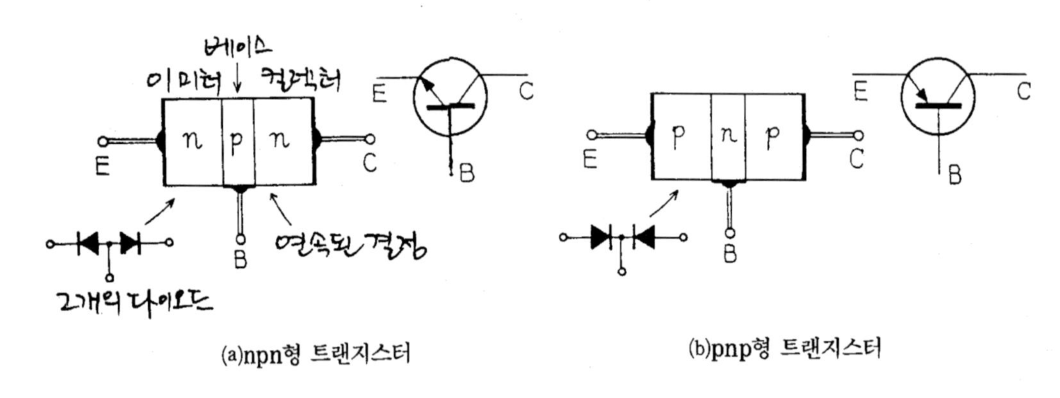

(a)npn형 트랜지스터 (b)pnp형 트랜지스터

그림16 바이폴라 트랜지스터의 구조, 기호

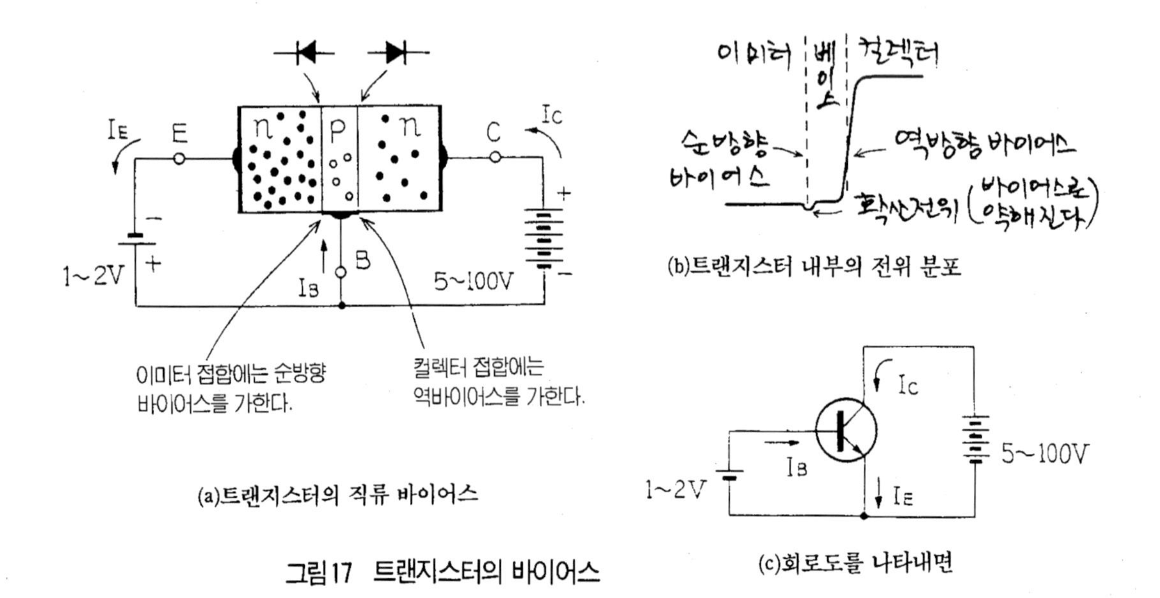

(a)트랜지스터의 직류 바이어스

(b)트랜지스터 내부의 전위 분포

(c)회로도를 나타내면

그림17 트랜지스터의 바이어스

(2) 트랜지스터의 동작

트랜지스터를 작동시키기 위해서는 그림17(a)와 같은 전압을 가한다. npn형의 경우 이미터를 기준으로 컬렉터 단자에 +5~100V, 베이스 단자에 -1~2V의 전압을 공급하는데, 이것은 「컬렉터 접합에 역방향 바이어스를 가하고, 이미터 접합에 순방향 바이어스를 가하는 것」이 중요하다.

여기까지 다이오드(pn접합)와 별로 다르지 않으나, 트랜지스터 동작의 핵심은 베이스층에 특별히 고안이 되어 있는 점이다.

◈ 트랜지스터의 베이스층의 고안 ◈

(1) 베이스 p층의 불순물 농도를 낮게하여 다수 캐리어(홀)를 적게 했다.
(2) 베이스 p층의 넓이를 μm 오더로, 매우 좁게 만들었다.

그러면, 2개의 pn접합에 전압을 가하면, 순방향 바이어스된 이미터 접합에서는 이미터쪽에서 많은 전자가 공핍층(空乏層)을 넘어, 확산 현상으로 베이스층으로 유입한다(확산을 왕성하게 하도록, 이미터층의 도너 농도는 특히 높게 만들었다).

그런데 다이오드의 경우와 달라서 베이스층에는 위와같이 되어 있지 않으므로, 이미터쪽에서

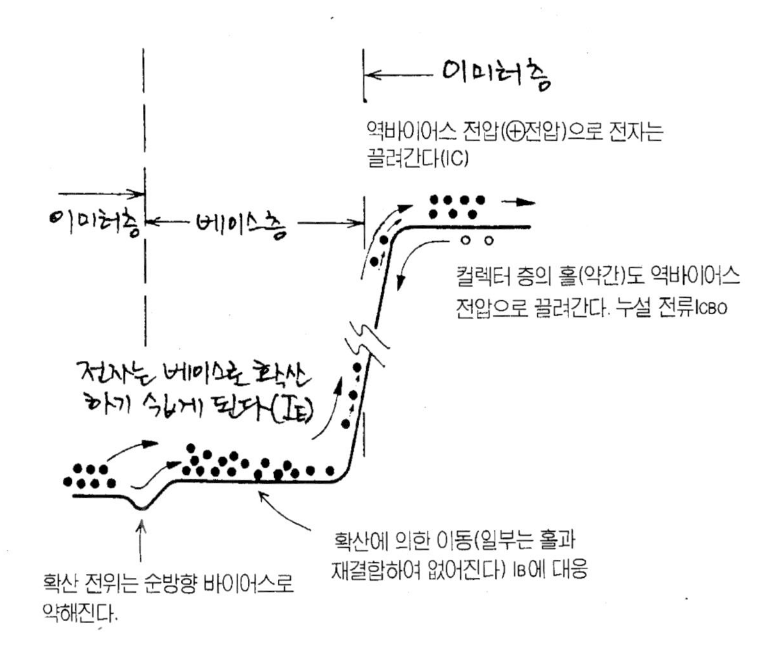

그림 18 트랜지스터의 액션

확산하여 베이스층으로 들어간 전자는,

① 베이스층의 다수 캐리어인 홀과 재결합하여, 없어지는 확률이 훨씬 낮아진다.

② 확산하는 거리가 짧아 곧 컬렉터접합에 도착한다.

이런 이유로, 전자의 대부분은 확산이동에 의해 골(goal)인 컬렉터 접합의 공핍층으로 뛰어들어갈 수 있다. 이렇게 되면 컬렉터 접합의 공핍층에는 큰 역바이어스 전압이 걸리고, 또 전압의 방향은, 들어온 전자를 가속하는 방향이다. 전자는 이 전압에 끌리어 순조롭게 공핍층을 넘어, 컬렉터층을 들어가서 컬렉터 단자에 도착한다(그림 18).

그러므로, 이미터의 전자군(電子群)은 베이스를 지나 컬렉터로 흐르고, 그 양은 이미터 접합의 순방향 전압V_{BE}에 의해 자유로이 바꿀 수 있다. 이것이 트랜지스터의 동작이다.

또 베이스 영역(領域)에서는, 유입된 전자와 다수 캐리어가 있는 홀(正孔)과의 재결합이 부분적으로 일어나므로, 재결합분인 약간의 전류는, 베이스 단자에서 공급되는데 이것이 베이스 전류가 된다.

이상과 같은 현상은 트랜지스터 동작의 비밀이므로 이것을 잘 숙지하기 바란다.

(3) 회로 소자로서의 트랜지스터의 동작(그림 19)

지금까지 트랜지스터의 구조와 반도체 이론을 기초로한 전류의 흐름을 설명했다. 그러나, 트랜지스터를 회로 소자로 사용하는 경우에는 원리의 이해가 필요하지만 이것을 더욱 간단하게 터득하는 방법이 필요하다. 회로 소자로는 다음과 같이 생각하면 된다.

npn형을 예로 들면 「트랜지스터에 흐르는 전류란, 대개는 컬렉터 단자에서 들어가 이미터 단자로 유출한다. 그리고 그 전류의 양을 베이스 단자의 전압V_{BE}또는 베이스 단자의 전류 I_B를 바꿈으로써 자유로이 제어할 수 있다」는 것이다. 수도물에 비유하면, 베이스 전압(전류)은 수도밸브 레버에 해당하고, 수도밸브 레버를 돌림으로써 흐르는 물(전류)을 자유로이 조정할 수 있는 기능이다. 회로로서의 트랜지스터의 기능은 이처럼 매우 간단한 것이다.

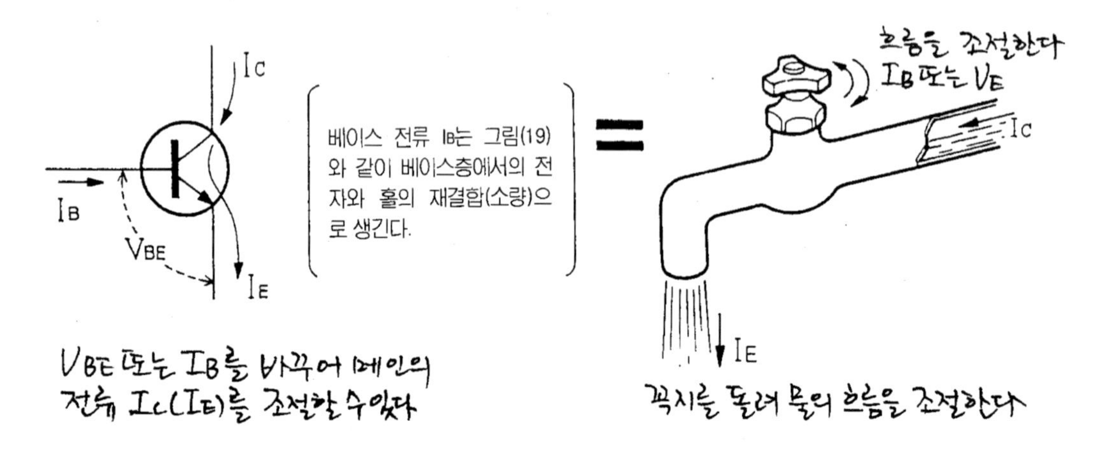

그림 19 트랜지스터 기능을 회로로 보면 수도꼭지

8 트랜지스터의 증폭 작용

이미터에서 유입된 전자 가운데, 컬렉터에 도달하는 전자의 비율을 α로 하면, 켈렉터 전류I_C와 이미터 전류I_E 사이에는,

$$I_C + \alpha I_E + I_{CBO} \quad \cdots\cdots (2)$$

의 관계가 성립한다. 여기서 α는 접지전류 증폭률이라 부르고 0.99라는 1에 가까운 값이다. I_{CBO}는 역(逆)바이어스된 컬렉터 접합의 누설 전류이다. 베이스 전류I_B와 I_E, I_C 사이에는,

$$I_E = I_B + I_C \quad \cdots\cdots (3)$$

의 관계가 있으므로, I_B와 I_C 사이에는 (2), (3)의 식에서,

$$I_C = \frac{\alpha}{1-\alpha} \cdot I_B + \frac{1}{1-\alpha} \cdot I_{CBO} \quad \cdots\cdots (4)$$

여기서, $\beta = \dfrac{\alpha}{1-\alpha} \quad \cdots\cdots (5)$

로 하면, (4)식은 다음과 같이 된다.

$$I_C = \beta \cdot I_B + (\beta + 1) I_{CBO} \quad \cdots\cdots (6)$$

(6)식에서 β는, 베이스 전류I_B와 컬렉터 전류I_C의 관계를 나타내는 파라미터이며, 이미터 접지 전류 증폭률이라고도 부른다.

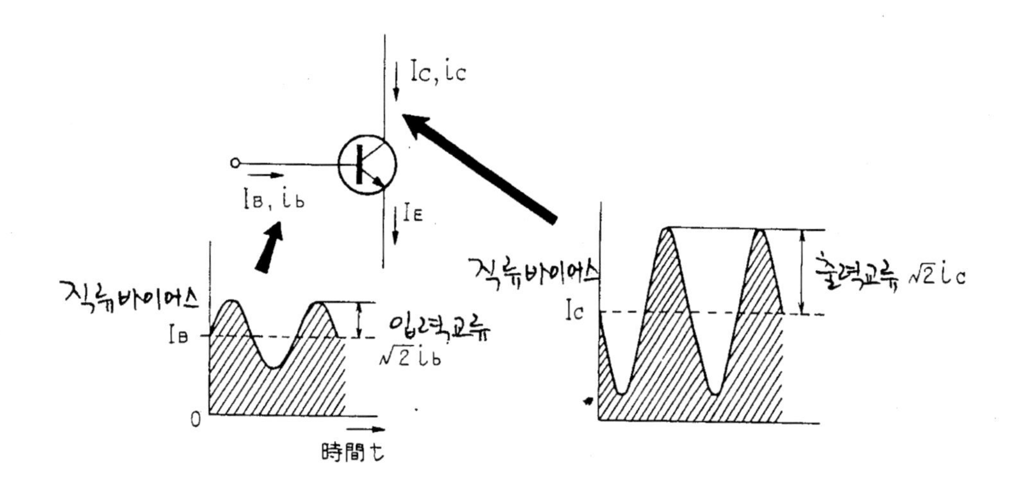

① 먼저 직류 바이어스 전압을 가하여 직류 전류를 흐르게 한다($I_C = \beta I_B$).
② 다음에 직류 바이어스의 변화로서 교류를 중복시킨다($i_C \simeq \beta i_b$).

그림20 직류 동작과 교류 동작(이미터 접지의 예)

α를 0.99로 하면 β=100이 되고, 베이스 전류는 컬렉터에 100배로 증폭되어 흐른다. 또 α가 1에 가까울수록 β는 커져, β는 500, 1000에 달하는 트랜지스터도 있다. 이것이 트랜지스터의 증폭 작용이다. I_B의 흐르는 방법에 따라 I_C를 대폭적으로 바꿀 수 있다.

1 트랜지스터의 회로적 동작, 접지 방식

트랜지스터의 사용법에는 3가지 접지방식이 있다. 그림(21)을 중심으로 이 3가지 방식의 특징과 그 차이를 알아보자.

(1) 직류 전압을 가하는 법

어느 접지 방법이든, 컬렉터 접합은 충분한 전압(3~100V)으로 역(逆)바이어스로 가하고, 이미터 접합은 순방향으로 (1~2V)의 바이어스를 가하는 것이 트랜지스터의 표준 동작이다 (그림17(a) 참조).

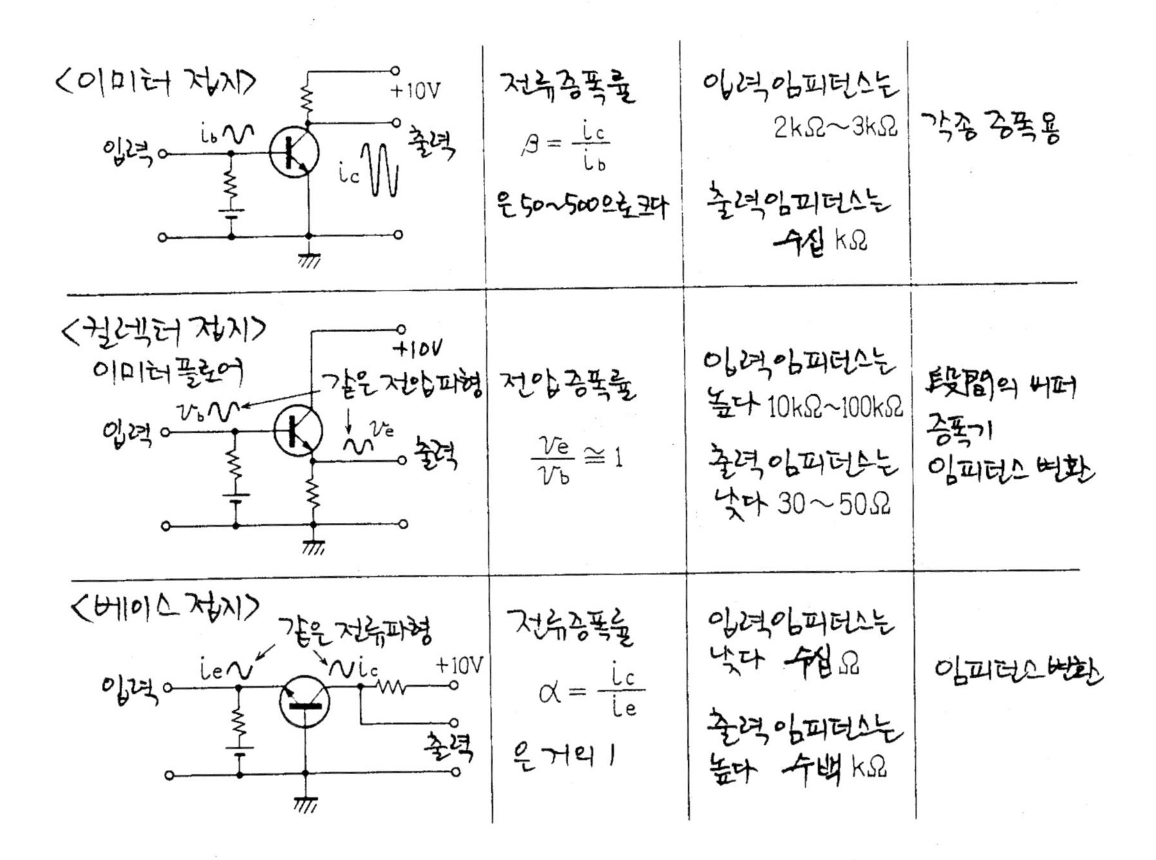

그림21 트랜지스터의 3가지 접지 방식

(2) 직류 동작과 교류 동작

어느 접지 방식에서도, 먼저 (1)에서 설명한 바이어스 전압을 가하여, 직류 전압을 흐르게 한다. 이것을 직류 동작이라 한다.

I_C와 I_E의 관계는,

$I_C=\alpha I_E$ ($\alpha=0.99\cdots$)

I_B와 I_C의 관계는,

$I_C=\beta I_B$ ($\beta=50\sim500$)

이며, 3개의 단자에 흐르는 전류의 관계는 접지 방식으로는 변하지 않는다.

이 직류 동작 상태에서, 직류의 변화분(分)으로, 입력 신호를 겹치는 것이 교류 동작이다. 교류 동작에서의 i_c, i_e, i_b의 관계는 직류 동작과 같이 α, β로 관계가 이루어진다. 또 교류 동작과 조금은 다르지만 거의 가까운 값이다.

(3) 이미터 접지 동작

이미터 접지 동작의 기본은, 입력 베이스의 단자로 베이스 전류$I_B(i_b)$를 조금 유입시키면, 그것이 β배(倍)로 늘어 컬렉터 전류$I_C(i_c)$로 되어 흐른다고 생각하는 것이 편리하다. 이미터 전류$I_E(i_e)$는 베이스 전류와 컬렉터 전류가 합류한 것이므로 $I_E=I_B(\beta+1)$이 된다.

트랜지스터는 전류 증폭기이며, 입력의 $I_B(i_b)$를 100배, 1000배로도 증폭하여 컬렉터 전류, 이미터 전류로서 흘러 나가는 능동 소자라고 생각하면 된다.

이미터 접지 트랜지스터의 어스쪽에서 본 입력 임피던스는 2~3KΩ 정도이며, 무엇보다도 전류 증폭률이 높은 것이 특징이다.

(4) 컬렉터 접지 동작(이미터 플로어)

이미터 접지와 비슷하여 입력 단자는 베이스나, 이미터 단자에 부하 저항을 넣어 출력 단자로 하는 방식이며, 이미터 플로어라고도 한다.

베이스 단자와 이미터 단자 사이를 보면, 순방향으로 바이어스된 이미터 접합이 있는 것 뿐이므로 직류 전위적으로는 다이오드의 오프셋 전압 0.65~0.7V의 차(差)가 있을 뿐이다. 또 교류 전위적으로는, 다이오드는 도통(導通) 상태이므로, 베이스의 교류 전압 v_b와 이미터의 교류 전압v_e는 거의 같아진다(교류 전압 증폭도는 1이며, 베이스 단자와 이미터 단자의 교류 전압 파형(派形)은 거의 같은 파형이 나온다).

이미터 풀로어의 최대 특징은, 입력 임피던스가 높고 (10~100KΩ), 출력 임피던스가 대단히 낮으므로(30~50Ω), 높은 임피던스의 회로와 낮은 임피던스의 회로 사이에 넣어 버퍼 증폭기로 사용한다.

(5) 베이스 접지 동작

거의 사용하지 않으나, I_C의 직결(直結) 증폭기에는, 복합 회로로 사용하는 예가 많고, 입력 이미터 전류$I_E(i_e)$가 α배(倍)하여 출력의 컬렉터 전류 $I_C(i_c)$로 되므로 전류 증폭률은 거의 1에 가깝다. 그리고 입력 임피던스는 낮고(수십Ω) 출력 임피던스는 높은(수백KΩ) 것이 특징이다.

이 접지 방식은 낮은 임피던스를 높은 임피던스에 접속하는 임피던스 변환기의 기능이 있다.

이상으로 3가지 접지 방식의 특징을 정리한 것이 그림(21)과 같다.

[2] 4단자 회로 h상수

전기 회로에서는 전자나 홀(正孔), 그리고 소수 캐리어의 재결합을 일일이 파악하려면, 회로 안에서 트랜지스터를 취급할 때, 아주 까다롭고 능률이 오르지 않는다. 그러므로 제5장 「테브난(Thevenin's)의 정리(定理)처럼 트랜지스터의 내부는 생각하지 말고, 회로 소자로서의 성능은 어떠한지 블랙 박스로 취급하는 방법이 널리 쓰이고 있다(지금까지 설명한 트랜지스터의 반도체적 동작 메커니즘은 전혀 쓸데없다는 뜻이 아니다. 뒤에 깊은 관계가 나온다).

「테브난의 정리」에서는 손이 2개인 블랙 박스이었으나, 트랜지스터는 입구와 출구가 있는 증폭 소자이므로, 4개의 단자를 상자로 생각한다. 이와같은 상자를 **4단자 회로**라 한다. 또 입구, 출구 2조(調)의 단자를 가진 회로라고 표현하는 것이 더 적격이므로 **2단자짝 회로**라고 표현하기도 한다. 테브난이나 노튼의 정리(定理)는, 1단자짝 회로가 된다.

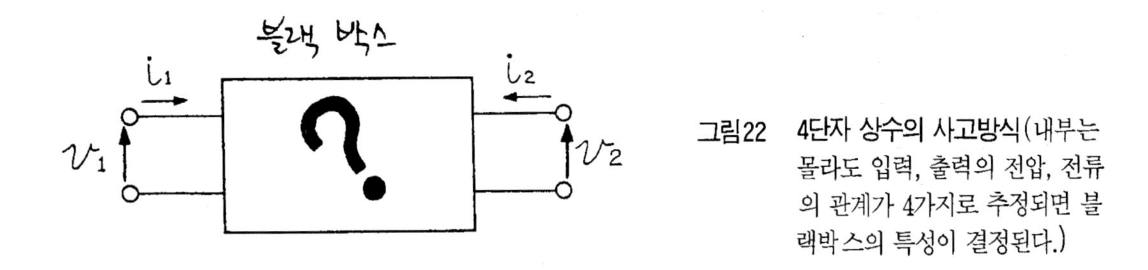

그림22 4단자 상수의 사고방식(내부는 몰라도 입력, 출력의 전압, 전류의 관계가 4가지로 추정되면 블랙박스의 특성이 결정된다.)

4단자를 가진 블랙 박스의 전기 회로적 특성을 어떻게 정의할 것인지, 함께 생각해 본다.

4단자 회로의 전기적 특성은, 4개의 상수(parameter)를 정하면, 완전히 정의할 수 있다. 그것은 입력, 출력 단자의 같은 단자에서 전압, 전류의 관계(임피던스, 어드미턴스), 또 하나는 입력과 출력, 다른 단자끼리의 전압, 전류의 관계, 이것은 상자의 전달 특성을 의미한다. 이것으로 2종류, 합계4개의 상수를 정할 수 있다.

4단자 회로 상수는, 5~6가지의 파라미터(parameter) 정의가 있으나, 트랜지스터에서는 하이브리드(Hybrid : 혼합) 파라미터, h파 파라미터가 널리 사용되고 있다. 보통 h_{ab}로 나타내며, 첨자(添字) a는 파라미터의 정의이고, b는 접지 방식을 나타낸다. 일반 회로에서는, a는 변화를 받는 단자를 나타내고, b는 변화가 발생하는 단자를 나타내는 방법을 쓰고 있으나, 여기서는 앞의 방법을 사용한다.

트랜지스터의 h상수의 정의를 이미터 접지를 예로 하여, 그림(23)에 표현하였다.

또 4개의 h파라미터와 전류, 전압 사이에 다음 식이 성립한다.

$$v_1 = h_i\, i_1 + h_r\, v_2$$

$$i_2 = h_f\, i_1 + h_o\, v_2 \quad \cdots\cdots (7)$$

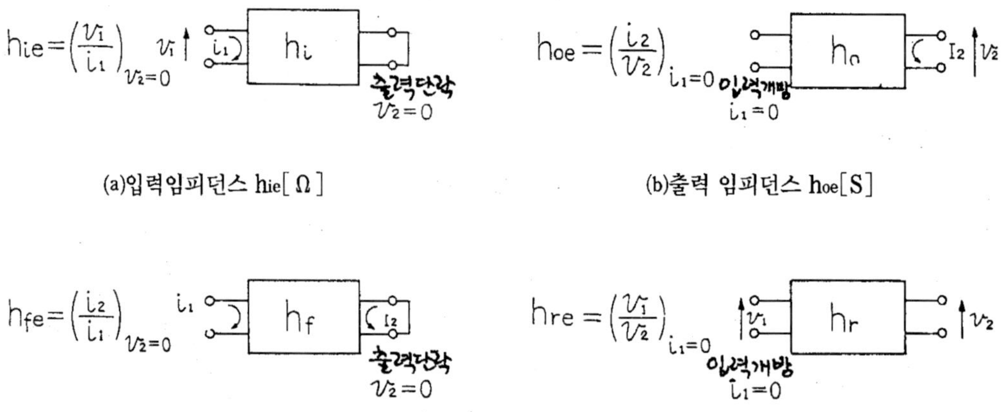

$h_{ie} = \left(\frac{v_1}{i_1}\right)_{v_2=0}$

v_1 i_1 h_i 출력단락 $v_2=0$

(a)입력임피던스 h_{ie}[Ω]

$h_{oe} = \left(\frac{i_2}{v_2}\right)_{i_1=0}$

입력개방 $i_1=0$ h_o I_2 v_2

(b)출력 임피던스 h_{oe}[S]

$h_{fe} = \left(\frac{i_2}{i_1}\right)_{v_2=0}$

i_1 h_f I_2 출력단락 $v_2=0$

(c)전류증폭률 h_{fe}(무명수)

$h_{re} = \left(\frac{v_1}{v_2}\right)_{i_1=0}$

입력개방 $i_1=0$ v_1 h_r v_2

(d)전압 귀환율 h_{re}(무명수)

그림23 트랜지스터 h상수의 정의(이미터 접지)

위의 h파라미터는, 극히 작은 교류 신호에 대한 것이며, 직류적인 동작에 대해서는, 첨자(添字)는 영어 대문자로 하여, h_{IE}, h_{FE}, h_{RE}, h_{OE} 표기 한다.

트랜지스터 회로의 취급, 트랜지스터의 특성은, 대부분 h파라미터로 표현하는 경우가 많으므로 그림(23)에서 4개의 h파라미터의 의미를 잘 이해하기 바란다.

[3] 트랜지스터의 등가 회로와 특성 곡선

트랜지스터를 회로에 연결했을 때, 회로 전체, 그리고 트랜지스터로서 어떤 작용을 하는지 알기 위해서는, 트랜지스터의 전기적 특성을 표현하는 회로를 생각하고, 외부 회로와 접속하여 함께 생각하면 지금까지 설명한 전기 회로의 계산법으로 풀 수 있다. 이것을 트랜지스터의 등가(等價) 회로라 한다. 등가 회로는 통상 R, L, C와 전원으로 표현한다.

등가 회로에는, 용도에 따라 여러 가지 형식이 있다. 기본이 되는 것은 그림(24)와 같은 h파라미터 등가 회로이다. 이 가운데, 전류 귀환율(歸還率) h_r는, 일반적으로 생략할 수 있으므로 그림24(b)와 같은 간단한 회로가 된다.

다음에, 이 h파라미터 등가 회로와, 1에서 설명한 트랜지스터의 내부 메커니즘의 관계를 알아보자.

(1) 전류 증폭률 h_{fe}

베이스 전류 I_b에 대한 컬렉터 전류 ic이므로, 1의 [8]에서 설명한 β와 같다.

$$h_{fe} = \beta = \frac{\alpha}{1-\alpha}$$

(2) 입력 임피던스 h_{ie}

$$h_{ie}=r_{bb'}+r_d(1+\beta)$$

그림24(b)와 같이, $r_{bb'}$는 베이스 단자와 베이스층 중앙과의 사이에 옴의 법칙에 따른 저항분(分)이다. 베이스의 리드선(線)이나, 접합까지의 저항분도 포함한다. r_d는 접합 부분의 교류 저항이며, 베이스쪽에서 보면 $(1+\beta)$ 배(倍)의 이미터 전류가 흐르므로, $r_d(1+\beta)$가 된다. r_d는 [6]에 (2)식의 다이오드 저항이며, $r_d=26/I_E[\Omega]$, I_E[mA]로 나타낸다.

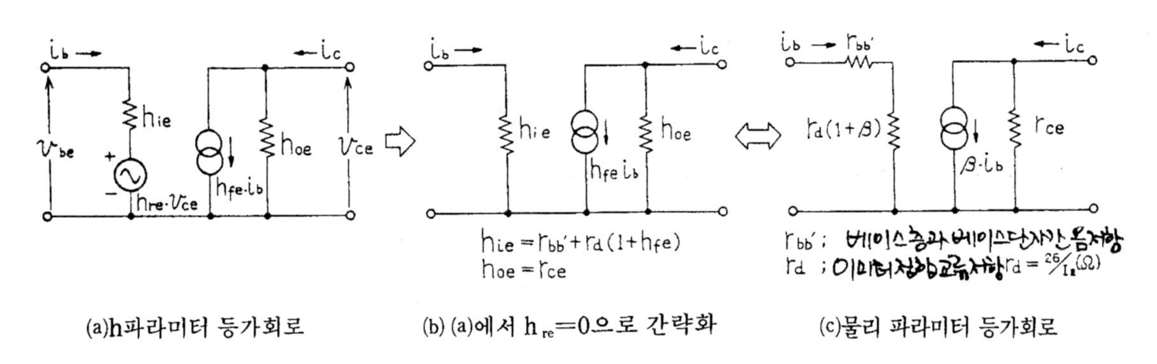

(a)h파라미터 등가회로 (b) (a)에서 h_{re}=0으로 간략화 (c)물리 파라미터 등가회로

그림24 트랜지스터의 등가 회로(이미터 접지)

(3) 출력 어드미턴스 h_{oe}

이것은 역(逆)바이어스된 컬렉터 접합의 저항 r_{cb}에 대응하고 있다. 이미터 접지에서는, 전류 증폭률 β의 영향을 받아,

$$h_{oe}=\frac{1}{r_{ce}}=\frac{1}{r_{cb}}(1+\beta)$$

가 된다.

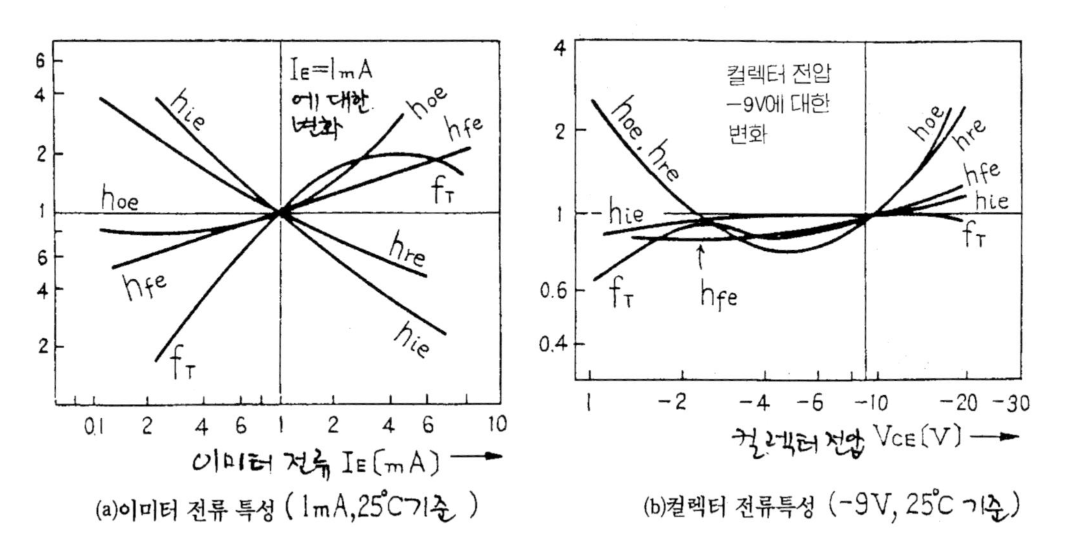

(a)이미터 전류 특성 (1mA,25°C기준) (b)컬렉터 전류특성 (−9V, 25°C 기준)

그림25 h 파라미터의 전압, 전류에 의한 변화의 예

(4) 트랜지스터 특성 곡선과 h상수

그림(25)에 h상수의 전류, 전압에 대한 변화의 예를 나타냈다. 개괄적인 경향을 그림에서 안다는 것은 트랜지스터를 사용하는데 있어 대단한 도움이 된다.

h상수는 주로 회로의 해석, 설계에 사용하며 자세한 동작점의 설정에는 그림(26)과 같은 정(靜)특성 곡선을 사용한다. 이것도 각각의 트랜지스터에 표준 곡선을 트랜지스터 제조 메이커가 발표하여 핸드북 등에 게재하고 있다. 실제의 사용법은 3에서 설명한다. 가장 널리 쓰이는 것은 그림(26) 우상(右上)의 $V_{CE}-I_C$ (I_B 파라미터)의 출력 특성이다. 이 곡선의 경사는 h_{oe}(출력 어드미턴스)를 나타내며, V_{CE}→0V로 되면 급격히 커지는 것을 나타내고 있다.

이 그림의 좌상(左上)의 I_C-I_B 특성(V_{CE} 파라미터)은, 그 경향이 전류 증폭률h_{fe}에 상응하고 있다.

또 좌하(左下)의 그림 I_B-V_{BE} 특성은 입력 특성이며, 곡선의 경향은 입력 임피던스 h_{ie}에 상응하고 있다.

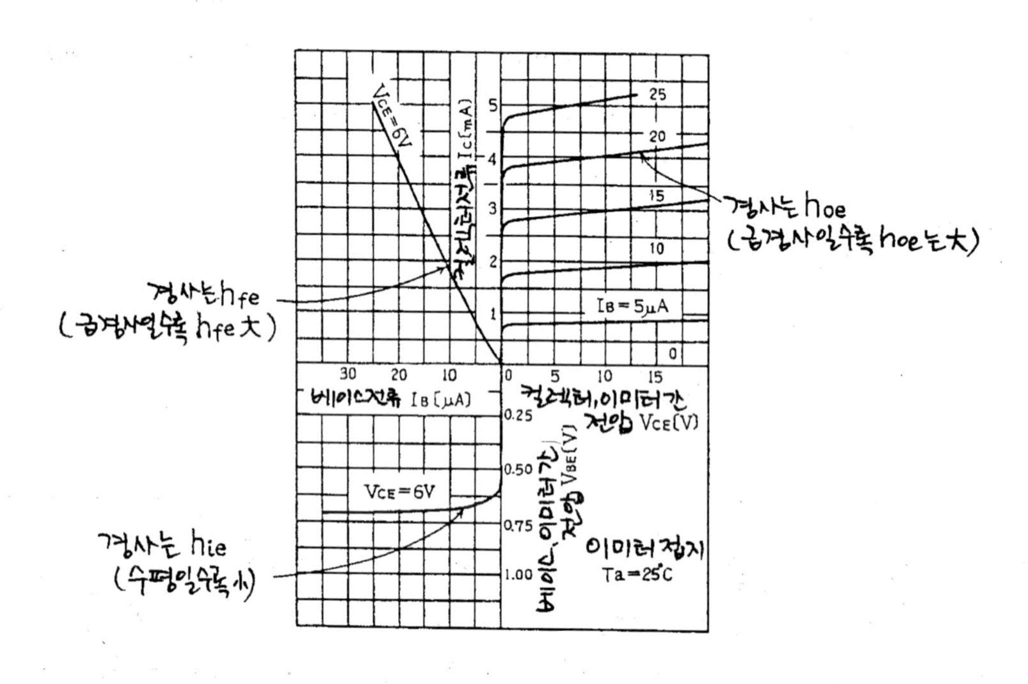

그림26 트랜지스터 특성 곡선과 h상수

4 트랜지스터의 특성표를 본다

트랜지스터를 사용할 때는, 반도체 메이커의 데이터북의 특성표를 보면, 그 트랜지스터에 적합한 사용법을 알 수 있다. 또 목적에 맞는 트랜지스터를 찾을 때에도 데이터북은 도움이 되나, 자기의 귀로 듣고 파악하는 정보가 참고로 되는 경우도 많다. 그러면 표(1)의 특성표를 참고로 하여 설명한다.

〈표1〉 트랜지스터의 특성표의 예(2SC 1815)

- 용도 및 특징
  - 저주파 전압 증폭용
  - 여진단(勵振段) 증폭용
  - 고내압(高耐壓)이고 또한 전류용량이 크다.
  - 직류 전류 증폭률의 전류 의존성이 뛰어나다.
  - Po=10W용 앰프의 드라이버 및 일반 스위치용에 적합하다.

전기특성 (Ta=25°)

항 목	기 호	조 건	MIN	TYP	MAX	단위
컬렉터 차단전류	I_{CBO}	V_{CB}=60V, I_E=0	–	–	0.1	μA
이미터 차단전류	I_{EBO}	V_{EB}=5V, I_C=0	–	–	0.1	μA
직류전류증폭률	$h_{FE}(1)$	V_{CE}=6V, I_C=2mA	70	–	700	
	$h_{FE}(2)$	V_{CE}=6V, I_C=150mA	25	–	–	
컬렉터 이미터간 포화전압	$V_{CE(sat)}$	I_C=100mA, I_B=10mA	–	0.1	0.25	V
베이스 이미터간 포화전압	$V_{BE(sat)}$	I_C=100mA, I_B=10mA	–	–	1.0	V
트랜지션 주파수	f_T	V_{CE}=10V, I_C=1mA	80	–	–	MHz
컬렉터출력 용량	C_{ob}	V_{CB}=10V, I_E=0, f=1MHz	–	2.0	3.0	PF
베이스확대 저항	r_{bb}'	V_{CB}=10V, I_E=−1mA, f=30MHz	–	50	–	Ω
잡음지수	NF	V_{CB}=6V, I_C=0.1mA Rg=10KΩ, f=1KHz	–	1.0		dB

(1) 사용 목적

저주파 저잡음 증폭용이나, VHF대(帶) 증폭용, 고속도 스위칭용, 컬러 텔레비젼 수평 편향(偏向) 출력용 등 세밀하게 사용 목적을 분류하여 제조되어 있다.

또 트랜지스터를 사용할 때의 특징도 간결하게 표시되어 있다. 트랜지스터의 각부 명칭을 그림(27)에 나타냈다.

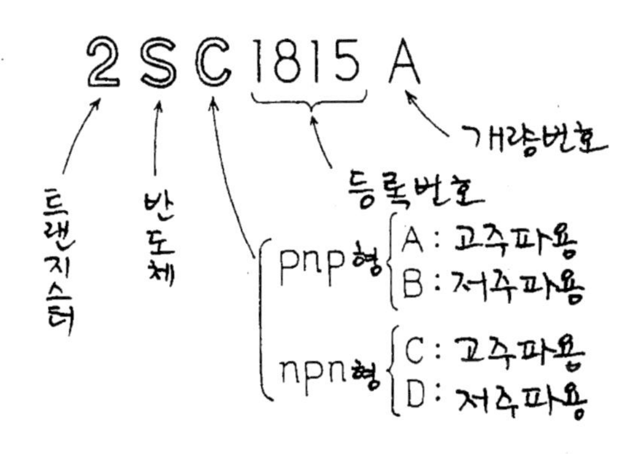

그림27 트랜지스터의 호칭의 룰

(2) 컬렉터, 이미터의 차단 전류 I_{CBO} I_{EBO}

pn접합의 역(逆)바이어스시의 누설 전류이다. 온도 상승으로 급증한다. 특히 파워를 취급하는 트랜지스터에서는, 이 차단 전류에 주목할 필요가 있다. 작은 신호용 트랜지스터에서는 0.1μA 정도이다.

(3) 직류 전류 증폭률 h_{FE}

이 값은 50~1000정도이며 컬렉터 전류I_C와 온도로 변화된다. 그 변화 양상은 그래프로 나타낸다.

(4) 포화 전압 $V_{CE(sat)}$ (C－E간), $V_{BE(sat)}$ (B－E 간)

보통의 증폭기가 아니라 스위치로 사용할 경우 ON일 때의 전압을 나타낸다. 작은 것이 바람직하며, 표1에서 ON일 때의 저항을 계산할 수 있다. B－E 간은 최대 100Ω이고, C－E 간은 표준이 1Ω이라는 것을 알 수 있다(제7장 3.참조).

(5) 트랜지션 주파수 f_T

그림(28)과 같이, 교류 전류 증폭률 h_{fe}이 1로 되는 주파수이다. f_T 이상의 주파수에서는, 트랜지스터는 기능을 하지 않는다. 3의 [9]에서 설명한 바와 같이 f_T트랜지스터를 증폭기로 사용한 때의 증폭도(增幅度)와 고역(高域)차단 주파수를 곱한 값(GB를 곱한 것)의 최고 한계를 나타낸다.

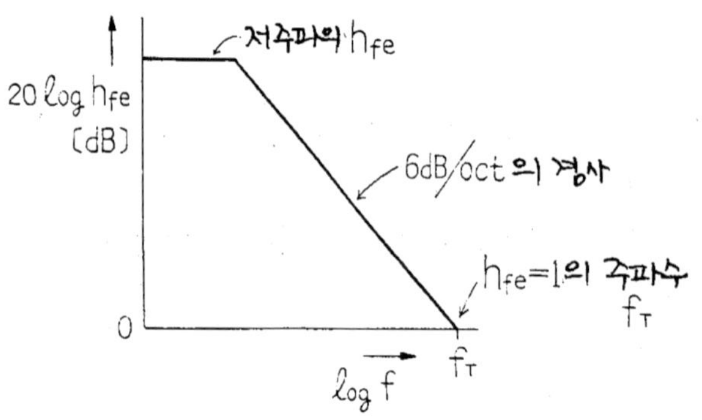

전류 증폭률 h_{fe}의 고역 특성은 6dB/oct의 경사(주파수가 2배에서 1/2로 된다)를 나타낸다.

①f_T는 트랜지스터로 작용하는 주파수의 상승

②f_T는 증폭기로 사용한 때의 GB를 곱하여 나타낸다.

그림28 트랜지션 주파수 f_T

(6) 컬렉터 출력 용량 C_{ob}

컬렉터 접합 부분의 역(逆)바이어스시에 나타나며 공핍층(空乏層)의 캐패시턴스이다. 컬렉터쪽의 교류 전압은 C_{ob}를 통해 베이스쪽에 피드백(feedback)되어, 고역 특성을 저하시키므로, 고주파용에서는 중요한 파라미터(parameter)이다.

(7) 베이스 확대 저항 $r_{bb'}$

베이스 단자에서, 이미터 접합 부분까지의 저항이다. 50Ω안팎이고, 고주파용으로는 작은 것이 좋다.

(8) 잡음 지수 NF

노이즈 피겨(Noise Figure)라고도 하며, 트랜지스터 내부에서 발생하는 잡음량을 나타낸다. 미약한 신호를 증폭할 필요가 있는 수신기의 고주파 증폭 부분, 텔레비전 카메라의 헤드 앰프 등에서는, 매우 중요한 파라미터이다. NF는 또 직류 바이어스 전류, 전압으로 변화한다. 일반적으로 NF를 최소로 하는 동작 최적점(最適点)이 있다.

5 트랜지스터의 특성표를 본다(최대 정격)

다른 LCR 부품에 비하여, 큰 전압, 전류, 전력, 고온, 또 이것들의 펄스적(的) 변화에 약하므로 사용할 때 데이터북에 있는 최대 정격(定格)을 초과하지 않도록 한다(표2).

(1) 최대 정격과, 그 디레이팅, 접합 부분 온도 T_j

데이터북에 수록되어 있는 최대 정격(定格)은, 절대적인 최대 정격이므로 극히 짧은 순간이라도 초과해서는 안된다.

또 트랜지스터의 성능 열화(劣火)는, 장시간에 걸쳐 진행하는 것이다. 그러므로 장시간의 신뢰도를 얻기 위해 디레이팅(Derating)이라 하여, 사용 상태의 규격은 최대 한도로 하지 않고, 여유를 가지고 사용하는 것을 권장하고 있다.

【디레이팅의 예】

전압 : 최대 정격의 70~80%이내
전류 : 최대 정격의 50%이내
소비 전력 : 최대 정격의 50%이내
접합 온도 : Si에서 125℃이지만 그 70~80%이내에서 사용

〈표2〉 트랜지스터의 최대정격의 예(2SC 1815)

최대정격(Ta=25°)

항 목	기 호	정격값	단 위
컬렉터·베이스간 전압	V_{CBO}	60	V
컬렉터·이미터간 전압	V_{CEO}	50	V
이미터·베이스간 전압	V_{EBO}	5	V
컬렉터 전류	I_C	150	mA
이미터 전류	I_E	−150	mA
컬렉터 손실	P_C	400	mW
접합온도	T_j	125	℃
보존온도	T_{stg}	−55~125	℃

또 주로 컬렉터 접합에서 발생하는 열은 여러 가지 형태가 야기되므로 특히 전력을 취급하는 트랜지스터에서는 주의가 필요하다.

① 온도 상승으로 인해 트랜지스터의 특성(예를 들면 h상수로 표현)이 변동할 뿐아니라, I_{CBO} 등의 증가에 따라 직류 동작점(動作点)이 움직여 열적(熱的)으로 폭주하여 파손될 염려가 있다.

② 고온에서 사용하면, 장시간에 트랜지스터의 열화(劣化)가 현저하게 빨라지는 것으로 알려져 있다. 그러므로 될 수 있는 대로 낮은 컬렉터 접합 온도, 주위 온도에서 사용하는 것이 바람직하다.

③ 대책은 가능한한 상태를 낮은 컬렉터 접합 온도로 하고, 직류 부귀환(負歸還)에 따라 트랜지스터의 직류 동작점을 안정하게 하는 회로로 한다.

그리고 발생한 열의 방산(放散)은 히트 싱크를 부착하여 컬렉터 접합에서 발생하는 열을 없애는 방법을 이용하고 있다

(2) 컬렉터, 베이스간 전압 V_{CBO}, 컬렉터, 이미터간 전압 V_{CEO}, 이미터, 베이스간 전압V_{EBO}

V_{CBO}, V_{CEO}는, 이미터 또는 베이스 단자를 해방한 때의 컬렉터 접합의 내압(耐壓)이다. 첨자(添字)인 0는 open을 의미한다. 회로에서는 오픈이 아니라, 저항이 접속되므로, 이 전압보다 내압(耐壓)은 높아지며, 오픈 때의 내압을 나타낸다. 즉, 이 값을 규격으로 취급한다.

V_{BEO}는 이미터 접합의 역(逆)바이어스시의 내압이다. 이 값은 컬렉터 접합의 내압보다 1자리 낮은 점에 주의한다.

(3) 컬렉터 전류I_C, 이미터 전류I_E

특히 파워 트랜지스터에서는 순간적이라도 초과하지 않도록 한다.

(4) 컬렉터 손실P_C

컬렉터 접합에서 소비되는 전력P_C는, 거의 컬렉터 전류I_C와 컬렉터 전압V_{CE}를 곱한 값이며, $P_C = I_C \cdot V_{CE}$[w]로 나타낸다. 이 전력은 모두 열로 되어 접합 부분의 온도를 상승시킨다. 여기

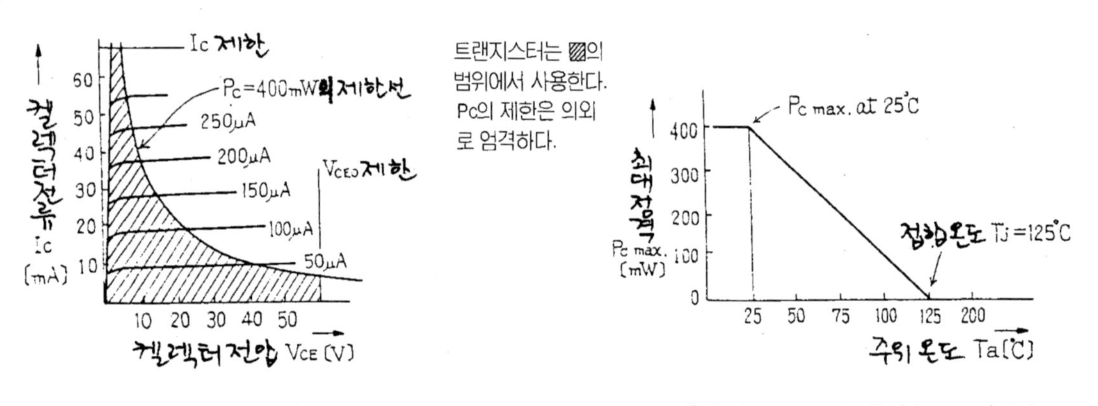

(a)컬렉터 손실 P_C의 제한 곡선

(b)최대 정격 $P_{C\,max}$는 주위온도로 변한다

그림29 최대 정격(컬렉터 손실 P_C)

서 주의할 것은, I_C, V_{CE}가 정격이라도 P_C를 초과해서는 안된다는 것이다. 그림29(a)와 같이 P_C의 제한은 매우 엄격하다는 것을 알 수 있다. 트랜지스터를 사용할 때 P_C가 어느 정도인지 암산해 보는 습관이 필요하다. 또 그림(b)와 같이 사용 주위 온도에 따라 허용 컬렉터 손실은 변화한다. 이 커브는, 125℃에서는 $P_C=0$이 아니면, 온도가 더 상승한다는 것을 생각하면, 그 의미는 이해할 것이다.

(5) 접합 부분 온도 T_j

발열(發熱)이 큰 컬렉터 접합의 허용 온도이며, Si는 125℃로 Ge의 75℃보다 높고, 이 부분만큼 컬렉터 손실P_C를 크게 잡을 수 있으므로 반도체 재료로써 편리한 원소이다.

3. 트랜지스터 증폭기

1 직류 · 바이어스

트랜지스터로 신호를 증폭하는 것에 관한 설명이며, 이미터단자를 어스한 이미터 접지형에 대해 설명한다.

트랜지스터를 증폭기로 작동시키기 위해서는, 먼저 컬렉터 전압을 수V~수십V 가하는 것이 첫째로 필요하며, 그림30(a)와 같이, 이것 만으로는 신호를 베이스 단자에 가해도 작동하지 않는다. 그것은 물이 없는 어항과 같은 것이며, 물고기는 바닥에서 펄떡거리게 된다. 어항의 물고기가 바닥에 닿을 정도로 물을 조금만 넣으면, 물고기는 자유로이 헤엄칠 수 없다. 입력 신호는 물고기와 비슷한 형태이다.

교류 신호의 진폭(정현파 신호일 때는 최대값 I_m)에 상응하여, 미리 작은 여유를 가지고 직류의 베이스 전류I_B를, 어항의 물과같이 부어 놓고, 그것에 따라 입력 신호 i_b를 넣을 필요가 있다.

이 작은 여유를 가지라는 것은, 입력 신호의 진폭에 비하여 100배나 1000배의 직류 베이스 전류가 흐르지 않는 것이 공학적이라고 말하고 싶다. 물론 신호를 변형없이 증폭하는 점에 대해서는 문제가 없으나, 여기에 또 다른 제한이 나온다. 그것은 컬렉터 전류도 베이스 전류의 h_{FE}배(倍)가 흘러 컬렉터 접합의 열손실 ($P_C = V_C \cdot I_C$)이 커진다. 또 트랜지스터가 발생하는 잡음 파워의 일부는 이미터 전류의 제곱에 비례하므로, 극히 작은 신호의 경우에는, 될 수 있는 대로 작은 바이어스 전류가 바람직하다.

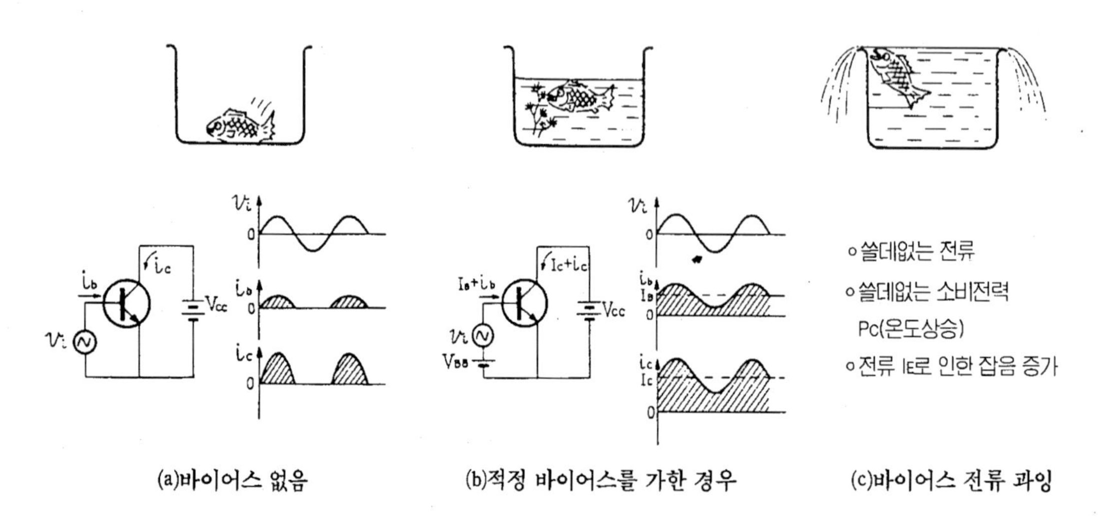

그림30 직류 바이어스는 어항의 물

이처럼 트랜지스터 증폭기에서는, 신호에 따라 적절한 직류 전류(I_B, I_C)를 흐르게 하는 것이 중요하며, 이것을 트랜지스터에 바이어스(Bias)를 가한다고 하고, 이 회로를 바이어스 회로라 부르며, 트랜지스터 증폭기의 기본적인 필요 조건이다.

반대로, 증폭기의 회로도는 신호를 전송하는 경로와, 바이어스를 가하는 회로로 구성되어 있으므로, 회로도를 읽을 때, 이 2가지 관점에서 회로를 보면, 회로도의 내용을 파악하기 쉽다.

다음에 바이어스를 가한 트랜지스터의 직류 동작의 상태를, 특성 곡선을 사용하여 알아 본다.

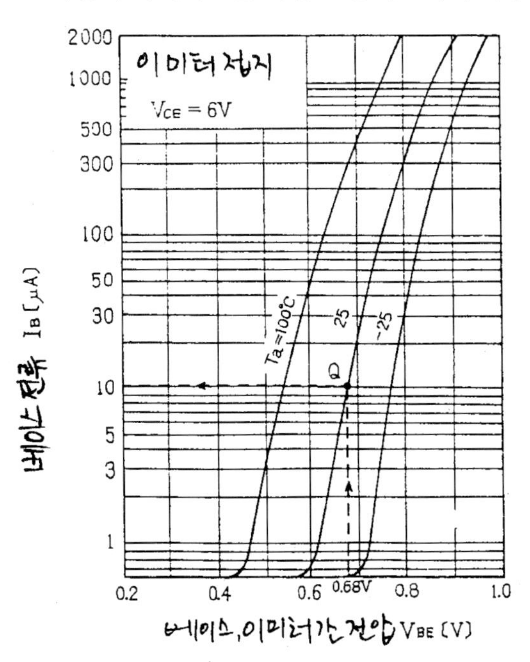

(a)$V_{BE}-I_B$ 특성

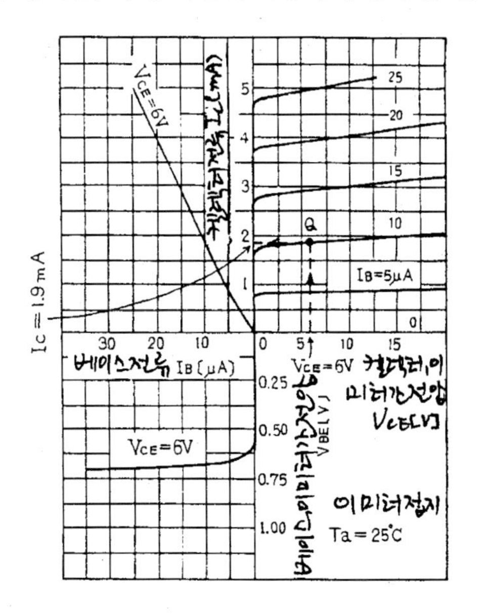

(b)$V_{CE}-I_C$특성

그림31 직류 바이어스의 동작점(Q)를 결정한다.

그림(31)은 일반용의 npn트랜지스터 2SC1815의 특성 곡선이며, 컬렉터 전압 V_{CE}=6V, 베이스 전압 V_{BE}=0.68V의 바이어스를 가한 때의 상태를 본다. 그림(a)의 $V_{BE}-I_B$ 특성에서, 베이스 전류 I_B=10μA를 구할 수 있다.

그래서 교류 신호 i_b의 최대 진폭값은 5~7μA는 충분히 잡을 수 있다는 것을 알 수 있다(그림32).

다음에, 컬렉터 전류는 그림31(b)의 우상(右上) 절반면의 $V_{CE}-I_C$ 특성이며 V_{CE}=6V, I_B=10μA에 대응하는 점Q가 보인다. 그래서 Q점의 컬렉터 전류를 읽으면, I_C=1.9mA를 얻는다. 이와 같은 순서로 특성 곡선을 사용하여 트랜지스

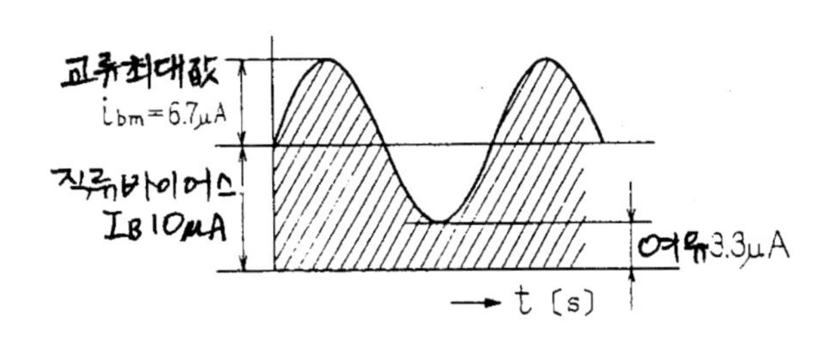

그림32 직류 바이어스 전류와 교류 신호

터의 직류 바이어스 상태를 알 수 있다. 이 점 Q를 직류 동작점이라 한다.

2 바이어스 회로의 설계

특성 곡선 상에서 직류 동작점을 보는 법을 알았는데, 여기서는 실제의 바이어스 회로를 알아보기로 한다.

(1) 베이스 단자의 바이어스 회로

그림33(a)와 같이 독립한 베이스 바이어스 전류V_{BB}를 준비하여, 저항R_B를 통해 바이어스를 공급하는 것이 원리적이나, 실용 회로에서는 컬렉터쪽의 전원선V_{CC}에서 블리더(Bleeder) 저항 R_{B1}, R_{B2}를 사용하여, 특별한 독립 전원을 생략했다. 그림(a), (b)의 회로의 움직임은 완전히 동등하며, 제5장 3의 4. 「테브난의 정리(定理)」와, 2의 4, 5의 지식을 이용하여 (그림33(c))

$$R_B = \frac{R_{B1} \cdot R_{B2}}{R_{B1} + R_{B2}}, \quad V_{BB} = \frac{R_{B2}}{R_{B1} + R_{B2}} \cdot V_{CC} \quad \cdots\cdots (8)$$

의 관계로 하면, 양쪽 회로는 완전히 같아진다.

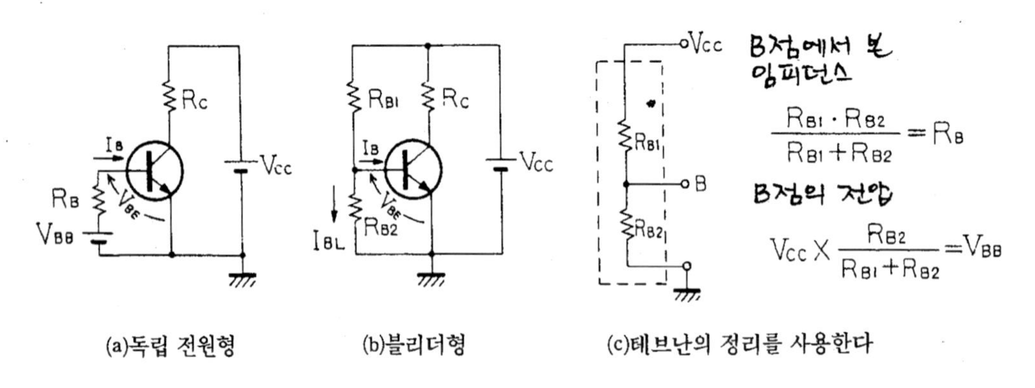

(a)독립 전원형 (b)블리더형 (c)테브난의 정리를 사용한다

그림33 베이스 단자 바이어스 회로(블리더형이며 독립 전원형과 같은 기능을 얻을 수 있다)

① 주어진 회로의 전류I_B를 구하려면

R_{B1}, R_{B2}를 알고 있으므로 위의 (8)식에서, 먼저 R_B, V_{BB}를 계산한다. 다음에 특성 곡선의 $V_{BE}-I_B$ 그림, 그림31(b), 좌하에서, 세로축에 V_{BB}를 정하고 V_{BB}에서 경사R_B의 직선을 그어, 곡선과의 교차점Q를 구하면 점Q의 I_B가 실제로 흐르는 전류이다. 그림(34)에 실제의 계산예를 나타냈다.

② 블리더 회로 R_{B1}, R_{B2}를 설계할 때

설계할 때는 다른 조건에서 베이스 전류I_B와 등가(等價) 베이스 저항R_B가 결정된다. 그러면 앞의 순서와 같이 $V_{BE}-I_B$곡선(그림31)을 사용하여 등가 베이스 바이어스 전압V_{BB}가 결정된

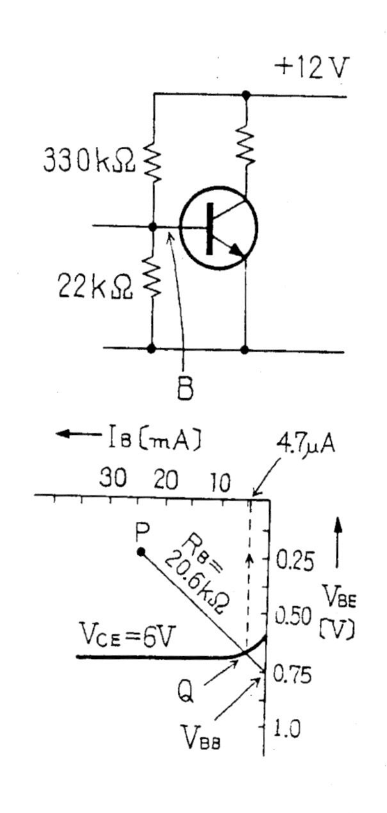

(1) 트랜지스터를 분리한 때의 B점의 전압 V_{BB}와 저항 R_B를 구한다.

(8)식에서

$$V_{BB}=12\times\frac{22[k\Omega]}{330[k\Omega]+22[k\Omega]}=0.75[V]$$

$$R_B=\frac{330[k\Omega]\times 22[k\Omega]}{330[k\Omega]+22[k\Omega]}=20.6[k\Omega]$$

(2)트랜지스터의 특성 곡선 $V_{BE}-I_B$곡선에서

$$경사(傾斜)=\frac{\Delta V_{BE}}{\Delta I_B}=20.6[k\Omega]$$

의 직선을 $V_{BB}=0.75[V]$의 점에 긋는다.

(3) 곡선상의 교차점 Q에서, $I_B=4.7[\mu A]$를 얻는다.

㊟ $R_B=20.6[k\Omega]$의 커브를 긋는법

예를 들면 가령 $\Delta V_{BE}=0.5[V]$로 잡는다.

$$\Delta I_B=\frac{0.5}{20.6k}=24.7[\mu A]$$

P점(24.7μA, 0.75−0.5=0.25[V]) 와

$V_{BE}=0.75$를 잇는선이 20.6kΩ의 R_B의 선

그림34 베이스 바이어스 전류의 계산예

다. 등가적인 R_B와 V_{BB}가 결정되므로, (8)식을 변형한 아래 식에서 R_{B1},R_{B2}를 구한다.

$$R_{B1}=R_B\cdot\frac{V_{CC}}{V_{BB}},\quad R_{B2}=R_B\cdot\frac{V_{CC}}{V_{CC}-V_{BB}}\quad\cdots\cdots\cdots\cdots\cdots\cdots\cdots\cdots\cdots\cdots\quad(9)$$

등가 베이스 저항의 설정에는 2가지 조건이 있다.

③ R_B〉 트랜지스터의 입력 임피던스 Z_i

R_B가 작으면, 신호 전류가 트랜지스터에 유입하지 않고 R_B로 흘러, 이득이 저하하므로, Z_i가 R_B 하한(下限)의 기준이 된다.

④ R_B는 될 수 있는 대로 작은 것이 직류 바이어스 안정도(安定度)는 향상한다. 하나의 기준으로써 블리더에 흐르는 전류 $V_{CC}/(R_{B1}+R_{B2})$는, 베이스 전류 I_B의 10배이상으로 잡는다.

또 이 베이스쪽의 바이어스만으로는 변동에 약하므로, 다음의 이미터 단자의 바이어스 회로와 결합하여 바이어스를 가하는 것이 보통이다.

(2) 이미터 단자의 바이어스 회로(전류 귀환 회로)

그림(35)와 같이 이미터 단자와 어스사이에 저항R_E를 넣으면, 전류I_E가 흘러 이미터 단자의 전압은,

$$V_E = R_E \cdot I_E \cong R_E \cdot I_C \quad \cdots\cdots (10)$$

로 되고, 이 전압은 베이스 이미터간의 바이어스 전압을 낮게 하는 방향으로 작용한다. 고의적으로 부품을 증가하여 R_E를 넣는 것은, 부귀환(負歸還)에 따라 회로의 안정도를 향상할 수 있으므로 실용 회로에서는 대개 이미터 저항R_E를 넣어, 베이스쪽과 함께 바이어스 회로를 구성하고 있다. 이와 같은 이미터 저항R_E는 스스로 흐르는 전류I_E로 바이어스를 가하므로, 자기 바이어스(Self Bias) 회로라고도 부른다.

여기서 어떤 원인으로 이미터 전류I_E가 조금 증가(감소) 하였으면, 이미터 단자의 전위 $V_E=R_E \cdot I_E$가 증가(감소)하여, 트랜지스터의 베이스, 이미터 전압V_{BE}는 얕아져(깊어져), 결국 이미터 전류를 감소(증가)시켜 변화가 일어나기 전의 상태로 돌아가려고 한다. 즉 이미터 전류의 변동을 자동적으로 억제하는 작용이 있는 것이다.

이미터 저항R_E, 베이스 등가(等價) 저항R_B, 등가 바이어스 전압V_{BB}일 때, 베이스 전류I_B는 다음 식으로 나타낸다.

$$I_B = \frac{V_{BB} - V_{BE}}{R_E(h_{FE}+1)+R_B} \cdots\cdots (11)$$

이 식의 의미는, 이미터 저항R_E는 $(h_{FE}+1)$배 (100~500倍)로 되어, 베이스 단자 바이어스에 영향을 주는 것을 나타낸다. h_{FE}를 설정하면, (1)의 베이스 단자 바이어스와 같은 순서로(그림34의 순서) R_B 대신에 $R_B+(1+h_{FE})R_E$를 써서, 직류 동작점을 구한다.

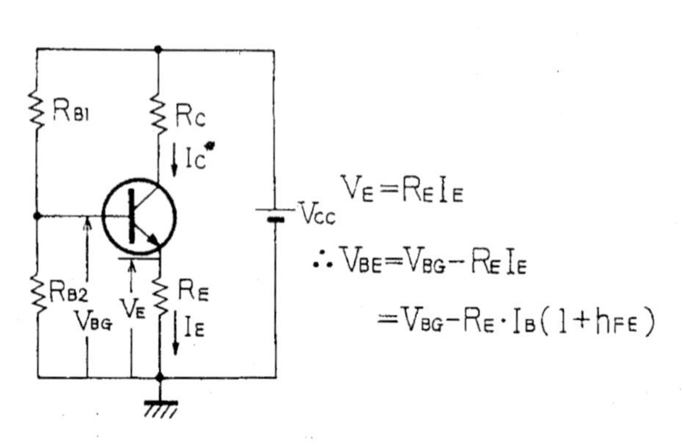

그림35 이미터 바이어스 회로(이미터 저항 RE는 큰 작용을 한다)

3 NFB 회로란

이미터 회로의 귀환 효과를 설명하기 전에, 부귀환(負歸還)이란 증폭기의 출력 일부를 증폭기의 입력쪽에, 입력 신호를 역극성(逆極性, 입력 신호를 없애는 방향)으로 가하는 회로를 말한다. Negative Feed Back의 머리문자를 따서 NFB회로라고도 부른다. 이 부귀환을 가하면 증폭기의 증폭도(增幅度) A는,

$$A = \frac{v_2}{v_1} = \frac{\mu}{1+\mu\beta} \quad \cdots\cdots (12)$$

로 되어, 부귀환을 가하기 전의 증폭도 $A=\mu$보다 $1/1+\mu\beta$만큼 저하한다. 이 $1+\mu\beta$는 반환차(返還差, Return Difference) F_O라 부르며, 부귀환의 크기를 나타내는 중요한 파라미터이다.

$$\text{반환차 } F_O = 1+\mu\beta \quad \cdots\cdots (13)$$

◈ NFB의 효과 ◈

반환차 F_o의 NFB를 가하면, 귀환루프 안의 증폭기에 대해,

① **증폭도의 저하** : $1/F_o$로 저하한다.

② **안정도의 향상** : NFB를 가한 루프안의 부품의 변동, 트랜지스터를 포함한 부품의 교환, 부품의 온도 변화, 노화 변화의 원인으로 생기는 모든 변동을 $1/F_o$로 저하시킨다. 즉 안정도는 F_o배(倍)로 된다.

③ **잡음의 억제** : 루프 안에서 발생하는 잡음을 $1/F_o$로 저하시킨다.

④ **변형의 저하** : 루프 안에서 발생하는 신호의 변형을 $1/F_o$로 저하시킨다.

⑤ **임피던스의 수정** : 입력 임피던스, 출력 임피던스를 F_o분(分)만큼 크게 하거나, 작게 수정할 수 있다(귀환방식에 차이가 생긴다).

⑥ **주파수 특성** : F_o분만큼 고역(高域), 저역 한계를 넓혀, 주파수 특성을 개선할 수 있다.

NFB는 「만병의 특효약」이라는 느낌이며, 증폭도(增幅度) 저하의 대가로 많은 성능 향상을 전기 회로에 가져온다. 현재의 전기 회로에는 반드시 NFB가 가해져 있다고 해도 좋다. 이미터 저항 R_E는 그런 의미에서 중요한 작용을 한다.

그러나 여기서 주의할 것은, 특성이 나쁜 증폭기에 다량 NFB를 가해도, 잘되지 않는다. NFB를 가하기 전의 특성은 충분한 것으로 하고, 거기에 NFB로 개선하는 방향이 필요하다.

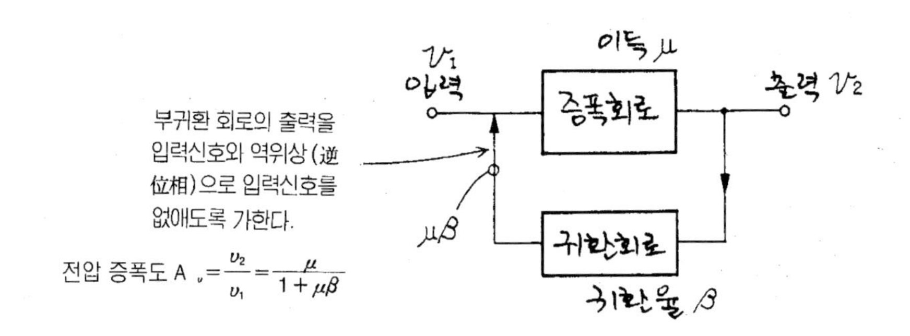

그림36 부(負)귀환의 모델

4 이미터 저항 R_E의 귀환 효과

그림(35, 39)의 이미터 접지 회로에서의 부(負)귀환의 반환차(返還差) $F_o=1+\mu\beta$를 계산하면, 여기서는 직류 동작점의 안정화를 과제로 하고 있으므로,

$$\left.\begin{aligned} &\mu = h_{FE},\ \beta = \frac{R_E}{R_E + R_B} \\ &F_O = 1 + h_{FE}\frac{R_E}{R_E + R_B} \cong h_{FE}\frac{R_E}{R_B} \end{aligned}\right\} \cdots\cdots\cdots\cdots (14)$$

이 된다. F_O를 크게 하기 위해서는, h_{FE}가 큰 트랜지스터로 R_E/R_B를 될 수 있는 대로 크게 잡는 것이다.

예를 들면, $h_{FE}=100$, $R_B=10K\Omega$, $R_E=1K\Omega$으로 하면, (14)식에서,

$$F_O = 100 \times 1 \times 10^3 / (10 \times 10^3) = 10$$

즉, 20dB의 NFB가 걸려 증폭도는 1/10로 되지만, 온도 변동 등에 따른 회로의 직류 동작점의 변동을 약 1/10로 억제할 수 있다.

트랜지스터의 온도 변화에 대해, 직류 동작점(I_C)을 변화시키는 주된 원인은,

① 컬렉터 접합 역(逆)바이어스 전류I_{CBO}의 변동

② 이미터 접합 전압V_{BE}의 변동

③ 전류 증폭률h_{FE}의 변동

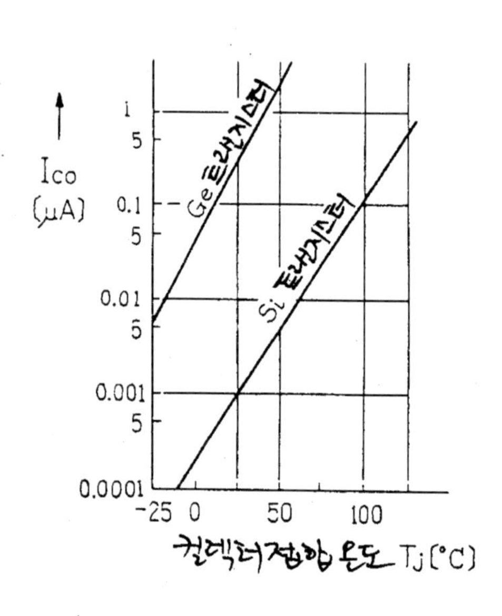

(a)I_{CO}의 온도변동

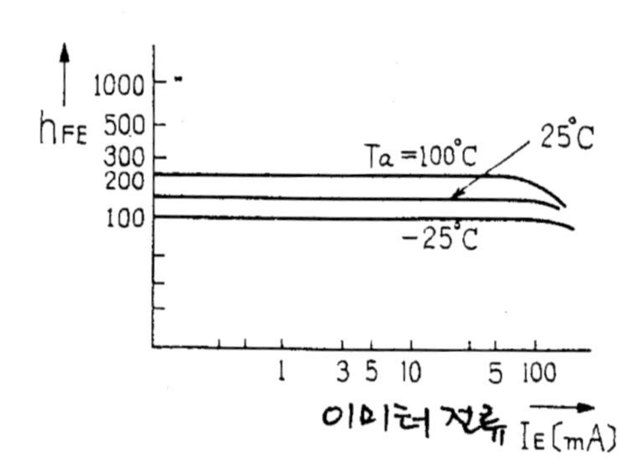

(b)전류증폭률 h_{FE}의 온도변동

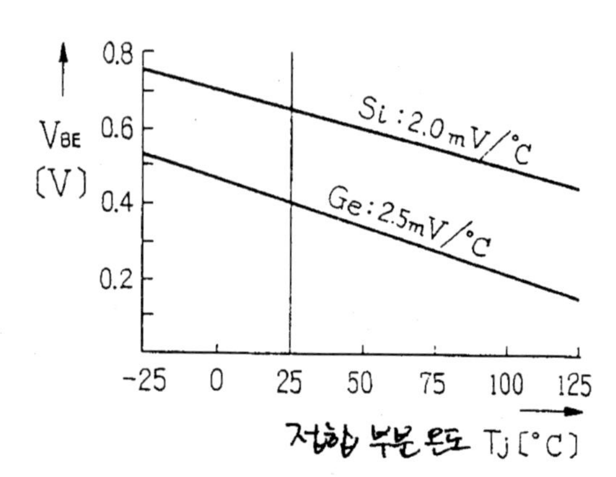

(c)이미터접합전압 V_{BE}의 온도변동

그림37 트랜지스터의 I_{CBO}, h_{FE}, V_{BE}는 온도로 변한다.

을 들 수 있다. 이들의 온도 변동 데이터를 참고로 그림(37)에 나타냈으며, 이미터 저항 R_E의 삽입으로 약F_O분만큼 개선할 수 있다.

또 이미터 저항에는, 종종 바이패스 콘덴서C_E를 부착하는 경우가 있다. 직류에 대해서는, 캐패시턴스C_E의 리액턴스는 ∞로 되므로 직류 동작에 대해서는, R_E의 NFB 효과는 변하지 않는다. 그러나 신호 주파수에 대해서는, C_E의 리액턴스는 0으로 되도록 충분히 큰 캐패시턴스를 사용하고 있으므로 R_E는 단락된 형태로 된다. 따라서 R_E의 NFB 효과는 없어져, 신호에 대한 증폭도를 낮추지 않고 직류 동작을 안정하게 하는 효과가 있다.

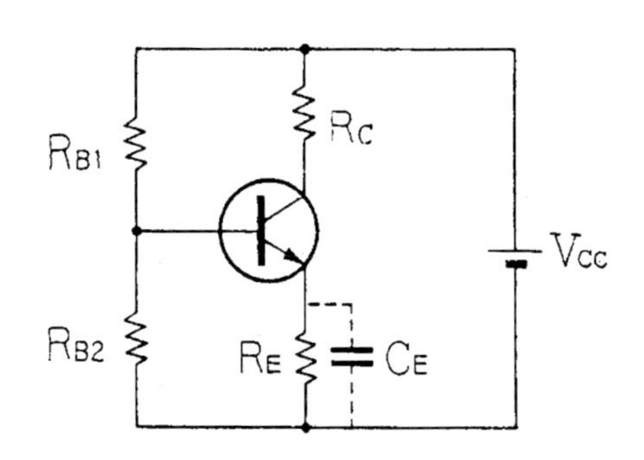

직류에서는 C_E의 리액턴스 $1/\omega C \rightarrow \infty$이므로 없는 것과 같다. R_E가 작용한다. 교류에서는 $1/\omega C \rightarrow 0$으로 되어 R_E는 작용하지 않게 된다.

즉 C_E는 교류 증폭도를 낮추지 않고 직류 안정도를 향상할 수 있다.

그림38 이미터 바이어스 회로와 바이어스 용량 C_E의 효과

[5] 직류와 교류의 동작점

증폭기의 동작 상태는 바이어스를 가하는 직류 동작점과 교류 신호에 대한 교류 동작점이 겹쳐 설정되어 있다.

트랜지스터를 어떤 동작 상태로 하느냐는, 부하 곡선을 그어서 상황을 파악해야 한다. 특히 파워를 취급하는 출력 증폭기에서는 가장 적합한 설계가 요구되므로 반드시 부하 곡선에 의한 점검이 필요하다.

(1) 직류 부하 곡선

그림39(a)의 이미터 증폭기에 대해 직류 동작을 취급하면, 결합 콘덴서 C_1, C_2에 따라 직류로는 입력쪽, 출력쪽은 분리하여 생각하면 된다. 결국 그림(b)의 회로가 된다. 여기서 이미터 저항 R_E가 있을 때는, 직류의 부하 저항으로서 컬렉터쪽의 저항R_C와 직렬로 R_C+R_E를 생각할 필요가 있다.

출력 부하 곡선은, 출력 특성 곡선 $V_{CE}-I_C$그림 (그림39(C))에서, 전원V_{CC}에서 경사 $\theta = \tan^{-1}(R_C+R_E)$를 가진 직선은 긋는다. 이것이 출력 부하 곡선이다. R_C+R_E의 경사를 잡는 대신에, 다음의 2점을 연결해도 같다.

가로축 V_{CE}상(上) : 전원 전압 V_{CC}로 하는, $I_C=0$ 트랜지스터 Cut-off에서는, 컬렉터에는 전원 전압이 걸린다.

세로축I_C상(上) : $V_{CC}/(R_C+R_E)$로 하는, $V_{CE}=0$(포화)일 때의 컬렉터 전류

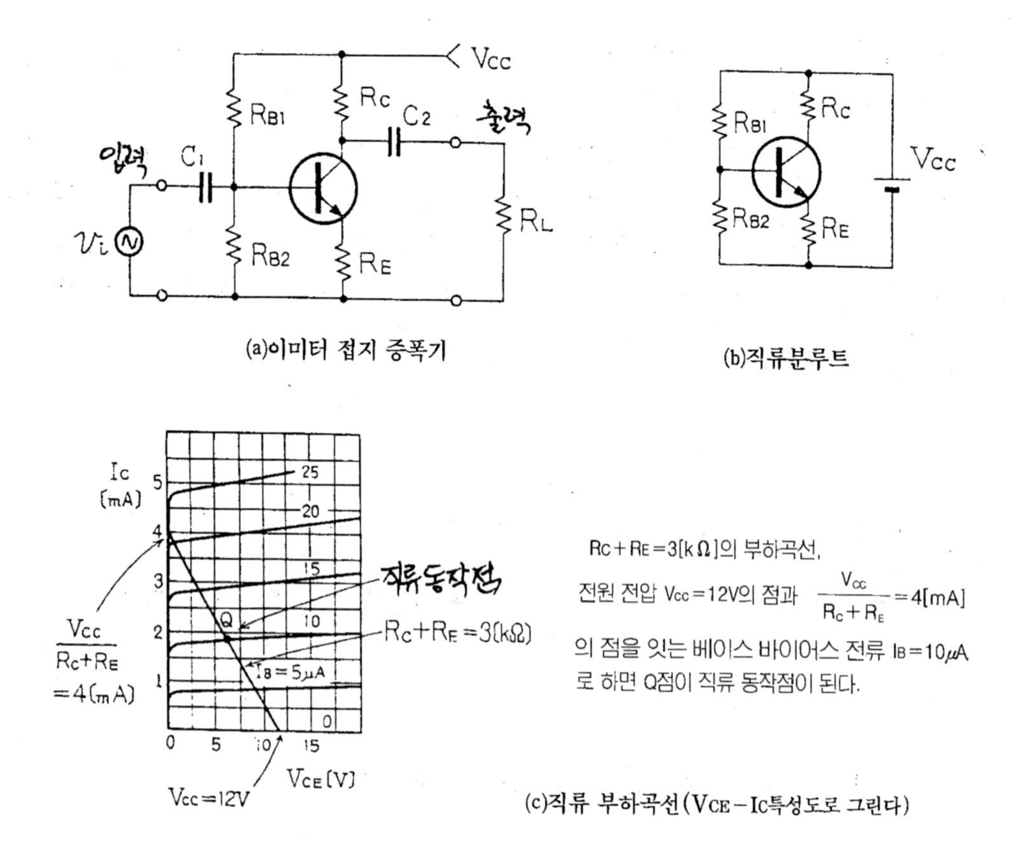

(a)이미터 접지 증폭기

(b)직류분루트

(c)직류 부하곡선(VCE−IC특성도로 그린다)

그림39 직류부하 곡선을 그어 동작점Q를 정한다.

직류 부하 곡선을 그은 다음, [2]항의 (1)~(2)에서 설명한 베이스・이미터 단자의 바이어스 점(点) I_B와의 교차점 Q를 구한다. Q점(I_B)은 부하 곡선 P_1, P_2의 중앙 부근에서 I_B파라미터의 선이 같은 간격으로 나란히 있는 장소를 선정한다. 그 이유는 교류 동작일 때, I_B의 변화에 대해 I_C의 변화가 균일하게 되어 변형이 적어지기 때문이다.

그리고 또 1가지 주의할 점은, Q점은 트랜지스터의 허용 최대 소비 전력의 영역에서, 일정한 여유를 갖는 것이 필요하다. Q점의 소비 전력은 그 좌표의 읽은 값 $P_O = V_{CO} \times I_{CO}$로 나타낸다.

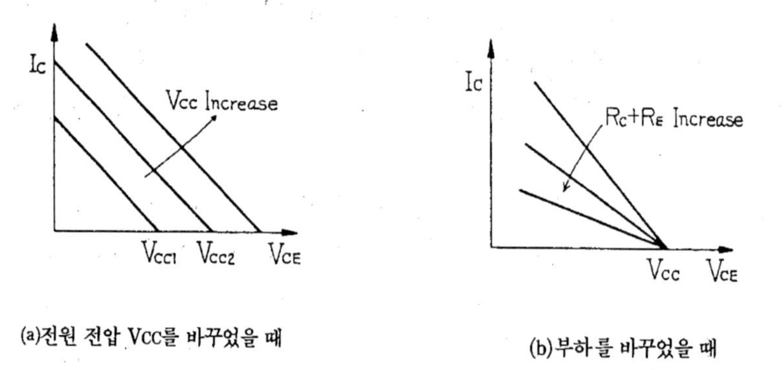

(a)전원 전압 VCC를 바꾸었을 때

(b)부하를 바꾸었을 때

그림40 직류부하 곡선의 이동

이 전력은 모두 트랜지스터의 컬렉터 접합의 열로 된다는 것을, 6장 2의 [5]에서 상세히 설명했다.

직류 부하 곡선은 그림(40)과 같이 (a)의 전원 전압V_{CC}를 바꾸면 평행 이동하고, (b)의 V_{CC}가 일정하며 직류 부하R_C+R_E를 크게(작게)하면, 내려간다(올라 간다).

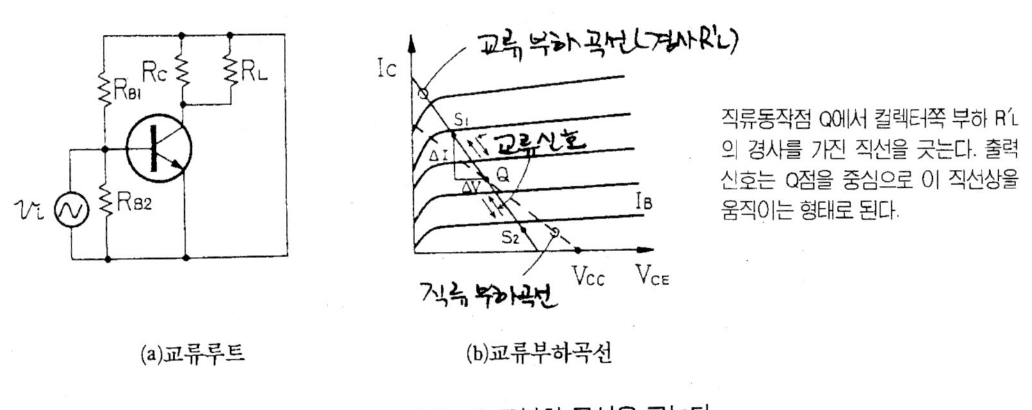

(a)교류루트 (b)교류부하곡선

그림41 교류부하 곡선을 긋는다.

(2) 교류 부하 곡선

그림41(a)의 이미터 접지 증폭기에서, 입력 신호에 대한 교류 동작을 취급할 때는 결합 콘덴서 C_1, C_2 바이패스 콘덴서 C_3은, 그 리액턴스는 무시할 정도로 작아지도록 선정하고 있다. 따라서 단락으로 생각해도 되므로 교류분(分) 루트로서, 그림(a)와 같이 그릴 수 있다. 교류 동작의 부하로는, 컬렉터쪽의 저항 R_C와 R_L가 병렬로 들어간다.

$$R_L' = \frac{R_C \cdot R_L}{R_C + R_L} \quad \cdots\cdots (15)$$

교류 입력이 O일 때는, 컬렉터의 전압, 전류는 Q점에 있고, 교류 신호가 들어가면 점Q를 중심으로 하여 부하R_L'로 동작하므로, 교류 부하 곡선은 점Q를 지나 $1/R_L'$의 경사를 가진 직선으로 된다. 이 직선을 긋기 위해서는, 점Q에서 임의의 전류 변화ΔI를 가정하여, 이 ΔI에 대한 전압 변화 $\Delta V = R_L' \cdot \Delta I$로 계산한다. 점Q에서 $\pm(\Delta I, \Delta V)$의 변화를 그 양쪽에 잡고, 점S_1, Q, S_2를 지나는 선을 그으면, 그것이 $1/R_L'$의 경사를 가진 교류 부하 곡선이다.

(3) 교류 부하 곡선을 보는 법

위와 같이 작도(作圖)한 교류 부하 곡선은, 어떻게 보면 좋은가. 그림(42)를 보면 이 그림에서는 정현파(正弦波) 교류를 예로 그린 것이다. 먼저 점Q를 중심으로 하여 입력 신호 I_b의 파형(波形)을 그린다. 이것은 부하 곡선과 I_B가 일정한 특성 곡선의 교차점에서 Q_1, Q_2가 정해진다. Q_1, Q_2가 결정되면, 입력 파형을 V_{CE}축, I_C축에 투영(投影)하면 이 그림과 같이 컬렉터 전류 파형, 컬렉터 전압 파형을 얻는다.

직류 동작점Q를 선정하는 항에서도 설명했지만, 변형이 적은 리니어한 증폭을 하기 위해서는, 출력 특성 곡선 상에 그은 교류 부하 직선상에서, 파라미터 I_B가 같은 간격으로 배열한 범위를 선정한다. 그리고 직류 동작점 Q는 통상 그 중심에 선정하면 좋다는 것을 알 수 있다. 또 지금 취한 부하 곡선에 대해, 변형이 적은 범위에서, 최대 출력 전압 V_{max}, 전류 I_{max}, 및 최대 출력 전력 $P_{max}=V_{max}\cdot I_{max}$를 용이하게 추정할 수 있다.

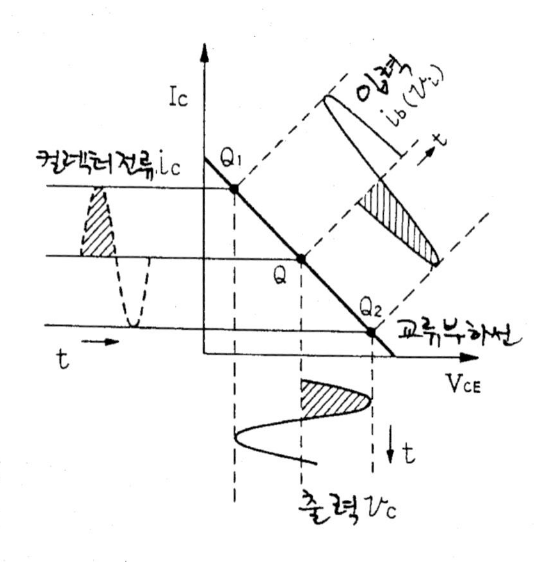

그림42 교류부하곡선 상에서 입출력 신호의 관계를 명확하게 한다.

6 증폭도를 생각하는 방법은 2종류

그림(43)의 이미터 접지 증폭기를 모델로 하여 신호 증폭기의 특성을 알아 본다.

그림과 같이 입력쪽 및 출력쪽과, 캐패시티 C로 연결한 회로를 **CR 결합 증폭기**라 부른다. **결합 캐패시티C**의 뜻은 알고 있겠지만 C는 직류를 통하지 않으므로 각 단(段)의 직류 바이어스는 독립으로 결정하여, 신호 성분만 C를 통해 전달하는 구조이다.

처음에, 기본이 되는 **증폭도**(增幅度)에 대해 알아 보기로 한다. 트랜지스터 증폭기의 증폭도에는 2가지 사고 방식이 있다.

하나는 그림44(a)와 같은 방식이며, 증폭기의 입력에 내부 저항R_g의 등가(等價) 전류 신호원(源) i_g를 놓고, 출력쪽은 트랜지스터의 컬렉터 저항R_C에 흐르는 전류 i_c와의 비(比)를 잡아, 증폭기의 증폭도라고 정의한다. 여기서는 제2의 방법과 구별하기 위해 G_i의 기호를 사용한다.

$$G_i=\frac{i_c}{i_g} \quad \cdots\cdots (16)$$

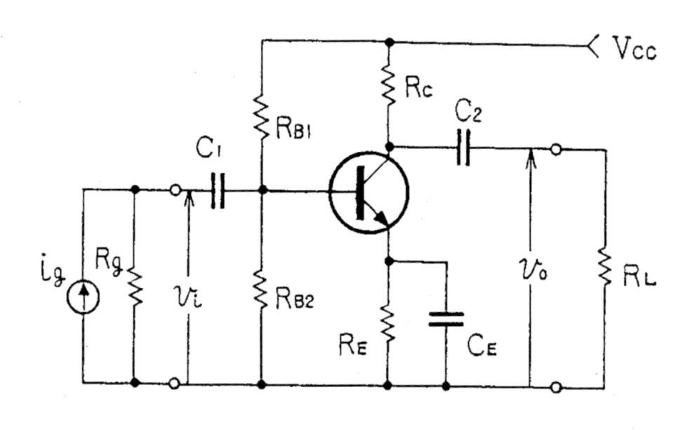

그림43 1단 저주파 증폭기(CR결합)

이 증폭기의 출력으로 다음 단(段)의 증폭기를 구동할 때는, R_C(또는 R_C와 $1/h_{oe}$의 병렬 저항)가 신호원(源)의 내부 저항R_g에 해당한다. 이와같이 다수의 증폭기를 취급할 때, 다음 단(段)의 영향을 분리하여 독립으로 G_i를 정의할 수 있으므로 각 단의 G_i를 곱하면 종합 증폭도를 얻는 등, 설계시에는 아주 편리하다. 또 이미 3의 [3], [4]항에서 설명한 부(負)귀환을 취급할 때도 사용한다.

제2의 방법은, 완성된 실제의 회로의 점검 조정에 편리한「취급법」이며, 전압을 취급하므로, 발버볼트미터(전자식 전압계, valvevolt meter)나 오실로스코프에 의한 측정과 대응시킬 수 있다. 그림44(a)와 같이 입력 단자의 신호 전압 v_i과 부하 R_L에 나타나는 출력 전압 v_o와의 비(比)로 증폭도를 정의한다.

$$\text{전압 증폭도 } A_v = \frac{v_0}{v_i} \qquad \cdots\cdots (17)$$

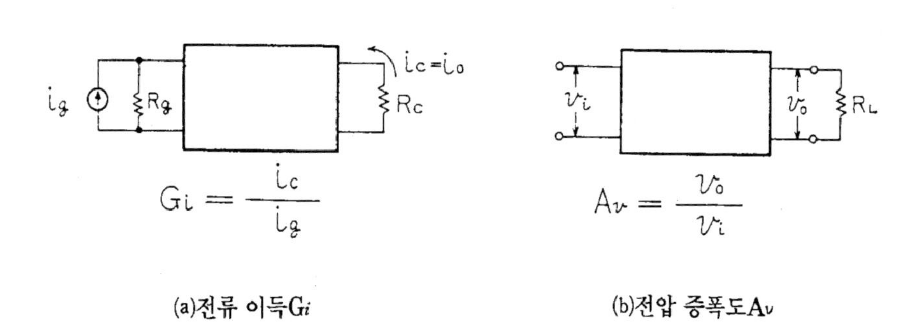

(a)전류 이득G_i (b)전압 증폭도A_v

그림44 전류이득과 전압증폭도

[7] 등가 회로를 사용하여 증폭도를 계산

통상의 CR결합 증폭기의 증폭도가 주파수에 따라 변화하는 상태를 보면, 이미 제5장 5의

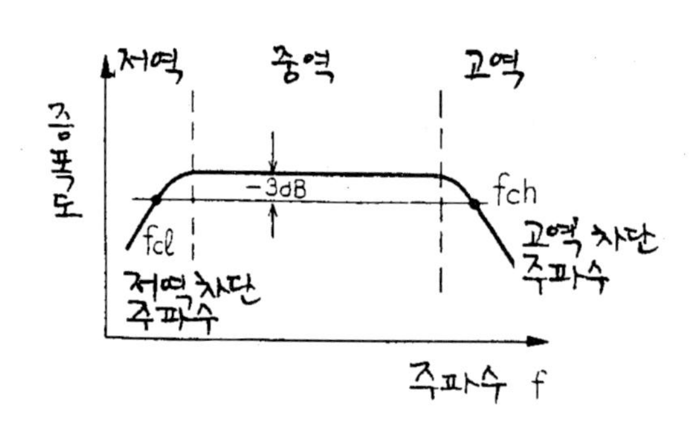

그림45 증폭기의 주파수 특성

[4]항에서 설명한 바와 같이, 그림(45)와 같은 특성이 된다. 중역(中域)에서는 평탄하며 주파수에 대해 증폭도는 일정하다. 그러나 중역(中域)의 양끝, 저역(低域)과 고역(高域)에서는 증폭도가 점점 저하하는 형태로 된다.

저역과 고역에서 증폭도가 중역에 비하여 $1/\sqrt{2}(-3\text{dB})$로 저하한 점의 주파수를 각각 증폭도의 **저역차단(특성)주파수** f_{cl}, **고역차단(특성)주파수** f_{cl}라 하여, 증폭기의 특성을 나타내는 기준의 파라미터로 한다. 증폭하는 상대의 신호의 주파수 스펙트럼(spectrum)과 중역이 거의 대응하고 있는 것은, 제5장 4에서 설명했다.

여기서는 먼저 평탄한 중역(中域)의 증폭도를 계산해 본다.

2의 [3]항의 등가(等價) 회로의 편리함에 대해 알아보자.

그림 46(a)는 모델로 한 증폭기(그림43)의 신호 증폭기능에만 주목하여 다시 그린 그림이다. 그림(a)의 교류 회로도에서 트랜지스터를 h파라미터 등가회로(2의 [3]. 그림24)로 대치하면 그림(b)가 된다. 이 그림(b)를 변형하면 그림(c)가 된다.

지금까지 배운 전기 회로의 계산법을 사용하여 용이하게 증폭도를 계산할 수 있다.

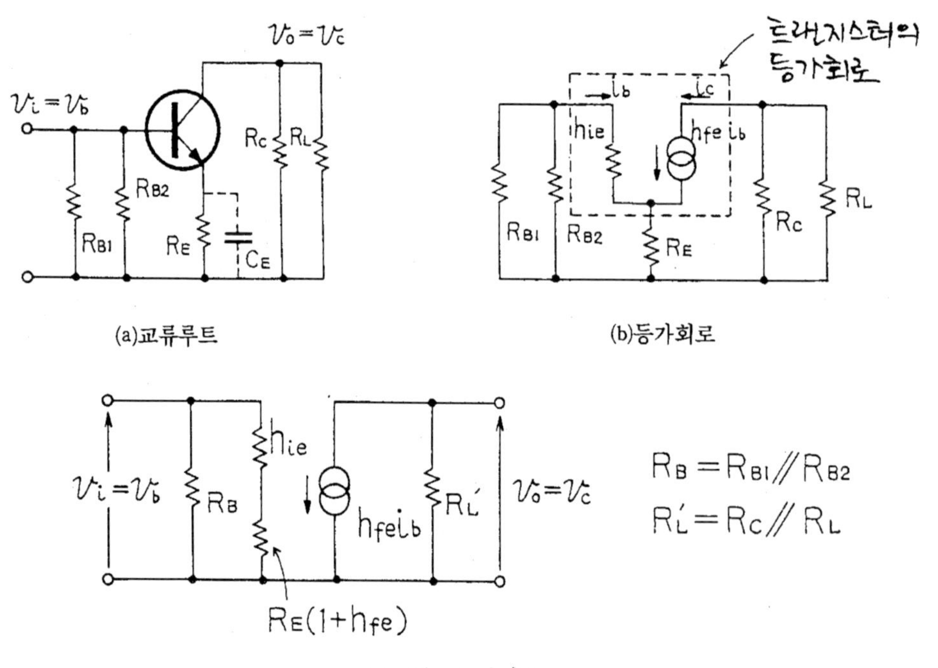

그림46 중역주파수의 교류루트와 등가회로(트랜지스터의 등가회로를 접속한다)

(1) 증폭기 입력 임피던스 Z_i를 구한다

바이어스 저항R_{B1}, R_{B2}를 생략한 트랜지스터 자체의 베이스 단자의 입력 임피던스Z_i는, 그림(C)에서 다음과 같이 된다.

$$Z_i = h_{ie} + (1 + h_{fe})\, R_e \quad \cdots\cdots (18)$$

회로의 입력 단자에서 본 입력 임피던스Z_i'는, 역시 그림(C)에서 다음과 같이 된다.

$$\frac{1}{Z_i'} = \frac{1}{h_{ie} + (1 + h_{fe}) R_E} + \frac{1}{R_B} \quad \cdots\cdots (19)$$

【계산례】 $R_E = 500\Omega$, $h_{fe} = 180$, $h_{ie} = 2.5K\Omega$ 일 때, 트랜지스터의 입력 임피던스Z_i는 (18)식에서

$$Z_i = 2.5 \times 10^3 + (1 + 180) \times 500 = 93K\Omega$$

$R_E = 0$일 때는 $2.5K\Omega$인데, 이미터에 500Ω의 삽입만으로 $93K\Omega$으로 40배가까이 증대한다. 이와 같이 입력 임피던스를 높이고 싶을 때는 R_E는 매우 효과가 있다. 이것도 앞에 설명한 R_E의 전류 귀환 효과이다.

(2) 전압 증폭도 A_v를 구한다

그림46(C)의 등가 회로에서 입력 전압 v_i는,

$$v_i = i_b \times Z_i = i_b [h_{ie} + (1 + h_{fe}) R_E]$$

로 되고, 컬렉터에 나타나는 출력 교류 전압 v_c는,

$$v_c = i_c \times R_L'$$

$$\text{여기서 } R_L' = \frac{R_C \cdot R_L}{R_C + R_L}$$

가 된다. 여기서 전압 증폭도 A_v는 v_o / v_i이므로, $i_c / i_b = h_{fe}$를 생각하여,

$$A_v = \frac{v_O}{v_i} = h_{fe} \frac{R_L'}{h_{ie} + (1 + h_{fe}) R_E} = h_{fe} \frac{R_L'}{Z_i} \quad \cdots\cdots (20)$$

가 된다.

트랜지스터 증폭기의 전압 증폭도는, 트랜지스터의 전류 증폭률h_{fe}에 입력 임피던스와 출력쪽의 임피던스의 비(比)를 곱한 값이 된다(엄밀하게는 R_B를 넣은 Z_i를 사용한다).

특별한 케이스로서,

$R_E = 0$일 때(이미터 바이패스 콘덴서C_E가 있을 때)

$$A_v = h_{fe} \cdot \frac{R_L'}{h_{ie}} \quad \cdots\cdots (21)$$

R_E가 크고, $(1+h_{fe})R_E \gg h_{ie}$일 때,

$$A_v \fallingdotseq \frac{R_L'}{R_E} \quad \cdots\cdots (22)$$

(22)식은 중요한 의미를 갖고 있다. 전류 증폭도 A_v는, 트랜지스터의 특성과 관계없이 일정하며, 이것도 전류 귀환의 효과이다.

【계산례】 $R_L'=10K\Omega$, $h_{ie}=2.5K\Omega$, $h_{fe}=180$, $R_E=500\Omega$ 일 때 (20)식에서, 전압 증폭도 A_v를 계산한다.

$A_v=10\times10^3\times180/(2.5\times10^3+181\times500)$

$=1800/93=19.5\fallingdotseq20(26dB)$

역시 근사식(22)식으로 A_v를 계산한다.

$A_v=10\times10^3/500=20$

이 되고, 양자는 같아진다.

$R_E=0$일 때는 (21)식을 사용하여,

$A_v=180\times10\times10^3/2.5\times10^3=720(57dB)$

로 된다.

위의 계산례에서 보는 바와 같이, 이미터 저항R_E의 유무에 따라 다음과 같이 된다.

트랜지스터 입력 임피던스 Z_i : 2.5KΩ → 93KΩ(37배)

증폭기의 전압 증폭도 A_v : 57dB → 26dB(1/36배)

여기에도, R_E에 의한 전류 귀환의 효과가 나타나고 있다.

8 트랜지스터 증폭기의 주파수 특성

중지대(중간지대)의 전압 증폭도 A_v를 알았으므로, 여기서 저지대(낮은지대), 고지대(높은지대)의 특성을 알아 본다. 감이 빠른 독자는 이미 깨달았을 것으로 생각하며, 이 특성은 이미 제5장 5의 1~4항에서 RC회로에 대해 상세히 설명했으므로 여기서는 요점만을 설명하기로 한다.

(1) 저지대 주파수 특성

입력 결합 콘덴서 : C_1의 리액턴스 $|1/\omega C|$는, 주파수가 낮아짐에 따라 증대하므로, 당연히 저주파수역(域)에서 전달 전압(전류)이 저하하여 증폭기의 증폭도 저하의 원인이 된다. 그림47(a)는 결합 콘덴서C_1에 대해, 입력쪽의 교류 신호의 루트를 나타낸 것이며, 이것은 바로 바이패스형 CR회로 자체이다. 이 지식을 사용하면, 결합 회로의 전달 특성 $A_{\ell 1}$은

$$A_{\ell 1}=\frac{v_o}{v_i}=|A_v|\frac{1}{1-j\frac{1}{\omega C_1 Z_i'}} \quad \cdots\cdots (23)$$

이 되고, 또 3dB 저하한 저지대 차단 주파수 $f_{c\ell}$는,

$$f_{c\ell}=\frac{1}{2\pi C_1 Z_i'} \quad \cdots\cdots (24)$$

가 된다.

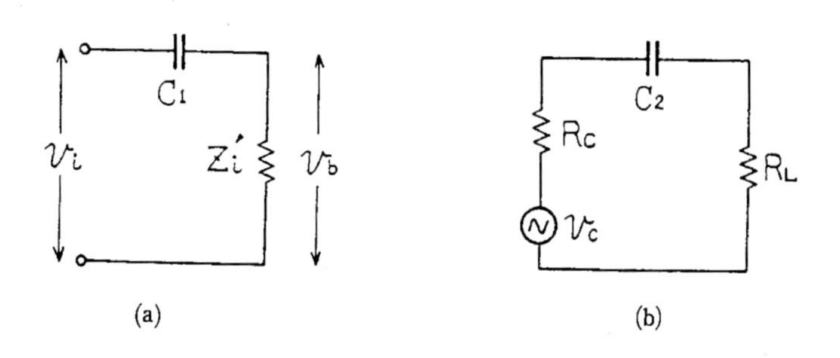

그림47 증폭의 저역주파수 특성을 알아본다.

【계산례】 $Z_i=2K\Omega$일 때, $F_{c\ell}=10Hz$로 하고 싶은 결합 콘덴서 C_1는 얼마로 되는가.
(24)식에서,

$$C_1=\frac{1}{2\pi f_{c\ell}Z_i}=\frac{1}{2\times3.14\times10\times2\times10^3}$$

$$=7.96\times10^{-6}\cong8\mu F$$

출력쪽의 결합 콘덴서 C_2에 의해서도 저지대의 저하가 일어난다(그림49(b)).
결론적으로, 전달 특성 $A_{\ell2}$는,

$$A_{\ell2}=|A_v|\frac{1}{1-\frac{1}{j\omega C_2(R_C+R_L)}} \quad \cdots\cdots (25)$$

가 되고, 차단 주파수 $f_{c\ell}$과 출력 결합 콘덴서 C_2의 관계는,

$$C_2=\frac{1}{2\pi f_{c\ell}(R_C+R_L)} \quad \cdots\cdots (26)$$

로 계산할 수 있다.

(2) 이미터 바이패스 콘덴서C_E

중지대 증폭도의 계산식 [7]의 (20)식에서, R_E를 R_E, C_E의 병렬 임피던스 $1/(1+j\omega C_E R_E)$

로 대치하면, C_E에 의한 저지대 주파수의 영향을 계산할 수 있다.

여기서, $R_E(1=h_{fe}) \gg h_{ie}$의 조건으로 하면,

$$A_v \cong \underbrace{\frac{h_{fe} \cdot R_L'}{h_{ie}+(1+h_{fe})R_E}}_{\text{중역증폭도}} \times \underbrace{\frac{1+j\omega C_E R_E}{1+j\omega C_E \times \frac{h_{fe}}{1+h_{fe}}}}_{C_E\text{의 경향}} \quad \cdots\cdots (27)$$

주파수 특성을 나타내는 윗식의 제2항에서는, 분자보다 분모가 먼저 영향을 준다. 또 분모의 저항분(分) $h_{ie}/(1+h_{fe})$가 매우 작아지므로, 바이패스 용량 C_E는, 다른 결합 콘덴서에 비하여 큰 용량이 요구된다. C_E와 저지대 차단 주파수$f_{c\ell}$와의 관계는

$$C_E = \frac{1+h_{fe}}{2\pi f_{c\ell} \cdot h_{ie}} \quad \cdots\cdots (28)$$

【계산례】 $hfe=180$, $hie=2.5K\Omega$, $f_{c\ell}=10HZ$일 때, C_E의 값을 구하라.

(28)식에서,

$$C_E = \frac{181}{2\times3.14\times10\times2.5\times10^3} \cong 1153\mu F$$

이미터 바이패스 콘덴서C_E는 상당히 큰 용량이 필요하다는 것을 알 수 있다.

(3) 고지대 주파수 특성(그림48)

증폭기의 고지대 특성에 영향을 주는 인자의 대표적인 것은 부하쪽의 배선 용량을 포함한 떠돌아 다니는 용량과 트랜지스터 자체의 h_{fe}를 주로 한 고역 특성이다(특히 출력 증폭단(段)에서는 주의가 필요하다).

부하쪽의 부유 용량을 고려한 등가(等價) 회로는, 그림과 같으며, 「테브난의 정리(定理)」로 바꾸면, 제5장 5의 3항에서의 로 패스 필터이다. 전달 특성은,

$$A_h = |A_v| \frac{1}{1+j\omega C_S R_L'} \quad \cdots\cdots (29)$$

가 된다. 3dB 저하한 고지대 차단 주파수 f_{ch}는,

$$f_{ch} = \frac{1}{2\pi C_S R_L'} \quad \cdots\cdots (30)$$

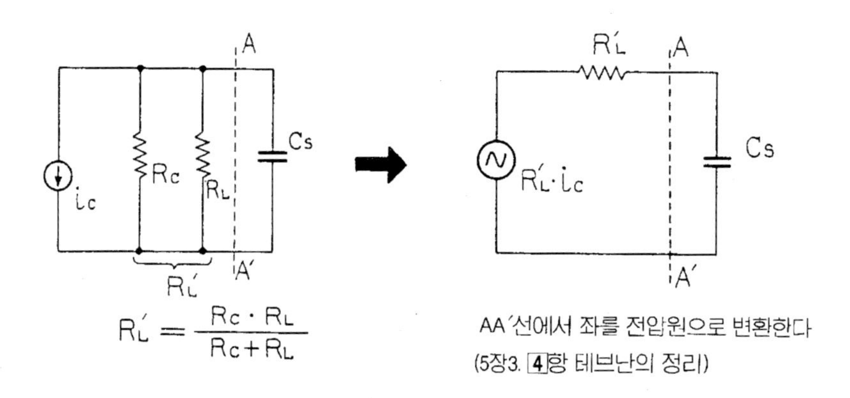

그림48 증폭기의 고역 주파수 특성

로 나타낸다. 상세한 특성은 제5장 5의 [3]항 다시 읽어보기 바란다. 또 이와같은 증폭기의 레스폰스에 대해서도 5의 [4]항에서 설명했다.

【계산례】 부하R_L'=10KΩ, 부유(浮遊) 용량 C_S=50pF일 때의 고지대 차단 주파수 f_{ch}는?
(30)식에서,

$$f_{ch}=\frac{1}{6.28\times50\times10^{-12}\times10\times10^{3}}\cong318\text{KH}_z$$

[9] 트랜지스터 h_{fe}의 고역 특성 (f_T를 활용한다.)

트랜지스터 자체의 순방향 전류 증폭률 h_{fe}도, 베이스 영역에서의 소수 캐리어의 확산 현상에 따른 확산 용량이라 부르는 효과로, 고역에서는 그 크기와 위상(位相)이 변한다. 그 변화 상태는, 거의 제5장 5의 [3] 항, 로패스 CR회로의 특성과 같은 값(等價)이다.

그림(49)는 이미터 접지의 순방향 전류 증폭률h_{fe}의 주파수 특성을 중심으로, 증폭기의 특성과 함께 모델화한 그림이다.

① **곡선A** : 본래의 h_{fe}의 특성을 나타낸다. P_1점의 주파수에서 6dB /oct.의 곡선으로 저하한다. h_{fe}=1로 되는 주파수를 트랜지션 주파수 f_T라 부르고, 트랜지스터 증폭 기능의 한계를 나타내는 것은, 6장 2의 [4]에서 설명하였다.

② **곡선B** : 이미터 저항 R_E를 가진 트랜지스터 증폭기의 전류 증폭도 Gi((16)식)의 특성을 나타낸다. 곡선A를 따라 증폭도가 반환차(返還差) F_0만큼 저하하나, 증폭기로서의 고역 차단 주파수 P_2점은, F_0 분(分)만큼 향상한다. P_2가 곡선A에서 조금 벗어난 것은, 입력 회로에서의 신호원(原) 전류 i_g의 손실로 인한 것이다.

③ **곡선C** : 부(負)귀환을 극단으로 하여 전류 증폭도 Gi=1로 된 상태이다. 차단주파수 P_3은, 트랜지스터 주파수 f_T와 거의 일치한다.

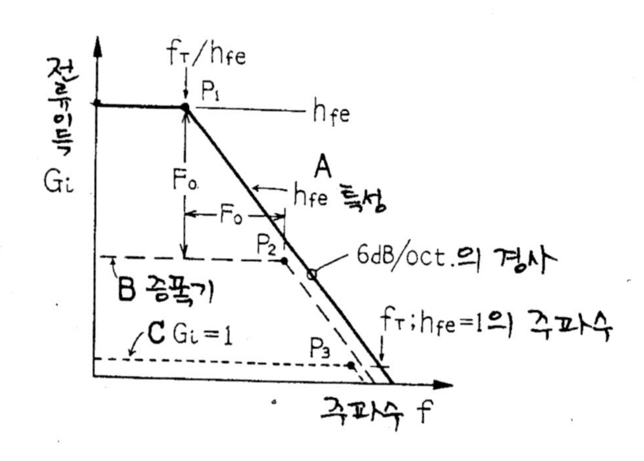

그림49 트랜지스터의 고역특성과 증폭기 고역특성(6dB /oct의 경사는 GB적$=f_T$의 관계를 나타낸다. 이득 Gi를 Fo 낮추면, 차단 주파수 f_{ch}는 Fo향상한다)

이와같이 트랜지스터 증폭기의 고역 특성은 f_T/h_{fe}에서 6dB /oct.의 경사에서, f_T와 연결한 직선A를 따라(R_E에 의한 부귀환의 양 F_0에 대응하여), 임의로 이동한다. R_E를 크게 하여 부(負)귀환량을 증가할수록 증폭도는 내려가지만 차단 주파수는 곡선 A를 따라 내려간만큼 향상한다. 즉, 부귀환에 의해 고역 차단 주파수는 $f_T\sim(f_T/h_{fe})$, 전류 증폭도 G_i는 $1\sim h_{fe}$로 조종할 수 있다. 곡선A는 주파수를 대수(對數)로 하면, 경사는 45°이므로 곡선A를 따라가는 것은,

$$[\text{고역 차단 주파수 } f_{ch}]\times[\text{전류 증폭도} G_i]=[\text{트랜지션 주파수} f_T] \quad \cdots\cdots (31)$$

의 관계가 있다는 것이다. 이것을 「GB곱하기(Gain Band Width Product)가 일정한 관계가 있다」고 한다.

【계산례】 f_T=200MHz의 트랜지스터를 사용하여 고역 차단 주파수 f_{ch}=2MHz의 증폭기를 만들고 싶다. 전류 증폭도 G_i는 어느 정도로 잡을 수 있는가?

단, h_{fe}=500으로 한다.

(31)식에서,

$$\text{전류 증폭도} \quad G_i=\frac{f_T}{h_{ch}}=\frac{200\text{MHz}}{2\text{MHz}}=100\text{배}$$

로 간단히 추정할 수 있다.

「트랜지션 주파수 f_T는, GB곱하기를 나타내고 있다」는 지식은, 트랜지스터의 고역 특성을 취급할 때의 기반이 된다.

주 트랜지스터의 고역 특성

이 장(章)에서 다루고 있는 전압 증폭도Av((17)식)는, 직류－저역－중역(中域)의 주파수 범위에서 사용할

수 있다. 트랜지스터의 f_T는 200~500MHz가 예사이므로, 일반적인 광역대(廣域帶) 증폭기가 아니고서는, 트랜지스터 자체의 고역 특성은 문제가 되지 않는다고 생각한다. 참고로 고역 특성을 포함하여 취급할 수 있는 전류 이득 Gi((16)식)을 게재한다.

$$Gi=\frac{ic}{ig}=\eta'\frac{h_{fe}}{Fo}\times\frac{1}{1+\frac{j\omega}{\omega_{ao}}} \quad \cdots\cdots (32)$$

그림 49는 이 식을 모델화한 것이다.

$$\eta'=\frac{R_g}{R_g+r_{bb'}+r_d+R_E} \cdots\cdots \text{입력 회로의 전류 이용률}$$

$$Fo=1+h_{fe}\frac{r_d+R^E}{R_g+r_{bb'}+f_d+R_E} \cdots\cdots h_{fe}\text{에 대한 반환차}$$

$$\omega_{ao}=\frac{\omega T}{h_{fe}}\cdot Fo\cdot \zeta o \cdots\cdots \text{증폭기의 차단 주파수}$$

여기서 ζo는 컬렉터 접합부의 용량 Cc에 따른 귀환(일반적으로 미러 효과라 한다)에 의한 고역 특성의 저하를 나타내는 계수이며,

$$\zeta o=\frac{1}{1+\omega_T C_c(R_L+R_E)} \quad \cdots\cdots (33)$$

로 계산할 수 있다.

요는 트랜지스터 자체에 관계되는 증폭기의 고역 특성은 ω_{ao}의 식에서 아는 바와 같이,

- 트랜지스터 주파수 ……………… f_T
- 반환차 ……………… Fo
- 컬렉터 접합Cc의 미러 효과 ……………… ζo
- 전류 증폭률 ……………… h_{fe}

의 4개의 파라미터가 영향이 있다.

제7장

FET, 오퍼레이셔널 앰플리파이어, 스위치 회로의 포인트를 터득한다.

학습요점

바이폴러 트랜지스터외에 전자회로에 널리 쓰이고 있는 전계(電界)효과 트랜지스터(FET), 오퍼레이셔널 앰플리 파이어 및 디지털회로(스위치 회로)에 대해 지금까지 배운 지식과 비교하면서 어떤 것인지 포인트를 터득한다.

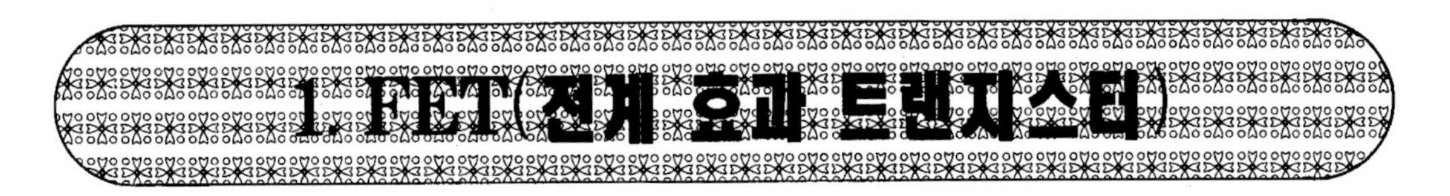

[1] 바이폴러(bipolar, 양극성)의 FET

앞 장(章)까지는 바이폴러 트랜지스터와 그 회로를 설명했다. 바이폴러형은 트랜지스터 개척 시대부터 사용하여, 초기에는 트랜지스터라 하면 바이폴러형 뿐이었다.

FET(에프이티 또는 페트로 발음한다)는, 트랜지스터 발명자의 한 사람인 쇼클레이(Schockley)가 이미 1925년에 그 이론과 가능성을 제안했으나, 실용화된 것은 훨씬 뒤의 일이다.

그러나 바이폴러에 없는 여러 가지 특징을 갖고 있어 집적(集積) 회로(IC, LSI)의 발전과 더불어 널리 사용하고 있다. FET는 동작 원리와 회로적 특성이 바이폴러와 많이 다르며, 어디에 차이와 특징이 있는지를 설명한다.

많이 쓰이는 트랜지스터는, 크게 나누어 바이폴러형과 FET이며, FET는 다시 Pn접합을 이용한 J－FET와 금속산화 피막(皮膜)을 이용한 MOS형으로 나눈다(그림1).

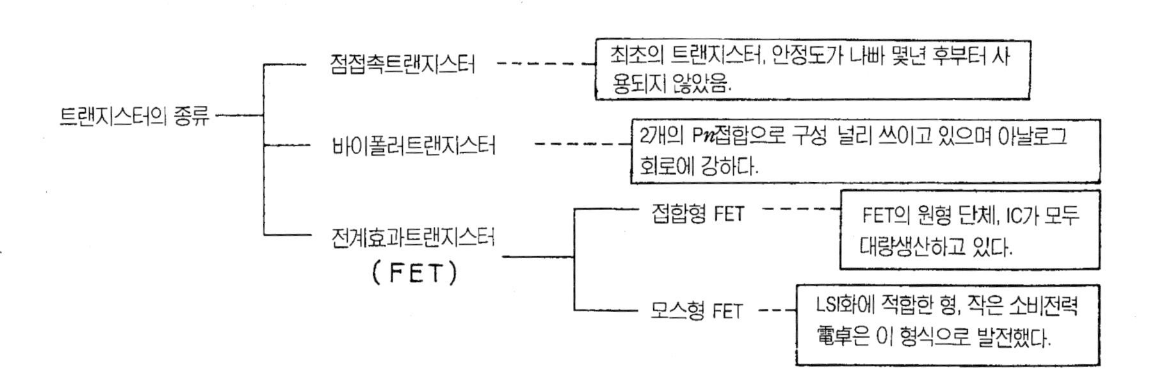

그림1 트랜지스터의 분류

◆바이폴러와 FET 원리의 차이◆

바이폴러형의 동작 전류 : 베이스에 주입된 소수 캐리어의 확산에 의한 이동.

FET의 동작 전류 : 소스, 드레인간의 전계(電界)에 의한 전기력으로 다수 캐리어가 이동.

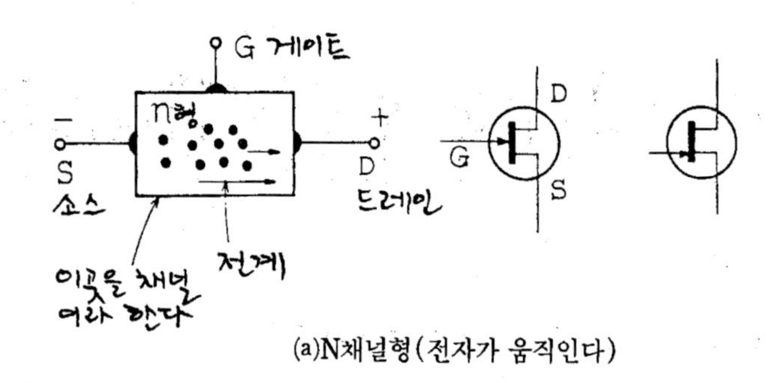

(a)N채널형(전자가 움직인다)

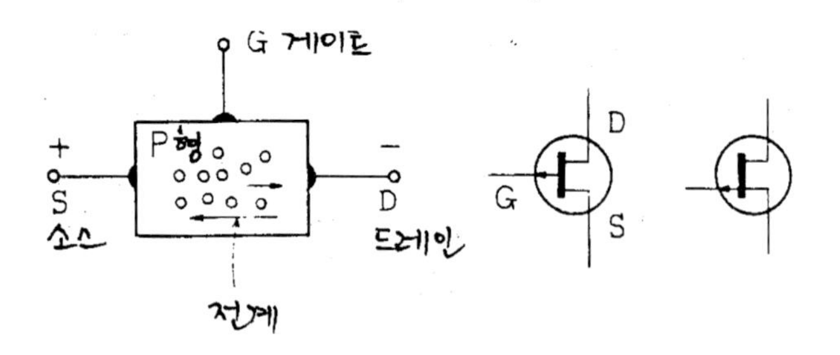

(b)P채널형(홀이 움직인다)

그림2 FET의 전계(전기력)에서 전자 · 홀(다수 캐리어)의 운동.

그림(2)는 J－FET(접합형 FET)의 동작 원리도이다. P형 반도체와 n형 반도체의 성질을 잘 이용하고 있는 점은 기본이 되는 바이폴러형과 같으나, 큰 차이는 그 동작 원리이다.

밀도가 높은 곳에서 낮은 곳으로 이동하는 확산과, 전계 전압에 끌리는 전하 이동의 차이이다.

FET Field Effect Transistor(전계효과 트랜지스터)의 머리 문자를 딴것이다. 전기력으로 전하(電荷)를 가진 전자 또는 홀(正孔)이 이동하는 원리는 제1장 3의 [4]에서 설명한 텔레비젼의 브라운관 속의 전자의 운동을 연상한다. 반도체의 실용화 전에는, 전기 회로에서 증폭의 중심이 되었던 것은 진공관이며, 브라운관과 같이 진공 속의 전계(電界)에 의한 전자의 이동을 제어함으로써 그 기능을 수행했다. 바이폴러형은 확산이라는 전혀 새로운 아이디어지만 전계를 이용한 FET는 반도체 중에서도 진공관처럼 전압으로 전자와 홀을 이동할 수 없을까, 이러한 연구끝에, 쇼클레이가 최초의 착상이 생긴 것으로 상상된다.

물론 고체 속의 전자의 운동은, 전계로 끌어당겨도 고체의 원자가 통로에 가득히 있기때문에, 진공관과 같이 전자가 쉽게 움직이지는 않으나, 확산보다는 빠르게 이동시킬 수 있다.

J－FET에는 캐리어가 이동하는 반도체의 종류에 따라 N채널형과 P채널형의 2종류가 있다. 여기서는 N채널형에 대해 설명하기로 한다.

그림(3)의 원리 구조의 모델이며, 채널을 구성하는 n형 반도체의 양쪽에는 소스(Source)와 드레인(Drain)이라 부르는 전극이 있다. 소스는 「수원(水源)」, 드레인은 「유출구(流出口)」의

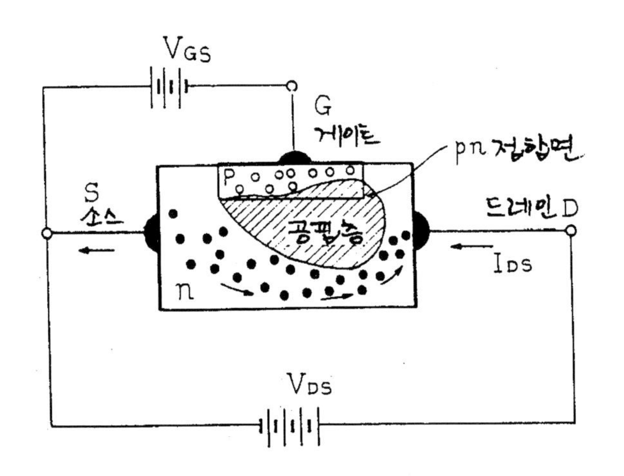

○ DS간에 가한 전계(전기력)에서 전자가 이동한다.
○ GS간 전압을 바꾸면 Pn접합의 공핍층의 확대가 변하여 채널의 너비가 변하여 이동한다. 전자의 양을 제어한다.

(a)구조

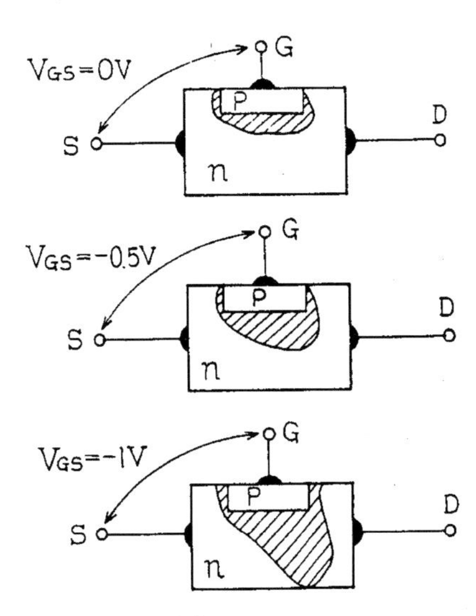

○ VGS를 부(⊖)방향으로 크게하면 공핍층이 넓어져 전자의 통로(채널)가 좁아진다.

(b)게이트 전압으로 공핍층이 변하는 상태

그림3 접합형 FET의 구조와 동작원리(N채널의 예)

뜻이다. N채널의 경우, 드레인D에 소스S보다 높은 전압을 가하면, 다수 캐리어인 전자는 채널 안에서 생긴 전계(電界)의 전기력으로 소스에서 드레인으로 향해 흐른다. 이것을 드레인 전류(I_{DS})라 한다.

그리고 또 하나의 층인 게이트(Gate : 「문」의 뜻)는 채널의 방향을 따라 형성된 P형 반도체이며, 채널과의 사이에 Pn접합을 이루고 있다. 그리고 이 Pn접합은, 역(逆)방향 전압을 가하면, 제6장 1의 [5] 에서 설명한 바와 같이, 공핍층(空乏層)이 Pn접합의 양쪽에 생겨, 드레인 전류는 공핍층으로 좁아진 채널을 빠져나가 소스에서 드레인으로 흐른다. 게이트G에 가하는 역방향 전압을 바꾸면, 공핍층의 두께가 변화하여 채널의 너비가 변하기 때문에, 소스에서 나온 다수 캐리어인 전자가 드레인으로 빠져나가는 양을 변화시킬 수 있다. 이 상태는 바이폴러형이 베이스 이미터 전압V_{BE}를 바꾸어 공핍층을 넘어서 베이스로 유입하는 소수 캐리어의 양을 제어하는 것과 대응하고 있다.

[2] FET의 전기 회로적 특징

FET의 첫째 특징은, 게이트 단자 부분은 역(逆)바이어스된 Pn접합이므로, 그 입력 임피던스는 매우 높고(누설 전류는 μA는 오더), 게이트 단자의 전압으로 메인의 전류를 제어할 수 있는 점이다. 예를 들면 2SK184의 게이트 입력 저항은 300MΩ의 오더이다. 이것은 바이폴러형의 베이스 단자의 입력 저항은 수 KΩ로 낮고, 베이스 전류 I_B에 의해 컬렉터 전류 I_C를 제어하는 것과는, 전기 회로적으로 큰 차이가 있다. 예를 들면 트랜지스터를 다른 회로에 접속할 때, FET에서는 상대방 회로에 거의 영향을 주지 않으므로 신호를 출력할 수 있다.

그림(4)의 우측은 J－FET의 특성 곡선이며, 출력쪽의 드레인 전압과 전류의 관계를 나타낸다. 각 커브는, 게이트 전압 V_{GS}을 파라미터로 그린 것이다. 하나의 커브에서는 V_{GS}는 일정하다.

그림(4)의 곡선은, V_{DS}를 조금 올리면 드레인 전류 I_D는 급격히 증가하지만, 어느 점부터는 평탄하여 V_{DS}에 대해 그다지 변화하지 않는다. 이 경계에 해당하는 곡선의 왼쪽 어깨(左肩)에 해당하는 게이트 전압을 핀치 오프 전압V_P이라 부르며, FET의 특징을 나타낸다.

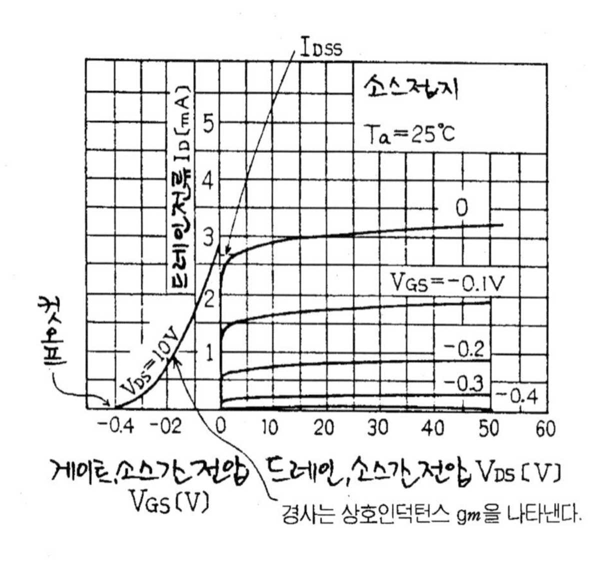

그림4 FET의 특성곡선

핀치 오프 전압에서는 공핍층이 넓혀져 채널을 가로 막은 상태이다. 이후에는 드레인 전압V_{DS}를 아무리 올려도 I_D가 일정하게 된다. 이 상태에서, 전자는 공핍층을 지나 드레인에 도달한 것으로 생각된다. 또 $V_{GS}=0$일 때의 왼쪽 어깨에 해당하는 전류를 I_{DSS}라 부른다.

이 그림의 좌측은 이른바 전달 특성이며, 드레인 전압V_{DS}가 일정한 때의 게이트 전압V_{GS}와 드레인 전류 I_{DS}의 관계를 나타내고 있다.

이 커브에서 $V_{GS}=-0.4V$보다 아래는 드레인 전류가 흐르지 않고, FET는 OFF상태로 되므로, 이 전압을 V_{GS}의 **컷오프 전압**이라 한다. 이 곡선의 경사는, FET의 증폭 상태를 나타내는 중요한 특성값이며, 상호 컨덕턴스(Conductance) g_m라 한다.

$$\text{FET의 상호 컨덕턴스 } g_m=\frac{\Delta I_{DS}}{\Delta V_{DS}} \cdots\cdots (1)$$

g_m가 큰 FET일수록 작은 전압 변화로 큰 출력 드레인 전류의 변화를 창출하므로 증폭도가 큰 FET라고 할 수 있다. 그런데 상호 컨덕턴스라고 무심코 그냥 지나치기 쉬우나, I_D와 V_G의 관계이기 때문에, 저항의 역수(逆數)이며, 컨덕턴스라 불러도 된다. 또 같은 단자에 대해, 전류와 전압이라면 컨덕턴스라 불러도 되지만 게이트에 V_G를 가하면, 떨어진 드레인 단자의 전류I_D를 가하면, 떨어진 드레인 단자의 전류 I_D로 되어 흘러나가므로, **상호**(Mutual)라는 용어를 사용한다. 그러므로 제5장의 트랜스포머도, 1차쪽과 2차쪽의 결합분(分)을 상호 인덕턴스라 불렀다. 상호란 입력쪽과 출력쪽의 관계를 나타내는 전달 의미를 가진 경우에 사용한다.

FET의 전기적 특징을 바이폴러형과 비교하여 정리하면 다음과 같다.

① 고입력 임피던스 : 매우 높고, 일반적으로 무한대로 생각해도 되는 오더이다. 핀치 오프 전압 V_P에서의 게이트 누설 전류는 0.1nA(나노, 10^{-9})의 값이다.

② 저(低)잡음이며 헤드 앰프에 아주 적합하다.

③ 온도 특성이 안정 : 동작의 본체가 다수 캐리어이므로, 온도 특성이 안정하다.

④ 바이폴러형과 같이, Pn전합의 오프셋 전압을 갖지 않으므로 스위치 회로에 적합하다.

3 FET 증폭기

(1) FET의 등가 회로

그림(5)의 FET의 등가(等價) 회로를, 제6장 2의 3 항의 그림(24) 바이폴러의 등가 회로와 비교하면서 알아 보자.

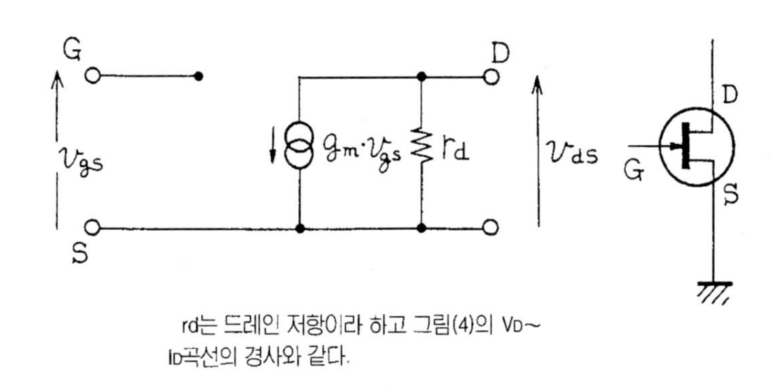

그림5 FET의 등가 회로는 단순

소스 접지의 경우, 게이트 단자에는 아무 것도 없다. 입력임피던스는 10^2MΩ정도이며, 사실은 무한대이다. 그리고 게이트 전압 v_{gs}에 비례한 전류를 발생하는 정전류원(定電流源)$g_m \cdot v_{gs}$가 출력 드레인쪽에 있다. 드레인 단자의 출력 임피던스 r_d는 10~100KΩ이며, 이것은 바이폴러와 아주 비슷하다.

여기서 g_m은 10mS(밀리시멘스)의 오더이므로, 0.1V의 게이트 입력 전압에 대해 1mA의 드레인 전류를 얻을 수 있다. 바이폴러에 비하여 매우 단순한 동작이다.

이 등가 회로를 사용하여 그림(6)과 같은 증폭기의 기본형에 대해 계산해 본다.

R_S는 바이폴러의 이미터 저항에 해당하는 자기 바이어스 저항이며, 드레인 전류에 의한 전압강하로 게이트 바이어스 전압을 얻는다. 그리고 바이폴러의 경우와 같이, 부(負)귀환에 의한 드레인 전류의 안정화 효과가 있다. 소스 바이 패스 용량C_S, 결합 용량C_1, C_2의 리액턴스는 생각하는 주파수로 충분히 작은 것이라면, 증폭기의 교류 동작 등 등가 회로는 그림 6(a)와 같이 된다. 이 그림에서 출력 전압 v_o는,

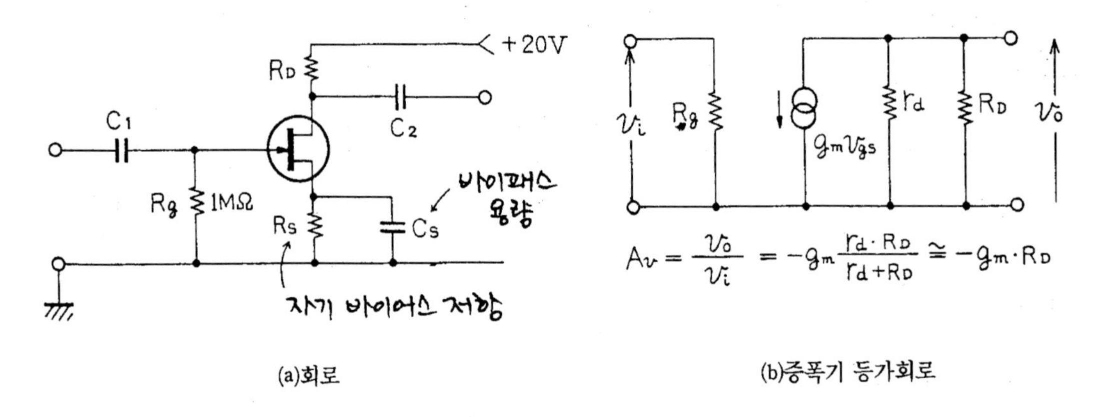

(a)회로

(b)증폭기 등가회로

그림6 FET 1단 증폭기

$$v_o = -g_m \cdot v_{gs} \cdot \frac{r_d \cdot R_D}{r_d + R_D}$$

가 된다. 증폭기의 전압 증폭도 Av는, 다음과 같이 된다.

$$Av = \frac{v_o}{v_i} = \frac{v_o}{v_{gs}} = -g_m \cdot \frac{r_d \cdot R_D}{r_d + R_D}$$

$$= -g_m \cdot R_D \quad \cdots\cdots \quad (2)$$

($r_d \gg R_D$일 때)

FET 증폭기는 입력 임피던스가 높고, 2단, 3단으로 연결해도, 바이폴러 증폭기와 같이 서로 영향을 받지 않으므로 증폭도 Av는 다단(多段)의 경우도 그대로 이용할 수 있다.

여기서 1단 증폭기를 설계해 보자.

FET는 저주파 증폭용 2SK184를 사용하고, 전원 전류는 20V, 자기 바이어스를 사용하기로 한다(표1).

〈표1〉 FET의 특성표의 예 (2SK 184)

- 용도 및 특성
  - ㅇ 저주파 저잡음 증폭용
  - ㅇ High g_m 때문에 높은 이득을 얻을 수 있다.
  - ㅇ 고내압(高耐壓)이다.
  - ㅇ 초저잡음이다.
  - ㅇ 고입력 임피던스이다.

최대정격(Ta=25°)

항 목	기 호	정 격 값	단 위
게이트 · 드레인간 전압	V_{GDS}	−50	V
게이트 전류	I_G	10	mA
허용손실	P_D	200	mW
접합온도	T_j	125	℃
보존온도	T_{stg}	−55∼125	℃

전기특성 (Ta=25°)

항 목	기 호	조 건	MIN	TYP	MAX	단위
게이트누설 전류	I_{GSS}	V_{GS}=−30V, V_{DS}=0	−	−	−1.0	nA
게이트 · 드레인사이항복 전압	$V_{(BR)GDS}$	V_{DS}=0, I_G=−100μA	−50	−	−	V
드레인 전류	I_{DSS}	V_D=10V, V_{GS}=0	0.6	−	14.0	mA
핀치오프 전압	V_P	V_{DS}=10V, I_D=0.1μA	−0.2	−	−1.5	V
상호인덕턴스	g_m	V_{DS}=10V, V_{GS}=0. f=1KHz	4.0	15	−	mV
입력용량	C_{iss}	V_{DS}=10V, V_{GS}=0, f=1MHz	−	13	−	PF
귀환용량	C_{rss}	V_{DG}=10V, I_D=0, f=1MHz	−	3	−	PF
잡음지수	NF(1)	V_{DS}=10V, Rg=1KΩ, I_D=0.5mA, f=10Hz	−	5	10	dB
	NF(2)	V_{DS}=10V, Rg=1KΩ, I_D=0.5mA, F=1Hz	−	1	2	

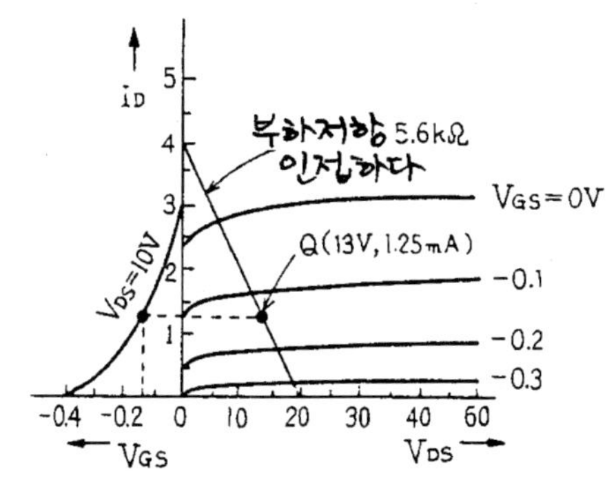

① 직류 동작점 Q(V_D=13V, I_D=1.25mA)를 정한다.
② V_{DS}와 Q점을 연결하여 직류 부하곡선을 그어 경사를 구한다(5.6kΩ)
③ V_{GS}∼I_D커브에서 I_D=1.25mA에 대응하는 전압V_{GS}를 구한다(V_{GS}=0.125V)
④ 따라서 소스 저항 $R_s=\frac{0.125V}{1.25mA}=100[\Omega]$

(a)부하곡선을 그어 직류동작을 결정한다.

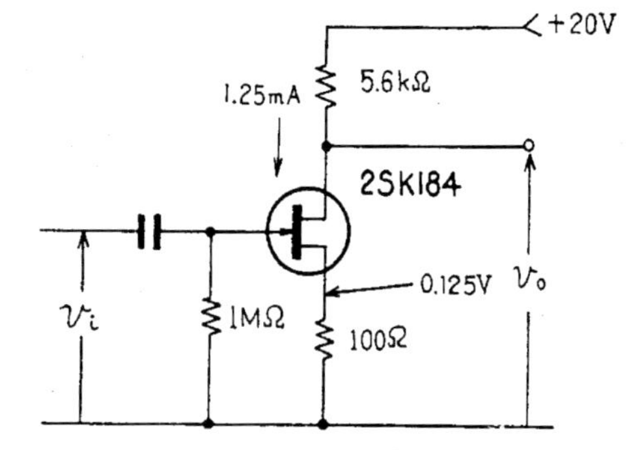

전압증폭도 $A_V\frac{V_o}{V_i}$≅37[dB](67.2배)
최대출력 : 약 3.5V
이때의 입력 전압 : 52mV.
드레인 손실 전력 : 16.3mW

(b)득이된 회로와 증폭도

그림7 FET 증폭기의 계산 예

그림7(a)의 $V_{GS}-I_D$ 곡선, $V_{DS}-I_D$ 곡선에서 직류 동작점을 I_D=1.25mA, V_{DS}=13V(Q점)로 선정하면, 부하 저항 R_D는 (20V−13V) / 1.25mA=5.6KΩ이 된다. 다음에 소스 바이어스 저항Rs는 $V_{GS}-I_D$ 곡선에서, 1. 25mA에 대한 V_{GS}=0.125V를 구하면, Rs=125mA / 1.25mA =100Ω을 얻는다.

또 이 돌의 출력 저항 r_d는, $V_{DS}-I_D$의 곡선의 평탄 부분의 경사와 같으므로, r_d=150kΩ, 부하 저항 5.6KΩ에 비하여 크기 때문에 무시하기로 한다.

위의 결과, 그림7(b)의 회로 상수를 얻을 수 있다.

이 회로의 전압 증폭도는 g_m=12ms로 하여 (2)식에서,

$$A_V=12\times10^{-3}\times5.6\times10^{3}=67.2(=37dB)$$

가 된다. 또 취급할 수 있는 신호 전압의 범위는, $V_{GS}-I_D$ 곡선의 리니어한 영역에서, 대략 10Vp-p, 실효값으로 1 / 2×10×0.707≅3.5V, 입력 신호는 3.5V÷67.2≅0.052V가 된다.

이 증폭기는 50mV이하의 입력 신호의 증폭용이 된다. 또 직류 동작점의 드레인 손실 전력은 $I_D\times V_{DS}=1.25\times10^{-3}\times13\cong16.3mW$이며 허용값 200mW에 대해 충분한 여유가 있다는 것을 알 수 있다.

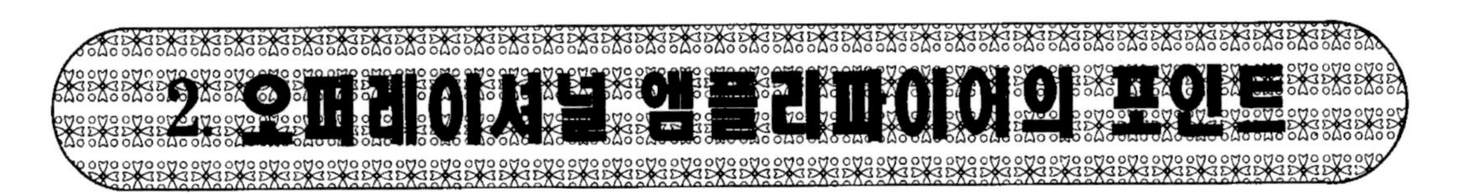

1 오퍼레이셔널 앰플리파이어란

오퍼레이셔널 앰플리파이어(이하 오퍼앰프로 약칭한다)는 널리 쓰이고 있는 IC앰프이다. 그 회로는, 단지 직결형의 다단(多段), 고이득의 증폭기에 지나지 않으므로, 지금까지 배운 지식으로 충분히 풀 수 있는 회로이나, 독특한 통합법과 응용이 있으므로 핵심을 알아야 한다.

오퍼 앰프란, Operational Amplifier(연산증폭기)의 약칭이다. 호칭의 출처는, 1950년대에 디지털 계산기와 미래의 왕좌를 다투어 패배한 아날로그 계산기(진공식이며 당시 디지털형보다 계산속도는 빠르나, 정밀도가 낮은 것이 흠이였다. 그 후 외국에서 미사일이나 로켓 등 병기의 제어용으로서 IC화의 이점과 결합하여 현재의 오퍼 앰프가 출현했다. IC의 유닛으로서, 1개의 트랜지스터의 크기로 간단하게 통합되어 있으므로 지금은 제어 이외에도 편리하게 응용하고 있다.

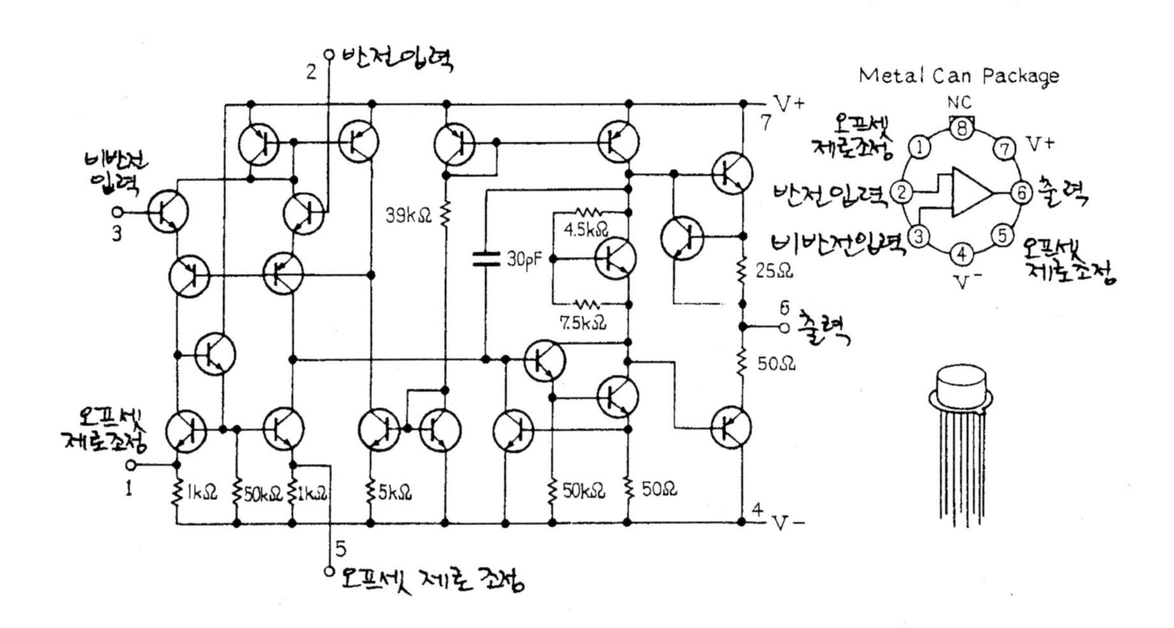

그림8 오퍼 앰프의 회로(μA741)

그림(8)은 범용(汎用) 오퍼 앰프 IC의 대표격인 μA741의 개요의 회로도이다. 전부 직결된 트랜지스터와 저항이 집적(集積)되어 있다는 것을 알 수 있다.

이와 같은 오퍼 앰프의 특징은 다음과 같다.

◆오퍼 앰프의 특징◆

① 고전압 이득(약 100만배)의 직류 증폭기이다.

② 취급할 수 있는 주파수 영역은 직류에서 100KHz 정도.

③ 입력 임피던스가 매우 크다(수MΩ)

④ 출력 임피던스는 낮다(수십Ω, 동작을 생각할 때는, 입력 임피던스는 ∝Ω이고, 입력 0Ω로, 이상(理想)오퍼 앰프라하면 이해하기 쉽다).

⑤ 외부 회로에 의한 부(負)귀환을 충분히 가해도 발진(發振)하지 않도록 6dB /oct., 위상 지연 90°의 고역(高域) 특성으로 되어 있다(이와 같은 보상을 하지 않은 것도 있다)

⑥ 입력 단자는 1쌍의 차동(差動) 입력 전원은 ⊕, ⊖의 2전원이다.

⑦ ⑥의 차동 입력 단자의 출력에 대한 이득은 같다. 즉, 출력에는 2개의 입력의 뺄셈값이 나타난다.

⑧ ①~⑥의 성질이 있으므로 외부 소자의 접속 방법, 단자의 이용에 따라 여러 가지 사용법이 있다.

2 오퍼 앰프의 기본 특성

(1) 회로 기호

그림9(a)와 같이 증폭의 뜻으로 3각기호를 사용한다. 입력 단자의 반전(反轉), 비반전의 의미는, 입력에 대해 출력이 반전하느냐, 동상(同相)이냐를 나타낸다. 전원 단자를 생략하는 경우도 있다.

등가 회로는 그림(b)처럼 아주 간단한 것이다.

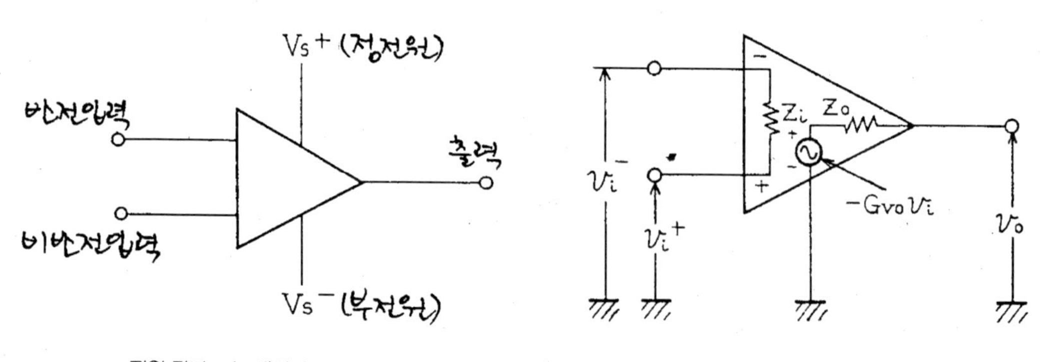

(a)회로기호 (b)등가회로

그림9 오퍼 앰프의 회로 기호와 등가회로

(2)이미지널 쇼트(Imaginal Short)

그림(10)과 같이 출력 단자와 반전(反轉) 입력 단자를 귀환 저항 R_f로 연결하면, 앰프의 증폭도가 크기 때문에 다량의 전압 부(負)귀환이 걸려, 뜻밖의 일이 일어난다. 이 그림과 같이 각

부의 전류, 전압을 나타내면, 앰프의 입력 임피던스는 매우 높기 때문에, 입력 전류를 0으로 하면 전압원(源) v_1에서 흐르는 전류 i_1=(R_f에 흐르는 전류) i_f가 된다.

R_f 양끝의 전압을 생각하면,

$R_f \cdot i_f = v_i - v_o = (1 + G_{VO})\ v_i$

P점에서 본 임피던스 Z_i는,

$$Z_i = \frac{v_i}{i_f} = \frac{R_f}{1 + G_{VO}} \quad \cdots\cdots (3)$$

$G_{VO}=10^6$, $R_f=10K\,\Omega$으로 하면, $Z_i=0.01\,\Omega$이 된다.

오퍼 앰프의 입력 임피던스는 높은 것이 특징이지만, R_f를 사용하여 전압 부(負)귀환하면, 외견상의 입력 임피던스는 0에 가깝게 된다. 또 직류 전위(電位), 신호 전압도 극히 작아져, 가상적으로 반전(反轉) 입력 단자를 어스한 것과 같은 상태로 되므로 이미지널 쇼트 상태라 부른다.

결론적으로 오퍼 앰프가 10^6이나 되는 증폭도를 가지므로, 출력 전압의 부(負)귀환에 의해 입력 신호는 없어져 매우 작게 된다는 것이다.

오퍼 앰프 자체는, 입력 임피던스는 높으나, 전압 귀환에 의해 매우 작아진다.

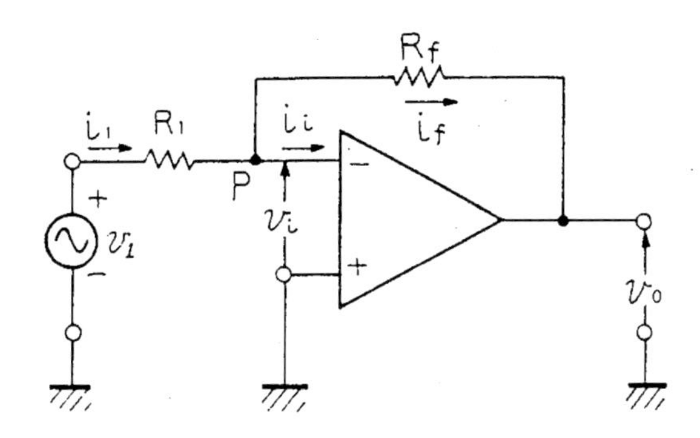

Rf를 접속하면, P점을 가상적으로 어스 전위로 된다. 이것을 이미지널 쇼트라 한다.

그림10 오퍼 앰프의 기본 회로

(3) 귀환 저항R_f를 접속한 때의 전압 이득, 출력 임피던스

그림(10)은 오퍼 앰프의 기본적인 회로이며, 이 회로의 전압 이점을 생각하면 저항 R_1, R_f 양끝의 전압은 P점이 이미지널 쇼트로 0V인 것을 고려하여,

$v_1 = i_1 \cdot R_1,\ v_o = i_f \cdot R_f = -i_1 \cdot R_f$

따라서, 반전(反轉) 단자의 전압 이득 $G_{vf} = \frac{vo}{v_1}$는,

$$Gvf = \frac{v_O}{v_1} = \frac{-i_1 R_f}{i \cdot R_1} = -\frac{R_f}{R_1} \quad \cdots\cdots (4)$$

동시에, 비반전(非反轉) 단자에 입력 신호를 가한 경우는, 똑같은 계산이며,

$$G_{vf}=\frac{v_0}{v_1}=1+\frac{R_f}{R_1} \cdots\cdots (5)$$

가 된다.

R_f에 의한 전압 부(負)귀환에 의해, 전압 이득G_{vf}는 외부에 부착한 저항 만으로 결정되고, 오퍼 앰프 자체의 변동은 전혀 관계가 없으므로, 안정한 전압 이득을 얻을 수 있다. 즉 제6장 3의 [3]항에서 설명한 대량의 NFB의 효과이다.

(4) R_f부가로 인한 전압 부(負)귀환으로 입출력 임피던스는 어떻게 변하는가

R_f에 의한 부(負)귀환은, 반전 입력 단자에 가히므로, 반전(反轉), 비반전 단자에서 각각 입출력 임피던스는 달라진다. 이것은 조금 난해하므로 종합하여 정리한다.

입력 임피던스 Z_{if}(귀환이 없을 때, Z_i=8MΩ이하)

반전 입력 단자 : $Z_{if}=\frac{R_f}{1+G_{VO}}$ (2)에서 설명한 (3)식(0.1Ω이하)

비반전 입력 단자 : $Z_{if}=Z_i(1+\frac{R_1}{R_1+R_f}G_{VO})$ ⋯⋯ (6)
(수십 Ω으로 높아진다)

출력 임피던스 Z_{of}(귀환이 없을 때, Z_o=75Ω) 반전, 비반전의 어느 쪽을 입력 단자로 사용해도 수Ω 이하로 된다.

$$Z_{of}=\frac{1+\frac{R_f}{R_1}}{G_{VO}}Z_O \cdots\cdots (7)$$

이와 같이 전압 부(負)귀환에 의해, 일반적으로 얻을 수 없는 고입력 임피던스, 저출력 임피던스를 얻을 수 있다. 이 특성은 단(段)사이 또는 결합용 버퍼 앰프로 사용한다.

(5) 오퍼 앰프의 고역 주파수 특성

[1]의 특성에서 설명한 바와 같이, 다량의 부(負) 귀환을 가하면, 일반적인 증폭기에서는 위상(位相)이 180°로 회전한 주파수까지 귀환되므로, 부(負) 귀환이 정(正) 귀환으로 되어 발진(發振)하는 것이 통례이다.

오퍼 앰프의 고역(高域) 주파수 특성은, 그림(11)과 같이 대책이 취해져 있다. 실선(實線)은 6dB /oct.에서 강하하는 진폭의 주파수 특성이고, 점선의 위상 지연이 이득1(0dB)에서

90°를 넘지 않는 상태를 나타내고 있다.

제5장 5의 [3]항에서 설명한 로 패스형 CR회로의 특성과 같다. 오퍼 앰프 자체의 주파수 특성은, 더 높은 주파수까지 넓지만, 오퍼 앰프 안에 CR회로를 내장하여 이 그림과 같은 특성으로 수정한 것이다.

오퍼 앰프에서는, 이득 0dB의 주파수를 유니티 게인 주파수라 부르며, 이것은 제6장 3의 [9] 에서 설명한 트랜지스터의 트랜지션 주파수f_T에 해당한다. 그래서 유니티 게인 주파수는 그 오퍼앰프의 이득 대역폭적(帶域幅積, GB적)을 나타낸다.

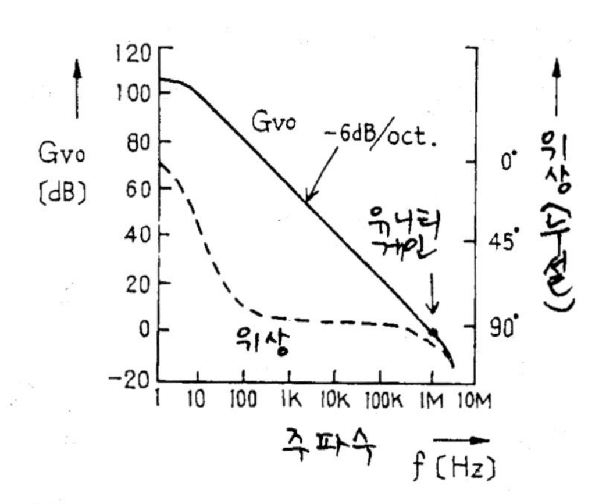

위상이 이득 0dB의 부근까지 90°부근에 있어 NFB로 발전은 일어나지 않는다(CR로패스회로의 특성과 같다).

그림11 오퍼 앰프의 주파수 특성

(6) 입력 오프셋 전압

오퍼 앰프는 직류 증폭기이므로, 2개의 입력 단자를 어스했을 때, 출력 단자도 0V로 되어야 한다. 그러나 2개의 입력에 대한 약간의 언밸런스라도 출력쪽에 전압으로 나타난다. 이것을 오프셋 전압이라 한다.

극히 작은 직류 전압을 측정할 경우 등에 부적합하므로, 그림(8)에서 나타낸 바와 같이, 오프셋 제로 조정 단자를 설치하여 수정할 수 있도록 되어 있다. 규격표(표2)에서는 7.5mV(최대)로 되어 있다.

〈표2〉 오퍼앰프 μA 741의 특성 예 (전원전압±15V)

전기적 특성		최대정격	
전압이득 G_{vo}	2×10^5(106dB)	전류전압	±15V
입력임피던스 Z_i	2MΩ	작동입력전압	±30V
출력임피던스 Z_o	75Ω	입력전압	±15V
입력오프셋 전압 V_{os}	7.5mVmax	허용손실	500mW
입력오프셋 전류 I_{os}	200nAmax	동작온도범위	0∼+70℃

(7) 2전원 사용과 1전원 동작

그림12(a)와 같은 2전원 동작이 모범적이다. 이때 출력v_o는, 전원 전압 $+V_S$에서 $-V_S$까지 가리킬 수 있다.

2전원은 변화가 크므로, 1전원으로도 작동시킬 수 있다(그림(b)). 이때는, 입력쪽을 2개의 저항으로 뜨게 할 필요가 있으며, 또 출력 v_o는 어스 전위(電位)에서 ⊕ 또는 $-Vs$까지 가리킨다. 교류 신호의 경우는 직류가 걸린 출력이 된다.

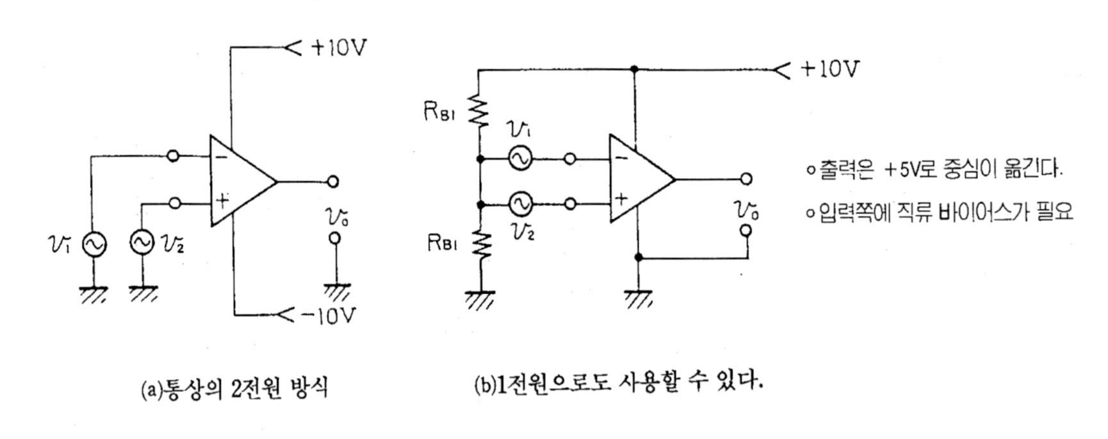

(a)통상의 2전원 방식

(b)1전원으로도 사용할 수 있다.

그림 12 전원은 하나로도 사용할 수 있다.

3 응용 회로

오퍼 앰프는 여러 가지 사용법이 있으며 전원은 생략한 그림으로 되어 있다.

(1) 기본 상수 회로

그림(10)은 앞의 2의 (3)에서 설명한 저항 R_f로 귀환한 회로이다((4), (5)식 참조).

(2) 유니티 게인 앰프

그림(10)에서 $R_f=0$으로 하면 R_1은 불필요하여 그림13(a)의 형태로 된다. 이 증폭기의 전압 이득G_{vf}는, (5)식에서 1로 된다. 이것은 고입력 임피던스, 저 출력 임피던스의 버퍼 앰프(Buf fer Amp)로 편리하게 사용할 수 있다.

트랜지스터 회로의 이미터 플로어(제6장 2의 1)에 해당하나, 기능은 훨씬 높은 것을 얻을 수 있다.

(3) 적분 회로

그림13(b)의 회로에서, $i_1=(v_1-v_i)/R_1$이다. 콘덴서C는 흐르는 전류 $ic=i_1$에 의해 충전되므로, 양끝의 전압은 전류ic를 적분(積分)한 것과 같고, .

$$v_i-v_o=\frac{1}{C}\int i_1\,dt=\frac{1}{C\cdot R_1}\int(v_1v_i)dt$$

v_i 는 이미지널 쇼트에 의해 0으로 간주하므로, 출력 전압 v_o는,

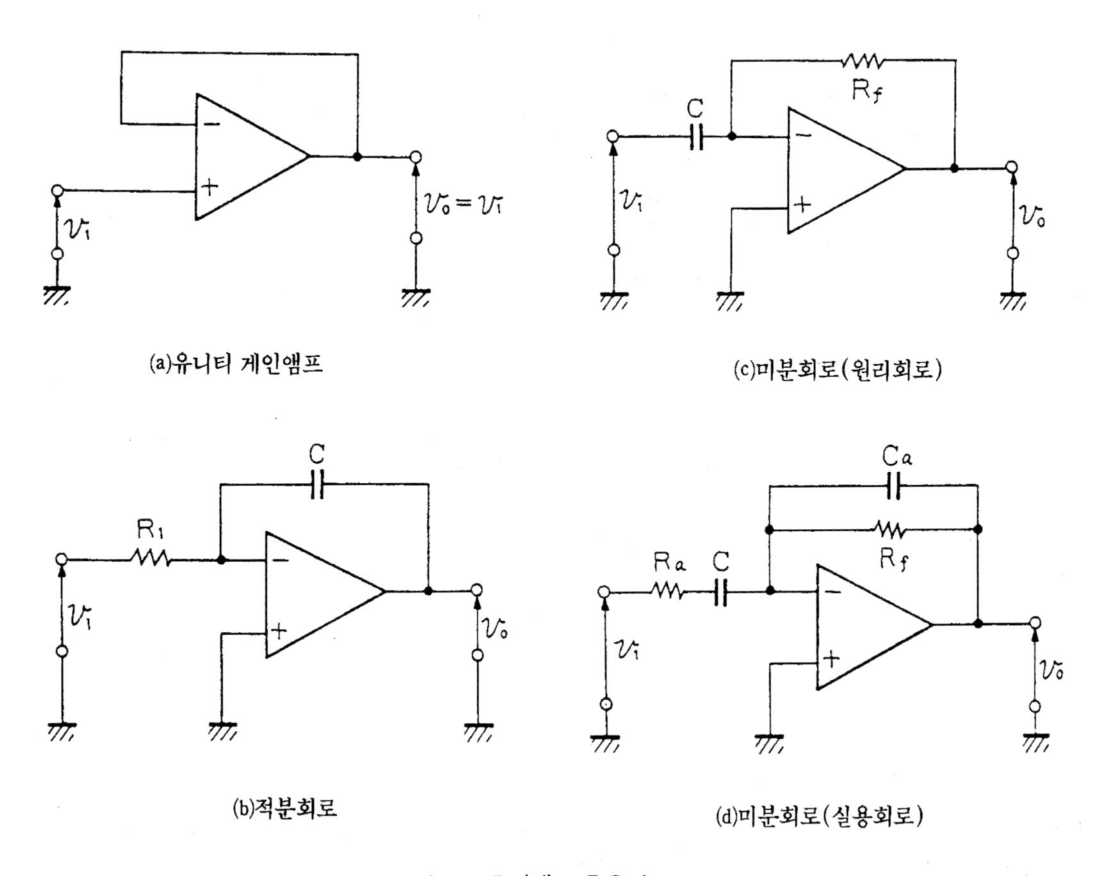

그림 13　오퍼앰프 응용회로

$$v_o = -\frac{1}{CR_1}\int v_1 dt$$

가 된다. 즉 v_1을 시간으로 적분한 전압이 출력으로 얻어진다. 이 회로는 펄스 파형(波形)의 처리 회로(적분 동작)로도 이용할 수 있다.

(4) 미분 회로

적분 회로의 짝이 되는 회로이므로, C와 R_1을 교환하면, 그림 13(c, d)의 미분 회로를 얻는다. 결과적으로 출력 전압 v_o는,

$$v_o = -C \cdot R_f \frac{dv_1}{dt} \quad \cdots\cdots (7)$$

이 된다. 실용 회로에서는 그림(d)와 같이, 저항Ra와 아주 작은 용량Ca를 부가한다.

(5) 덧셈, 뺄셈 회로

그림(14)의 회로는, $v_1 \sim v_4$의 4개의 전압의 덧셈, 뺄셈을 할 수 있다. 연산의 식은 다

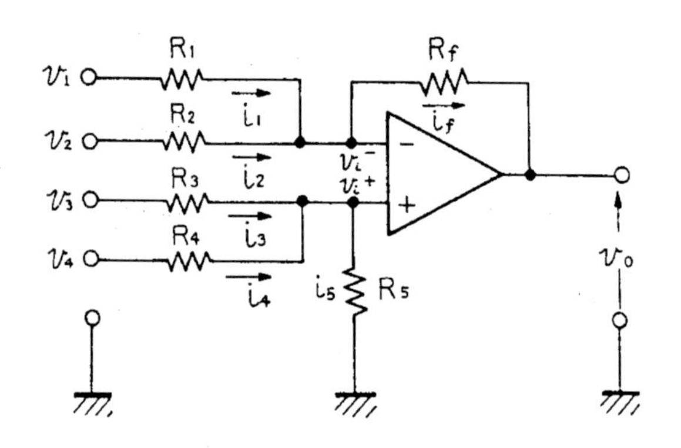

그림14 오퍼앰프이 응용(가감산 회로)

음과 같다.

$$v_o = \left(\frac{R_5}{R_3} v_3 + \frac{R_5}{R_4} v_4 \right) - \left(\frac{R_f}{R_1} v_1 + \frac{R_f}{R_2} v_2 \right) \quad \cdots\cdots (8)$$

비반전(非反轉)과 반전 입력을 사용하여 덧셈, 뺄셈을 할 수 있다.(v_3, v_4) 및 (v_1, v_2)에 대해 덧셈회로이다. 비반전, 반전 입력을 사용하면, (v_3, v_4)에 대해, ($v_1 v_2$)의 뺄셈 결과가 출력 전압 v_o로 얻는다. 또 저항 $R_1 \sim R_5$, R_f의 값을 적당히 잡으면 입력 전압에 대해, (8)식과 같이 계수(겹침)를 곱하여 덧셈, 뺄셈을 할 수 있다.

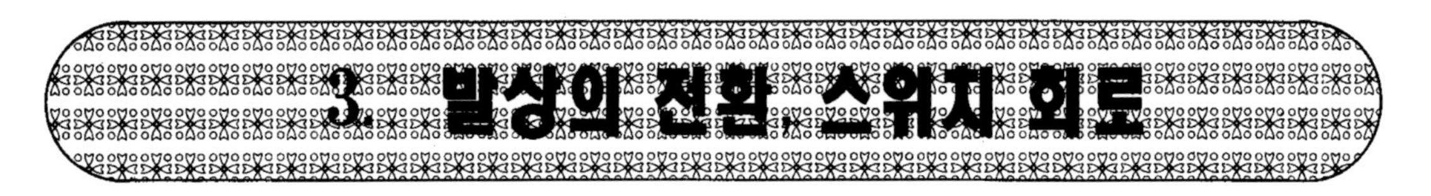

3. 발상의 전환, 스위치 회로

1 스위치 회로는 「사과 껍질」을 사용한다

과일이나 야채 또는 생선을 요리할 때는, 대부분의 경우 표면의 껍질이나 비늘을 칼로 제거하고 사용한다.

지금까지 나온 트랜지스터 회로는, 입력 신호를 변형없이 증폭하기 위해 그림(15)와 같이 특성 곡선의 중앙 Q에 동작점을 정하고 작동시킨다. 이것은 마치 야채나 과일의 알맹이를 먹는 느낌이다. 스위치 회로는, 발상(發想)의 전환으로 알맹이를 버리고, 사과 등의 껍질을 이용하려는 것이며, 특성 곡선 Vc−Ic 곡선의 바깥쪽을 사용하는 회로이다.

Ic축(軸)에 가까운 동작점 P_1은 컬렉터 전압은 0에 가깝고, 대전류 Ic=Vcc/Rc가 흐른다. 이 영역을 **포화 영역**(飽和領域)이라 하며, P_1은 스위치 ON의 동작점이다. Vc축에 가까운 동작점 P_2는, 전류Ic는 거의 흐르지 않고, 컬렉터 전압은 전원 전압 Vcc에 가깝게 된다. 이 영역을 **차단 영역**이라 하고, P_2는 스위치 OFF의 상태이다. 모든 스위치 회로는 이와같은 특성 곡선의 껍질 부분에 동작점을 두고, ON과 OFF의 2개의 동작점을 갖는다. 지금까지 사과의 알맹이 만을 먹는 선형(線形) 회로와는 전혀 다른 세계의 트랜지스터의 사용법이다. 작은 신호의 선형 회로와 달라서, 스위치 동작은 비선형(非線形) 회로 동작이며, 큰 진폭 동작이라고도 한다.

스위치 회로는 디지털 기술과 IC기술의 진전에 따라 응용 범위가 급속히 확대하고 있으며, 응용 분야를 열거하면, 전자 계산기와 그 주변 장치, 디지털 통신, 자동 제어, 레이더, 텔레비전의 펄스 회로, 디지털 화상(畵像)처리, 가전제품 분야에서는 퍼스널 컴퓨터, 워드 프로세서, 컴팩트 디스크, 위성 방송의 음성 부분이나 문자 방송 등, 사용례를 셀 수 없을 정도로 사회 문화에 큰 영향을 주고 있다.

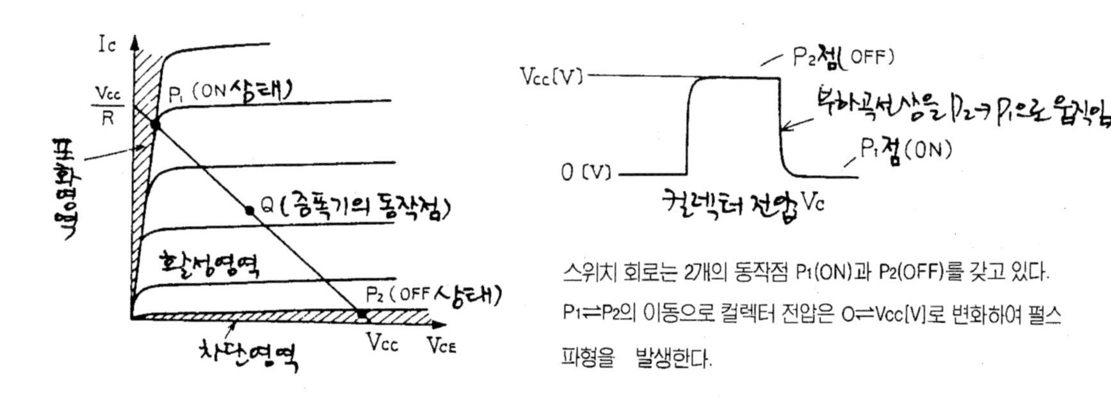

스위치 회로는 2개의 동작점 P_1(ON)과 P_2(OFF)를 갖고 있다. $P_1 \rightleftarrows P_2$의 이동으로 컬렉터 전압은 $0 \rightleftarrows$ Vcc[V]로 변화하여 펄스 파형을 발생한다.

그림 15 스위치 회로의 동작점

2 트랜지스터의 정(靜)특성(포화와 차단 영역)

(1) ON과 OFF시의 트랜시스터의 상태

먼저 스위치를 정지시켜 보고, ON, OFF 상태에서 트랜지스터가 어떻게 되었는지 알아 보자.

트랜지스터가 동작하는 활성 영역을 제외하고, ON(포화 영역)과 OFF(차단 영역)의 상태에서는, 트랜지스터는 다이오드(pn접합)를 2개 연결한 회로라고 생각하면 이해하기 쉬울 것이다(그림16(a, b)). 그림(a)는 OFF의 상태를 나타내고, 컬렉터 접합 D_C, 이미터 접합 D_E가 모두 역(逆)바이어스된 상태로 되어, 임피던스가 매우 높아진다. 이것은 데이터 북의 특성표(표3)에서 추정할 수 있다.

$$\text{출력쪽(C}-\text{E)저항} = \frac{V_{CB}}{I_{CBO}} = \frac{70V}{1\mu A} = 70M\Omega$$

$$\text{입력쪽(B}-\text{E)저항} = \frac{V_{EB}}{I_{CBO}+I_{EBO}} = \frac{5V}{2\mu A} = 25M\Omega$$

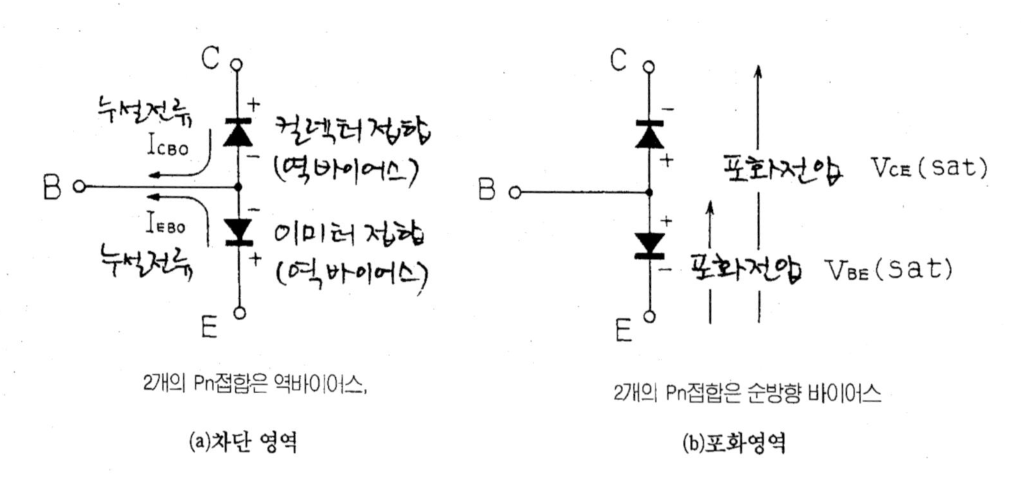

(a)차단 영역　　(b)포화영역

그림16　스위치 동작은 트랜지스터를 2개의 다이오드로 간주한다.

〈표3〉 스위칭용 트랜지스터의 특성 예(2SC 979)

컬렉터 차단전류 $I_{CBO}(V_{CB}=70V)$ 1.0μA	트랜지션 주파수는 Ft 250MHz	
이미터 차단전류 $I_{EBO}(V_{EB}=5V)$ 1.0μA	컬렉터 출력용량 Cob 3PF	
직류전류증폭율 $h_{FE}(V_{CE}=1V, I_C=1mA)$ 70~120	스위칭시간	턴온시간 ton 25ns
C−E 포화전압 $V_{CE}(sat)$ 0.05V		축적시간 ts 400ns
B−E 포화전압 $V_{BE}(sat)$ 0.75V		하강시간 tf 30ns

다음에 ON의 상태에서는 그림(b)와 같이 컬렉터, 이미터의 2개의 다이오드는 순방향으로 바이어스된 상태로 되어 낮은 임피던스로 된다. 이것도 표3의 특성표에서 저항값을 추정할 수 있다.

$$출력(C-E)저항 : \frac{V_{CE(sat)}}{I_C} = \frac{0.05V}{10mA} = 5\Omega$$

$$입력(B-E)저항 : \frac{V_{BE(sat)}}{I_B} = \frac{0.75V}{1mA} = 75\Omega$$

의 낮은 값이 된다.

전자 스위치의 성능을 나타내는 하나의 파라미터로, OFF와 ON의 저항의 비(ON·OFF比라 한다)를 위의 예에서 계산하면 컬렉터 출력에 대해서는 2×10^7, 베이스 입력에 대해서는 7×10^3이 되어 상당히 좋은 값이다.

3 트랜지스터의 동(動)특성(활성 영역)

스위치 회로는 사과 껍질의 이용이라고 했는데, ON에서 OFF, OFF에서 ON으로 빨리 변환해야 한다. 이 과도(過渡) 상태는, 그림(15)의 출력 곡선에서 직선 P_1, P_2(부하 곡선R)의 위를 P_1점에서 P_2점, P_2에서 P_1점으로 이동하는 것에 대응한다. 이 과도 상태는 활성 영역과 주로 관계가 있으며, 트랜지스터 스위치 회로의 최대 문제점도 이 동(動)특성에 있다.

여기서 트랜지스터의 베이스에 그림17(a)와 같은 펄스 전압을 가했을 때, 출력 파형(컬렉터 전류$\times R_C$)은 어떻게 되는가, 그리고 문제는 어디에 있는지 알아 본다.

입력 전압이 작으면 리니어한 앰프로 되므로 V_1은 트랜지스터를 충분한 포화상태로 하고, $-V_2$는 충분한 차단 상태로 하는 진폭으로 생각한다.

그림17(b)는 베이스 전류이며, 그 특징은 OFF시에 흐르는 역방향의 전류 $-I_{BR}$이다. I_{BR}는 **소수 캐리어의 축적 효과**라 불리우는 현상이며, 차단 상태로 되어 있어도 베이스 영역에는 소수 캐리어(이 때는 홀)가 조금씩 남아 있게 된다. 이 남아 있는 홀이 역(逆)바이어스된 Pn접합에 대해 이미터쪽으로 돌아가서 역 전류 I_{BR}로 된다.

다음에, 컬렉터 전류(출력)의 파형은, 그림17(c)와 같이 되는데 다음 몇가지 용어를 설명하면서 파형을 보기로 한다.

(1) 턴온 시간(Turn On Time) t_{on}

턴온시간이란, 차단 상태(OFF)에서 포화 상태(ON)에 도달하는 시간을 말한다. 정확하게 표현하자면 출력 I_C가 90%로 되기까지의 시간으로 정의하고 있다.

이 시간은 증폭 특성(활성 영역)에 대응하는 것으로 생각하고, 트랜지스터의 고역(高域) 특성(제6장 3의 9의 트랜지션 주파수 f_T)에 대응하고 있다. t_{on} 가운데, 컬렉터 전류가 전진폭(全振幅)의 10%로 되는 시간을 **지연 시간** t_d 라 하고, 전진폭의 10%에서 90%로 되는 시간을 시동 시간 t_r이라 한다(시동 시간은 제5장 5의 [4] 참조).

(2) 턴오프 시간(Turn Off Time) t_{off}

여기서 뜻밖의 현상이 일어난다. 그것은 포화로 인한 **축적** 시간(Storage Time)t_s의 존재이다. 이 축적 시간은 조금 두드러진 지연이 발생한다. 포화 시에는 큰 전류가 흐르고 있으므로 베이스 영역에는 대량의 소수 캐리어가(이것도 포화의 정도가 클수록 많다) 모여 있어 베이스 입력 전압이 $-V_2$로 되고, 이미터 접합이 역(逆)바이어스되어도 이 소수 캐리어는 좀처럼 없어지지 않고, I_C전류로 되어 흘러, 컬렉터 접합은 낮은 임피던스를 유지한다. 이 캐리어의 흐름이 끝나면, 겨우 축적 시간 t_s가 끝난다.

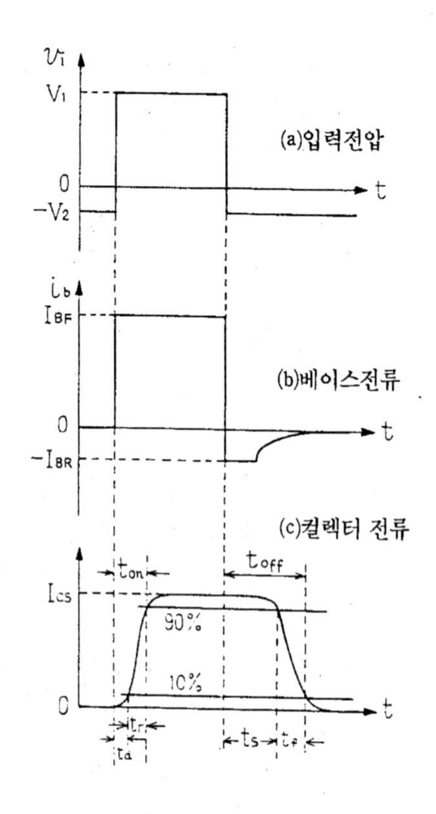

그림 17 펄스 입력시의 트랜지스터의 응답

이 t_s는 입력 전압이 $-V_2$의 시간부터 I_C가 90%로 떨어지기 까지의 시간으로 정의한다. 그리고 I_C가 90%의 시간에서 10%로 떨어지는 시간을 **종말 시간**(Fall Time) t_f 이라 부른다. 종말 시간은 시동 시간과 같이 활성 영역 동작에 대응한 시간이다.

축적 시간과 종말 시간의 합계, 즉 입력 전압이 차단 전압 $-V_2$로 된 시간부터 I_C가 10%로 저하하기 까지의 시간을 턴오프 시간이라 한다.

트랜지스터의 특성표(표3)에서, 이들 시간을 읽으면 t_{on}=25ns, t_s=400ns, t_f=30ns로 되어 있다. 시동 시간 t_{on}, t_f가 짧은 것은 더 없이 좋은 일이나, 무엇보다도 축적 시간t_s가 월등히 커서 이용상의 문제가 된다는 것을 알 수 있다.

[4] 축적시간 t_s를 짧게 하는 고안

펄스 회로의 타이밍을 뒤틀리게 하는 축적 시간 t_s의 대책은 다음과 같다.

(1) 트랜지스터 ON을 과(過)포화 상태로 하지 않는다. 또는 전혀 포화시키지 않는다

정확하게 pn접합이 포화한 상태, 기준으로서 $V_{BE}=V_{CE}$로 된 점은, 활성 영역과 포화 영역의 경계점(境界点)이며, 보터밍 상태(Just Bottoming)라 하고, 이 상태에 ON의 동작점을 두는 것이, t_s를 짧게 하는 하나의 방법이다.

(2) 스피드업 콘덴서를 사용한다(그림 18)

그림18(a)와 같은 회로를 입력 베이스 단자에 설치하면, t_s뿐만 아니라, 시동시간, 종말 시간

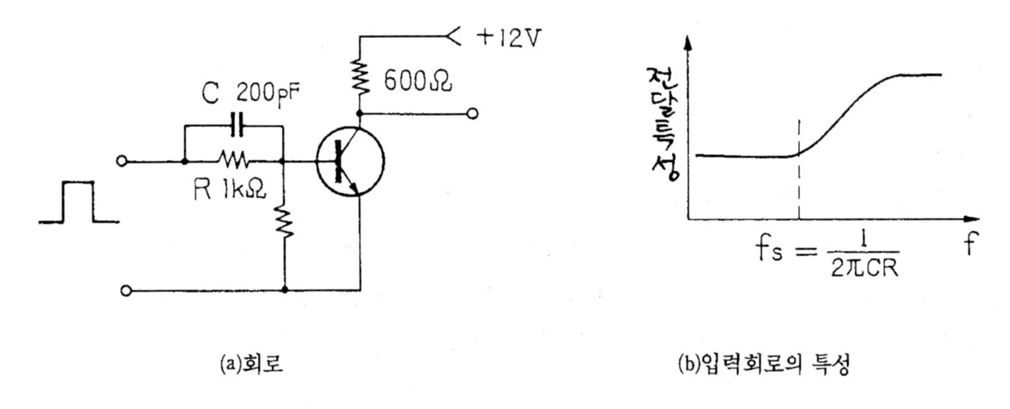

(a)회로

(b)입력회로의 특성

그림18 스피드업 콘덴서

t_r, t_f도 짧게 할 수 있다. 이 CR회로는 제5장 5의 바이패스형과 비슷하며, 그림(b)와 같은 주파수 특성을 갖고, τ_1=CR로 미분 특성이 거의 결정된다. t_s, t_r, t_f에 대응하여, τ_1=CR를 설정하면, 가장 적합한 동작을 얻을 수 있다. 그림(21)의 플립플롭에도 사용하고 있다.

(3) 입력쪽 임피던스를 낮춘다

생각하고 있는 트랜지스터를 구동하는 입력쪽 임피던스를 될 수 있는 대로 낮은 것을 선정한다.

(4) 클록 펄스의 활용(그림 19)

이것은 계(系)전체의 시스템 설계와도 관련이 있으며, 표준이 되는 클록 펄스로 회로의 출력 타이밍을 결정하는 방법이다. 회로는 조금 복잡하지만, 펄스의 지연이 발생해도 그 변동은 출력 펄스에 전혀 나오지 않고, 클록 펄스로 모든 타이밍이 결정된다.

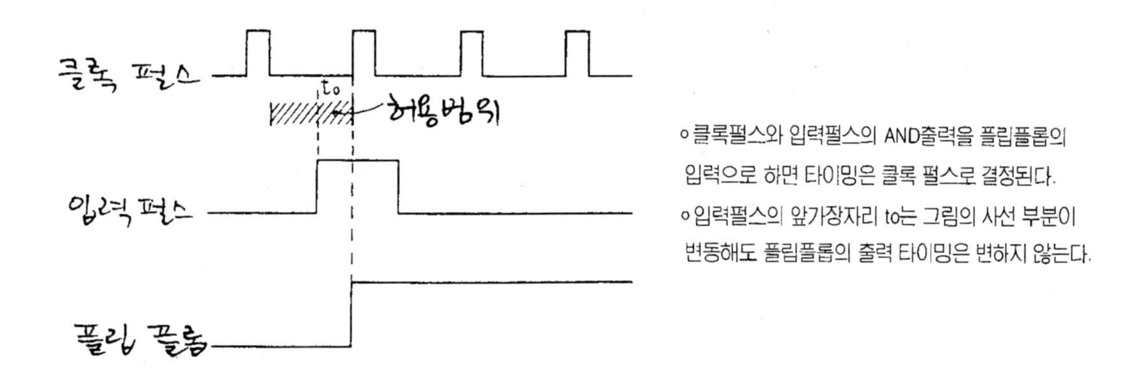

그림19 클록 펄스 응용예

5 스위치 회로의 쓰임새

(1) 펄스 회로

멀티바이브레이터(플립플롭 multivibrator), 블로킹 발진기(發振器) 등의 펄스 발생기, 클램프 회로, 클리퍼, 슬라이서, 슈밋 트리거 회로 등의 진폭 방향의 파형을 조작하는 회로, 게이트 등 시간축(軸) 방향의 조작을 하는 회로가 있다. 이 밖에 펄스수(數)를 세는 카운터, 아날로그 신호를 디지털 신호로 하는 A－D 변환기, 디지털 통신용의 각종 변복조기(變復調器)등도 있다.

펄스 회로의 예로 그림(20, 21)의 슬라이서와 플립플롭의 동작 개요를 설명한다.

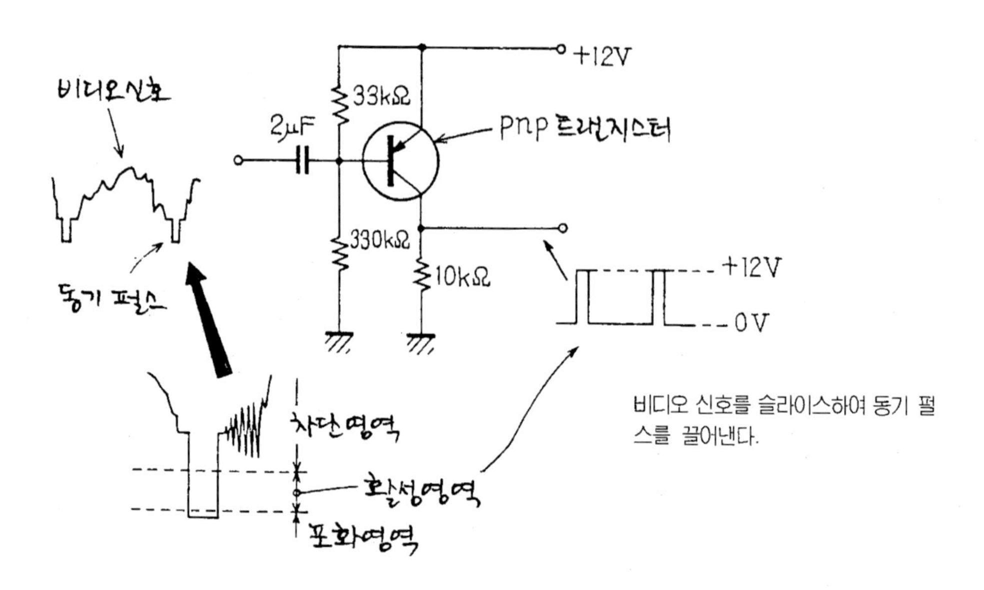

① 트랜지스터는 10kΩ의 컬렉터 저항이 들어 있으므로 1.2mA의 전류가 흐르면 포화 영역으로 들어간다.
② 동기 펄스의 끝에서 트랜지스터 ON.
③ 비디오 신호로 트랜지스터는 OFF로 되어 신호는 통하지 않는다.
④ 그래서 동기펄스의 끝으로 조금 윗부분만이 활성영역에 들어 증폭하여 출력이 된다(동기 출력기능)
⑤ 동기 펄스 끝에서 트랜지스터 ON이며, 베이스 단자 전위는 +12V, 동기 끝을 일정한 전위로 맞추는 기능도 있다. 이것을 클램프 동작(회로)이라 한다.

그림20 슬라이서, 클램프 회로의 예(텔레비전 동기 분리회로)

(2) 논리 회로(디지털 회로)

컴퓨터나 디지털 제어 회로의 기점(基点)이 되는 논리 연산을 하는 회로를 논리 회로라 하고, 디지털 회로의 주요 부분을 차지하고 있다.

논리 회로의 하드웨어로는, 매우 많은 종류의 IC가 생산되고 있으므로 데이터 북에서 목적하는 IC를 선정하여 IC끼리 접속하여 전원, 어스와 연결하면, 어떤 형태는 완성할 수 있다.

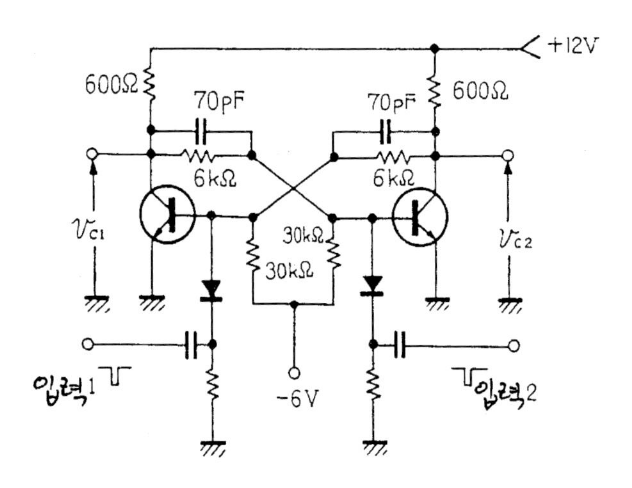

① 2개의 트랜지스터는 한쪽은 ON, 또 한쪽은 OFF, 입력펄스가 없으면 영구히 그 상태를 지속한다(기억기능).
② 이 상태에서 출력 Vc1, Vc2의 전위는 ON 트랜지스터는 0V, OFF트랜지스터는 +12V.
③ 입력 펄스가와서 OFF의 트랜지스터가 조금이라도 도통하면 발진(2개의 트랜지스터가 모두 순간적으로 활성영역으로 된다)이 일어나서 ON과 OFF의 트랜지스터가 교체한다. 이것은 마치 시소동작과 같다.
④ 이 회로는 입력 펄스의 선택성이 있으며 OFF의 트랜지스터에 부(⊖)펄스가 들어가도 동작하지 않는다. ON 트랜지스터에 부(⊖) 펄스가 들어간 때만 작동한다. 이것을 Rs플립플롭이라 한다.
⑤ 플립플롭은 Rs형외에 T형, D형등의 종류가 있다.

그림21 플립플롭 회로의 포인트

6 논리 회로의 포인트

(1) 펄스와 논리

그림(22)와 같이 펄스의 전위(電位)는, 스위치 회로의 ON과 OFF에 대응하여 2개의 진폭

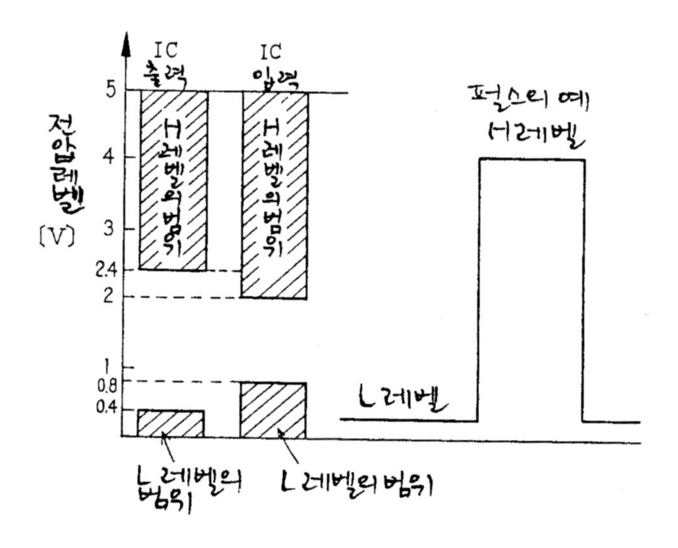

① TTL Ic의 전압 레벨은 H는 5V, L는 oV이며 온도 변동, 제품의 불균일 등을 고려하여 그림의 사선 부분의 범위의 변동을 허용하고 있다.
② 입력쪽 허용 범위를 출력쪽보다 넓게 하여 IC간의 펄스송수의 마진을 확보하고 있다.

그림22 디지털 신호의 전압 레벨의 예(TTL형 IC의 규격)

(전위)밖에 갖지 않는다. 높은 쪽의 전위를 H레벨(High Level), 낮은 쪽의 전위를 L레벨(Low Level)이라 한다.

그리고 H레벨을 논리학의 진(眞, Truth)으로 L레벨을 위(僞, Fault)에 대응시켜 생각하면, 논리학적 추론(推論)이 스위치 회로의 결합으로 된다.

한편, H레벨을 1, L레벨을 0에 대응하는 2진수(進數) 표현을 생각할 수 있다. 2진수란 일상생활에서 흔히 사용하고 있는 수, 0~9까지의 숫자로 구성되는 10진수의 감각으로 생각하면, 2진수는 0과 1의 2개의 숫자로 구성된 세계이다. 10진수에서는 9+1=10로 두 자리가 되나, 2진수에서는 1+1=10 (일 제로로 읽는다)로 두 자리가 된다.

또 2진수의 각 자릿수는, 10진수 곱으로 보면 2^n에 해당하고 있다. 예를 들면 2진수 101의 최초의 자리는 2^2에 해당하고, 다음 자리는 2^1, 최후의 자리는 $2^0=1$에 해당하므로,

[2진수 101] : $1\times2^2+0\times2^1+1\times2^0=4+0+1=5$(10진수)

이와 같이 모든 10진수는, 모든 2진수에 1:1로 대응한다.

이와 같은 1, 0의 2진 연산과, 진(眞), 위(僞)의 논리 연산을 대응시킨 수학이 개척되어, 블

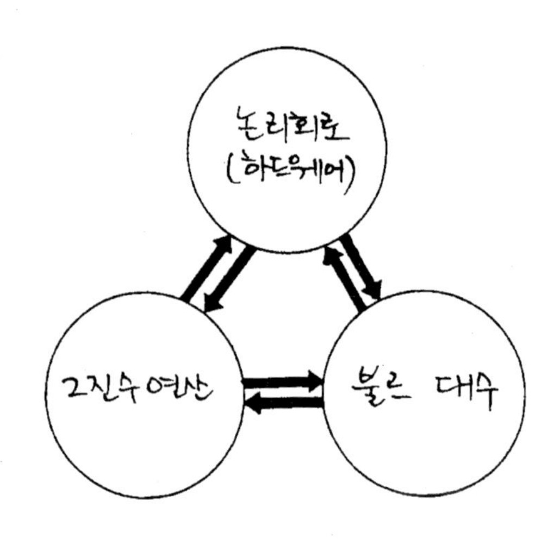

그림23 디지털 회로의 기본 요소

랜 대수(代數, Boolean Algebra)라 하여 논리 회로를 구성, 설계할 때의 유력한 수단으로 되어 있다. 「논리 회로란, 블랜 대수(代數) 연산을 하는 하드웨어이다」라고 표현할 수 있다.

(2) 기본 논리 회로의 종류

그림(24)와 같이 A,B 2개의 입력과 1개의 출력Y를 가진 임의의 논리 회로를 생각한다. A, B그리고 Y는 모두 1(H)이나 0(L)의 2값 밖에 가질 수 없으므로 입력 A, B의 결합은, 표4의 윗부분에 나타냈듯이 4가지가 된다. 이 4가지의 입력에 대해, 논리 회로의 출력 Y는 16가지의 케이스가 있다. 반대로 16가지 이외는 없다.

〈표4〉 진리값

입력 A		0 0 1 1	
입력 B		0 1 0 1	
논리출력Y	0	0 0 0 0	僞
	1	0 0 0 1	AND(논리적)〔A×B〕
	2	0 0 1 0	
	3	0 0 1 1	
	4	0 1 0 0	
	5	0 1 0 1	
	6	0 1 1 0	EXOR(배타적논리화) 〔$A\overline{B}+\overline{A}B$〕
	7	0 1 1 1	OR(논리화) 〔A+B〕
	8	1 0 0 0	NOR(논리화의 부정) 〔$\overline{A+B}$〕
	9	1 0 0 1	EXNOR(EXOR의 부정 〔$\overline{A\overline{B}+\overline{A}B}$〕
	10	1 0 1 0	
	11	1 0 1 1	
	12	1 1 0 0	
	13	1 1 0 1	
	14	1 1 1 0	NAND(논리적의 부정) 〔$\overline{AB}$〕
	15	1 1 1 1	진

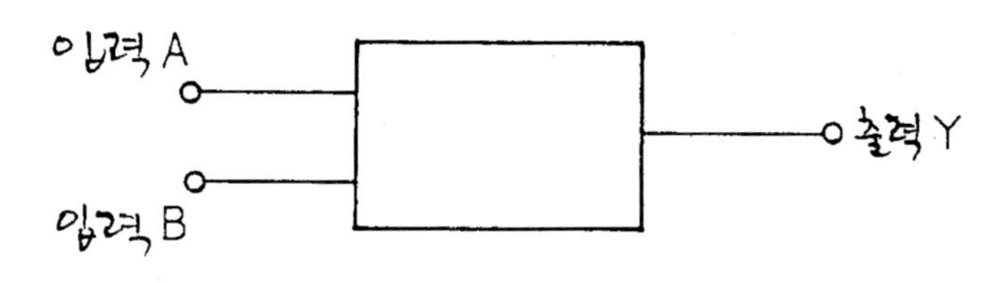

그림24 논리회로

① 논리의 기본이 되는 것은, AND와 OR와 NOT의 3종류이다. NOT란 부정(否定)이라고도 하며, Amp로 반전시키는 간단한 회로이다. A의 부정은 $\overline{A}$로 표현한다.

② NAND, NOR은 AND와 OR의 출력에 부정을 접속한 것이며, 이 2개의 조합만으로 대개의 논리 회로를 구성할 수 있으므로 IC화의 기본 회로로 되어 있다.

③ 그 밖에 EXOR, EXOR,도 많이 사용한다. EXOR는 양웅(兩雄은 병립(並立) 못한다(두 영웅은 양립할 수 없으므로, 반드시 싸움으로써 한쪽이 진다는 뜻)는 말이 들어 맞는 회로이며, 데이터의 대소판정에 이용한다.

④ 플립플롭

이것도 디지털 회로의 중요한 구성 요소이며, 앞부분 상태의 기억 기능을 가진 것이 특징이다. 펄스 회로의 예를 그림(21)에 설명했는데, 놀라운 것은 같은 기능을 NAND회로의 조합으로 실현할 수 있다. 그 예를 그림 (25)에 나타냈다.

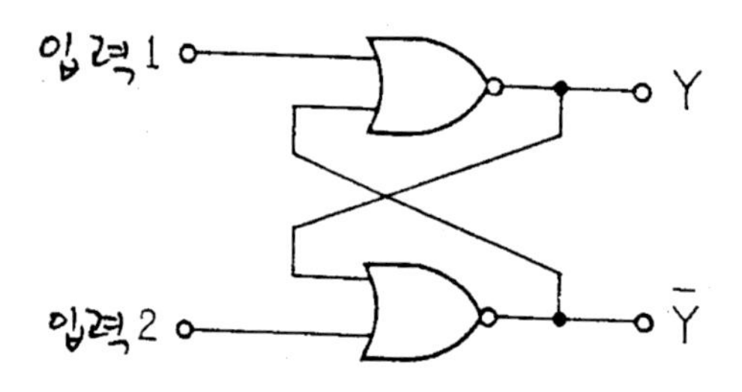

그림25　NAND회로 2개로 플립플롭할 수 있다.

논리적 AND	 $Y = A \cdot B$	A, B가 모두1일 때만 Y=1
논리화 OR	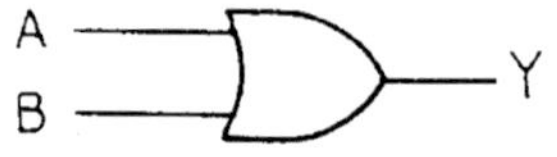 $Y = A + B$	A, B의 어느 하나가 1이면 Y=1
부정논리적 NAND	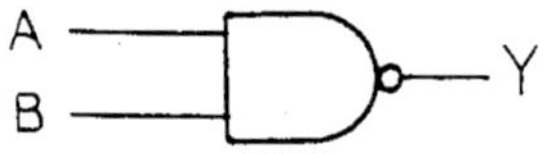 $Y = \overline{A \cdot B}$	
부정논리화 NOR	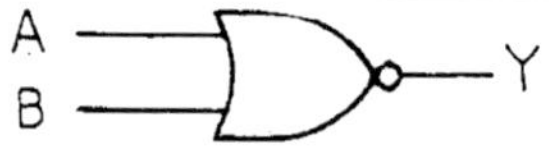 $Y = \overline{A + B}$	
부　정 NOT	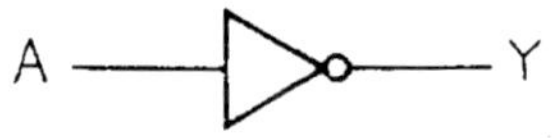 $Y = \overline{A}$	A를 반전한 것
배타적논리화 EXOR	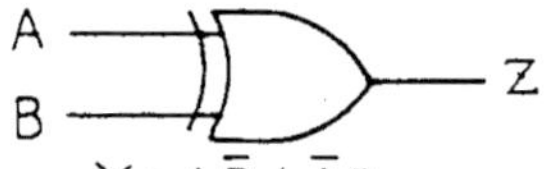 $Y = A\overline{B} + \overline{A}B$	OR로 A=B=1을 제외한 것 (양웅은 병립 못한다)
부정배타적논리화 EXNOR	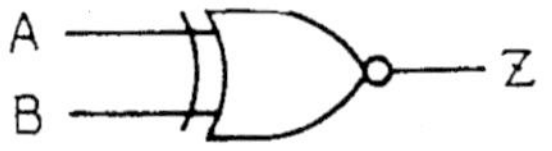 $Y = \overline{A\overline{B} + \overline{A}B}$	
플립플롭 FF	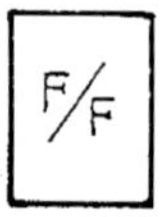 F/F	기억기능

그림26　논리기호(O는 부정(반전)의 기호)

끝으로 논리 소자의 기호를 그림(26)에 정리하여 나타냈다.

최후의 논리 회로는, 지금까지 설명한 하드웨어만의 회로와 형태가 다르며, 예를 들면 블루대수나, 2진수 등 사고(思考)하는 세계를 바꾸어야 할 필요가 있다. 그러므로 디지털 회로가 어떤 세계를 다루고 있는지 예상한다면 성공적이다.

부 록

학습요점

1. 회람 문자의 표시 열람표
2. 원소의 주기표
3. MKS와 CGS단위계의 비교
4. MKS와 CGS단위계의 공식의 비교
5. 물리정수표
6. 매우 큰 수와 작은 수의 표현 방법과 지수 계산
7. 삼각 함수의 일람표
8. 데시벨(dB)의 정의

1. 희랍문자표시

이 름	대문자	소문자	상용되고 있는 표시 사항
알 파	Α	α	각도, 면적, 계수, 감쇠 정수, 흡수율, 베이스 접지, 전류이득
베 타	Β	β	각도, 플러스 밀도, 위상정수, 에미터접지 정류이득
감 마	Γ	γ	각도, 도전율, 비중
델 타	Δ	δ	변분(變分), 밀도, 각도
입 실 론	Ε	ε	자연 대수의 밀수, 전계 강도
제 타	Ζ	ζ	임피던스, 계수, 좌표
에 타	Η	η	히스테리시스 계수, 능률, 표면 전하 밀도(表面電荷密度)
세 타	Θ	θ	온도, 위상각, 시정수, 릴럭턴스, 각도
아이오타	Ι	ι	단위 벡터
카 파	Κ	κ	유전계수, 서셉티빌리티
람 다	Λ	λ	파장, 감쇠 정수
뮤 우	Μ	μ	마이크로-, 증폭률, 퍼어미어빌리티(투자율)
뉴 우	Ν	ν	릴럭티비티, 주파수
크 시	Ξ	ξ	좌표
오미크론	Ο	o	-
파 이	Π	π	3.1416(원 둘레와 직경의 비)
로 우	Ρ	ρ	저항성, 좌표
시 그 마	Σ	σ	합(合)(대문자), 전기 도전도, 누설 계수, 표면 전하 밀도, 복소수 전파(傳播) 정수
타 우	Τ	τ	시정수, 시간, 위상 변위 밀도, 전송률
윕 실 론	Υ	υ	-
파 이	Φ	ϕ	자속, 각도, 스칼라 전위(대문자)
카 이	Χ	χ	전기 서셉티빌리티, 각도
프 시	Ψ	ψ	유전속(誘電束), 위상차, 좌표, 각도
오 메 가	Ω	ω	각속도, 저항(Ω)(대문자), 입체각(대문자)

주 : 대문자라고 표시한 것 이외는 모두 소문자를 사용한다.

2. 원소의 주기표

원소 기호의 왼쪽 수자는 원자 번호. ( )내의 수자는 최외각의 전자 개수

족 주기	I a b	II a b	III a b	IV a b	V a b	VI a b	VII a b	VIII a b	
1	1H 수소 (1)								2 He 헬 륨 (2)
2	3 Li 리튬 (1)	4 Be 베릴륨 (2)	5 B 붕소 (3)	6 C 탄소 (4)	7 N 질소 (5)	8 O 산소 (6)	9 F 불소 (7)		10 Ne 네 온 (8)
3	11 Na 나트륨 (1)	12 Mg 마그네슘 (2)	13 Al 알루미늄 (3)	14 Si 규소 (4)	15 P 인 (5)	16 S 유황 (6)	17 Cl 염소 (7)		18 Ar 아르곤 (8)
4	19 K 칼륨 (1) 29 Cu 동 (1)	20 Ca 칼슘 (2) 30 Zn 아연 (2)	21 Sc 스탄듐 (2) 31 Ga 갈륨 (3)	22 Ti 티탄 (2) 32 Ge 게르마늄 (4)	23 V 바나듐 (2) 33 As 비소 (5)	24 Cr 크롬 (1) 34 Se 셀렌 (6)	25 Mn 망간 (2) 35 Br 취소 (7)	26Fe 철 (2) 27Co 코발트 (2) 28Ni닉켈 (2)	36 Kr 크리프톤 (8)
5	37 Rb 루비듐 (1) 47 Ag 은 (1)	38 Sr 스트론튬 (2) 48 Cd 카드뮴 (2)	39 Y 이트륨 (2) 49 In 인듐 (3)	40 Zr 지르코늄 (2) 50 Sn 주석 (4)	41 Nb 니오븀 (2) 51 Sb 안티몬 (5)	42 Mo 몰리브덴 (1) 52 Te 텔루륨 (6)	43 Tc 테크니륨 (1) 53 I 옥소 (7)	44Ru 루테늄 (1) 45Rh 로듐 (1) 46Pd 팔라듐 (18)	54 Xe 크세논 (8)
6	55 Cs 세슘 (1) 79 Au 금 (1)	56 Ba 바륨 (2) 80 Hg 수은 (2)	57－71 란탄계 (2) 81 Tl 탈륨 (3)	72 Hf 하프늄 (2) 82 Pb 납 (4)	73 Ta 탄탈 (2) 83 Bi 창연(비스무투) (5)	74 W 월프람 (텅스텐) (2) 84 Po 폴로늄 (6)	75 Re 레늄 (2) 85 At 아스타틴 (7)	76 Os 오스뮴 (2) 77 Ir 이리듐 (2) 78 Pt 백금 (2)	86 Rn 라 돈 (8)
7	87 Fr 프란슘 (1)	88 Ra 라듐 (2)	89 악티늄계 (2)						
분 류	알카리금속 동(수소)족	알카리토류금속 아연족	알루미늄족 희토류	탄소족 티탄족	질소족 토산금속	산소족 크롬족	할로겐족 망간족	철족 (위3개) 백금속 (아래6개)	회가스류

란탄계	57 La 란 탄	58 Ce 세 륨	59 Pr 프라세오디뮴	60 Nd 네오디뮴	61 Pm 프로메튬	62 Sm 사마륨	63 Eu 유우러퓸	64 Gd 가돌리늄	65 Tb 테르븀	66 Dy 디스프로슘	67 Ho 홀 뮴	68 Er 에르븀	69 Tm 툴 륨	70 Yb 이테르븀	71 Lu 루테슘
악티늄계	89 Ac 악티늄	90 Th 토 륨	91 Pa 프로탁티 늄	92 U 우라늄	93 Np 넵튜늄	94 Ph 플루토늄	95 Am 아메리슘	96 Cm 큐륨	97 Bk 베르켈륨	98 Cf 캘리포르늄	99 Es 아인슈타이 늄	100 Fm 패르뮴	101 Md 멘델레븀	102 No 노벨륨	103 Lr 로렌슘

3. MKS와 CGS 단위계의 비교

양		기호	MKS 단위	CGS 전자단위	CGS 정전단위
역학적양	길이	l	1[m]	10^3[cm]	10^2[cm]
	질량	m	1[kg]	10^3[g]	10^3[g]
	시간	t	1[s]	1[s]	1[s]
	힘	f	1[N] 9.8 [N]=1 [kgw]	10^5[dyn]	10^5[dyn]
	빛의 속도	c	3×10^8[m/s]	3×10^{10}[cm/s]	3×10^{10}[cm/s]
	일 에너지	W	1[J]	10^7[erg]	10^7[erg]
전기적양	전력	P	1[W]	10^7[erg/s]	10^7[erg/s]
	기전력 전위·전압	E V	1[V]	10^3[emu]	1/300[esu]
	전계의 세기	E	1[V/m]	10^6 〃	$1/(3\times10^4)$ 〃
	전류	I	1[A]	10^{-1} 〃	3×10^9 〃
	저항	R	1[Ω]	10^9 〃	$1/(9\times10^{11})$ 〃
	저항률	ρ	1[Ωm]	10^{11} 〃	$1/(9\times10^9)$ 〃
	도전율	σ	1[Ω/m]	10^{-11} 〃	9×10^9 〃
	전하	Q	1[C]	10^{-1} 〃	3×10^9 〃
	전속	Φ	1[C]	$4\pi/10$ 〃	$12\pi\times10^2$ 〃
	전속밀도	D	1[C/m²]	$4\pi/10^5$ 〃	$12\pi\times10^5$ 〃
	정전용량	C	1[F]	10^{-9} 〃	9×10^{11} 〃
	유전율	ε	1[F/m]	$4\pi/10^{11}$ 〃	$36\pi\times10^9$ 〃
	진공의 유전율	ε_0	8.855×10^{-12}[F/m]	$1/(9\times10^{20})$ 〃	1
자기적양	기자력	F	1[A]	$4\pi/10$[Gb]	$12\pi\times10^9$ 〃
	자계의 세기 자화력	H	1[A/m]	$4\pi/10^3$[Oe]	$12\pi\times10^7$ 〃
	자속	Φ	1[Wb]	10^8[Mx]	$1/(3\times10^2)$ 〃
	자속밀도	B	1[Wb/m²]	10^4[gauss]	$1/(3\times10^6)$ 〃
	자기저항	R	1[A/Wb]	$4\pi/10^9$[emu]	$36\pi\times10^{11}$ 〃
	인덕턴스	L	1[H]	10^9 〃	$1/(9\times10^{11})$ 〃
	자극의 세기·자하	m	1[Wb]	$10^2/4\pi$ 〃	$1/(12\pi\times10^2)$ 〃
	자화의 세기	J	1[Wb/m²]	$10^4/4\pi$ 〃	$1/(12\pi\times10^6)$ 〃
	투자율	μ	1[H/m]	$10^7/4\pi$ 〃	$1/(36\pi\times10^{13})$ 〃
	진공의 투자율		$4\pi\times10^{-7}$[H/m]	1	$1/(9\times10^{20})$ 〃

주 1. 이 차원식은 MKS 단위계로 제4 단위에 μ를 쓴 경우이다.

2. 이 표에서, 이를 테면 기전력의 MKS 단위로 1[V]는 CGS 전자 단위로는 10^3[emu], CGS 정전 단위로는 1/300[esu]이다.

따라서 MKS 단위의 E[V]를 CGS 전자 단위로 환산하는데는 $10^4\times$E[emu]로 하고 CGS 정전 단위로 환산하는 데는 E/300[emu]로 한다.

4. MKS와 CGS 단위계의 공식의 비교

	자기		정전기	
	MKS	CGS	MKS	CGS
쿨롱의 법칙	$f=\frac{m_1m_2}{4\pi\mu r^2}$	$f=\frac{m_1m_2}{\mu r^2}$	$f=\frac{Q_1Q_2}{4\pi\varepsilon r^2}$	$f=\frac{Q_1Q_2}{\varepsilon r^2}$
자속밀도 전속밀도	$B=\mu H$ $B=\mu_0 H+J$ J=자화의 세기	$B=\mu H$ $B=H+4\pi J$	$D=\varepsilon E$ $D=\varepsilon_0 E+P$ P=분극의 세기	$D=\varepsilon E$ $D=E+4\pi P$
자속전속	$\Phi=m$ $\Phi=\frac{F}{R}$	$\Phi=4\pi m$ $\Phi=\frac{F}{R}$	$\Phi=Q$ $\Phi=CV$	$\Phi=4\pi Q$ $\Phi=4\pi CV$
에너지밀도	$W=\Sigma H\Delta B$ $W=\frac{BH}{2}$ $=\frac{B^2}{2\mu}$	$W=\frac{1}{4\pi}$ $\Sigma H\Delta B$ $=\frac{BH}{8\pi}$ $=\frac{B^2}{8\pi\mu}$	$W=\Sigma H\Delta B$ $=\frac{DE}{2}$ $=\frac{D^2}{2\varepsilon}$	$W=\frac{1}{4\pi}$ $\Sigma H\Delta B$ $=\frac{DE}{8\pi}$ $=\frac{D^2}{8\pi\varepsilon}$

	전자기	
	MKS	CGS
비오 사바아르의 법칙	$\Delta H=\frac{I\Delta l\sin\theta}{4\pi r^2}$	$\Delta H=\frac{I\Delta l\sin\theta}{r^2}$
주회로의 법칙	$\Sigma H\Delta S=NI$	$\Sigma H\Delta S=4\pi NI$
무한장 직선전류간의 자계	$H=\frac{I}{2\pi r}$	$H=\frac{2I}{r}$
무한장 직선전류간의 힘	$f=\frac{\mu I^4 I^2}{2\pi r}$	$f=\frac{2\mu I^1 I^2}{r}$
기자력	$F=NI$	$F=4\pi NI$
원형 코일의 중심 자계	$H=\frac{I}{2r}$	$H=\frac{2\pi I}{r}$

5. 물리정수표

빛의 속도	$c=2.998\times10^{3}$[m/s]
유전률(진공)	$\varepsilon_0=8.855\times10^{-12}$[F/m]
투자율(진공)	$\mu_0=1.257\times10^{-6}$[H/m]
전자 질량	$k_0=9.109\times10^{-31}$[kg]
전자 전하	$e=1.602\times10^{-19}$[C]
양자 질량	$m_0=1.662\times10^{-27}$[kg]
플랑크의 정수	$h=6.626\times10^{-34}$[Js]
1[eV]의 에너지	1[eV]$=1.602\times10^{-19}$[J]
볼쯔만 정수	$k=1.3805\times10^{-23}$[J/deg]
	$=0.862\times10^{-4}$[eV/deg]
1그램 분자의 분자량	$N=6.023\times10^{26}$[mcl^{-1}]
가스 정수	$R=8.314\times10^{3}$[J/kmol deg]

6. 매우 큰 수와 작은 수의 표현 방법과 지수계산

1 아주 큰 수, 작은 수의 표현, 지수 계산

1000000이나 0.0000001등 큰 수, 작은 수는, 한눈에 보아도 알기 어렵고, 기록하거나, 다른 사람에게 전달하는 경우도 불편하고 틀리기 쉬운 수이다. 그래서 더 간단히 취급할 수 있는 표현 방법이 확립되어 있어 현대 사회의 공통어로 되어 있다.

그것은 다음의 2가지 방법이 있다.

(1) 10^n법으로 나타낸다

10^4……10000
10^3……1000
10^2……100
10^1……10
10^0……1
10^{-1}……0.1
10^{-2}……0.01
10^{-3}……0.001

일일이 0이 몇 개인지를 세지 않아도 10의 우상(右上)에 있는(거듭제곱) 지수를 보면 한눈에 수의 크기를 이해 할 수 있다. 「1989451000」이란 수도, 「1.98945×10^9」로 나타낸 것이 전체를 한눈으로 파악하기 쉽고, 알기 쉽다.

(2) 거듭제곱의 지수에 명칭을 붙여 부른다(Ⅰ)

우리 나라와 영어권(英語圈)과 비교하여 보면 우리의 경우 큰 수의 호칭은 10^4마다 주어진데

한 국	영 어 권
10^1…십(拾)	10^2…hundred
10^2…백(百)	10^3…thousand
10^3…천(千)	10^6…million
10^4…만(萬)	10^9…billion(미)
10^8…억(億)	10^{12}…billion(영)
10^{12}…조(兆)	

대해, 영어권은 10^3마다 부여하는 특징이 있다. 이 습관이 영향을 주어 뒤에 나오는 접두어에도 유럽인에게 익숙한 10^3의 형태로 되어 있다.

(3) 보조 단위를 위한 접두어…… 거듭제곱의 지수에 명칭을 붙여 부른다(Ⅱ)

전기를 포함한 공학, 이학(理學) 분야에서 국제적 표준으로 되어 있는 호칭법이다.

접두어로서 단위의 머리에 킬로옴[kΩ], 마이크로암페어[μA] 등을 붙여, 10^3[Ω], 10^{-6}[A]라는 큰 양과 작은 양을 편리하게 표현할 수 있다. 또 이 표에서 좌우의 같은 단(段)에 있는 것은, 정확히 역수(逆數)의 관계가 있으므로 양자를 곱하면 1이 된다.

나노 n : 기가 G
마이크로 μ : 메가 M
밀리 m : 킬로 K

의 대응을 기억해 두면 편리하다.

예를 들면 5kΩ의 저항에 10mA의 전류가 흐를 때, 저항 양끝의 전압은 킬로(K)와 밀리(m)가 상쇄하여 5Ω×10A의 경우와 똑같게 되어 50V로 된다.

호칭	크기	기호	호칭	크기	기호
피코	10^{-12}	p	테라	10^{12}	T
나노	10^{-9}	n	기가	10^9	G
마이크로	10^{-6}	μ	메가	10^6	M
밀리	10^{-3}	m	킬로	10^3	K

(4) 지수(指數)의 계산

10^5와 같이 첨자(添字) 5를 우상(右上)에 붙인 수를 지수라 한다.

[지수 계산의 룰]

① 지수의 의미

㉠ −는 분수 $10^{-5}=\frac{1}{10^5}$

㉡ 분수는 n승근(乘根) $10^{\frac{1}{2}}=\sqrt{10}$, $10^{\frac{1}{3}}=\sqrt[3]{10}$

②지수끼리의 계산

㉠ 곱셈은 지수의 합계 $10^5\times10^3=10^{5+3}=10^8$

㉡ 나눗셈은 지수의 빼기 $10^5\div10^3=10^{5-3}=10^2$

$$10^5\times\frac{1}{10^3}=10^5\times10^{-3}=10^2$$

㉢ 분수의 분모, 분자간의 이동은 부호를 바꾼다.

$$\frac{10^5}{10^8}=10^5\times10^{-8}=10^{-3}=\frac{1}{10^3}$$

7. 삼각함수의 일람표

[1] 삼각 함수는 측량에서 생겼다.

「강을 건너지 않아도 강의 너비를 측정한다」, 「멀리 떨어진 2지점간의 거리를 측정한다」. 고대(古代) 사회의 규모가 커짐에 따라 이러한 요망(要望)이 나오게 된 것이 틀림없으며, 피라밋을 건조한 고대 이집트에서는 상당한 측량술이 발달했었던 것으로 상상된다.

그림(1)에서 강의 너비 BC를 알고 싶은데, 만일 강 너비의 선 BC와 직각으로 길이를 측정할 수 있는 직선 AB를 그을 수 있고, 또 A점에서 C점을 보는 각도 $\angle CAB=\theta$를 측정 할 수 있다면 어떻게 될까. 직선 AB의 길이, $\angle ABC=90°$, θ의 3가지가 정해지므로 삼각형의 모양은 결정되고, 이 직각 3각형의 2변의 비(比) BC/AB는, θ에 대해 일정하게 된다. 그러므로 사전에 여러가지 각도의 θ에 대하여 BC/AB의 값을, AB, BC의 길이를 측정할 수 있는 지면 위에서 구하여 표를 만들어 두면 θ가 어떤 값이라도, 비(比)의 값에 실측(實測)한 AB의 길이를

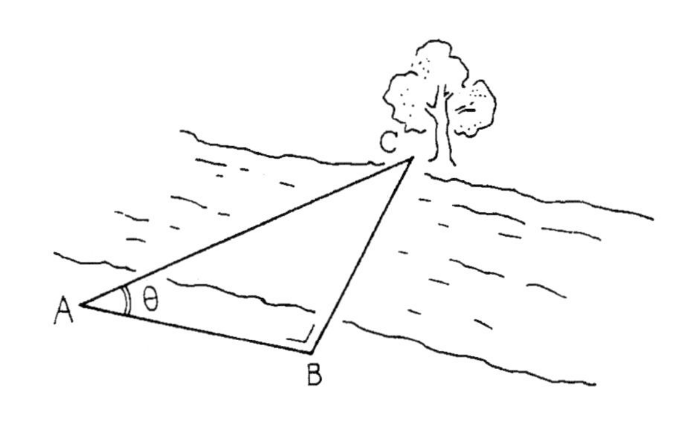

(원리) 직각 삼각형에서 θ가 결정되면 θ에 대해 3변의 비(比) BC/AB, BC/AC, AB/AC는 결정된 값이 된다.
따라서 미리 이러한 θ에 대하여 3변의 값을 측정하여 표로 나타내면 1변의 길이와 θ를 알면 이 표에서 나타난 이외의 변의 길이를 계산할 수 있다.

그림1 강을 건너지 않아도 강폭을 측정할 수 있다.

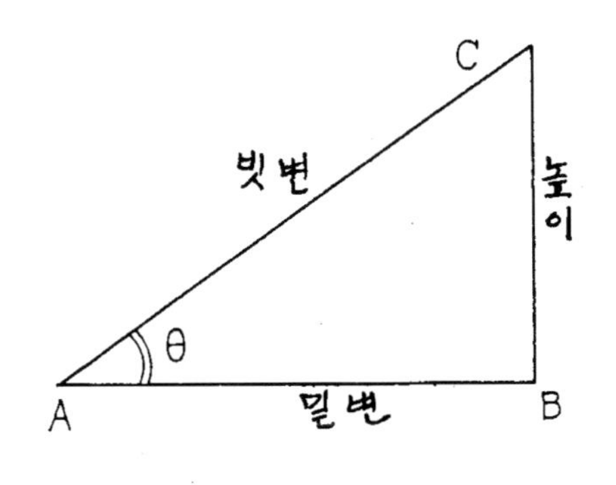

① 밑변 AB를 알고 높이를 계산(탄젠트 ; tan)
$BC=AB\times\tan\theta$
② 빗변 AC를 알고 높이를 계산(사인 ; Sin)
$BC=AB\times\sin\theta$
③ 빗변 AC를 알고 밑변을 계산(코사인 : Cos)
$AB=AC\times\cos\theta$

그림2 3변의 비(比)에 명칭을 붙인다..

곱하면, 강의 건너편까지 일부러 가지 않아도 강의 너비BC를 계산할 수 있다.

BC / AB에 어떤 명칭을 붙이면 편리하므로 이 비(比)를 각도θ의 탄젠트라 부른다. 그리고 기호는 tanθ로 표시한다.

$$\tan\theta = \frac{BC}{AB} = \frac{[\theta\text{와 마주 보는 1변의 길이}]}{[\theta\text{와 직각을 이루는 1변의 길이}]}$$

탄젠트와 같은 요령으로 남은 빗변(斜邊) AC와 직각을 이루는 2개의 변 BC, AB와의 비(比)도 θ에 대해 정해 두면 편리하므로 각각 사인, 코사인을 정의한다.

$\sin\theta = BC / AC$, $\cos\theta = AB / AC$

사인, 코사인은 빗변 AC를 알고 있을때, 직각을 이루는 2변 BC, AB를 구할 때 사용한다(표1 삼각 함수의 표를 참조).

또 이와 반대로 위의 비(比)x를 알고 있어, 각도 θ를 구할 때는,

$\theta = \tan^{-1}x$, $\theta = \sin^{-1}x$, $\theta = \cos^{-1}x$

로 표현한다. 각각 아크탄젠트, 아크사인, 아크코사인이라 부른다(표1을 반대로 읽으면 θ를 구할 수 있다).

표1 삼각함수의 표

θ	$\sin\theta$	$\cos\theta$	$\tan\theta$	θ	$\sin\theta$	$\cos\theta$	$\tan\theta$
0°	0.0000	1.0000	0.0000	45°	0.7071	0.7071	1.0000
1°	0.0175	0.9998	0.0175	46°	0.7193	0.6947	1.0355
2°	0.0349	0.9994	0.0349	47°	0.7314	0.6820	1.0724
3°	0.0523	0.9986	0.0524	48°	0.7431	0.6691	1.1106
4°	0.0698	0.9976	0.0699	49°	0.7547	0.6561	1.1504
5°	0.0872	0.9962	0.0875	50°	0.7660	0.6428	1.1918
6°	0.1045	0.9945	0.1051	51°	0.7771	0.6293	1.2349
7°	0.1219	0.9925	0.1228	52°	0.7880	0.6157	1.2799
8°	0.1392	0.9903	0.1405	53°	0.7986	0.6018	1.3270
9°	0.1564	0.9877	0.1584	54°	0.8090	0.5878	1.3764
10°	0.1736	0.9848	0.1763	55°	0.8192	0.5736	1.4281
11°	0.1908	0.9816	0.1944	56°	0.8290	0.5592	1.4826
12°	0.2079	0.9781	0.2126	57°	0.8387	0.5446	1.5399
13°	0.2250	0.9744	0.2309	58°	0.8480	0.5299	1.6003
14°	0.2419	0.9703	0.2493	59°	0.8572	0.5150	1.6643
15°	0.2588	0.9659	0.2679	60°	0.8660	0.5000	1.7321
16°	0.2756	0.9613	0.2867	61°	0.8746	0.4848	1.8040
17°	0.2924	0.9563	0.3057	62°	0.8829	0.4695	1.8807
18°	0.3090	0.9511	0.3249	63°	0.8910	0.4540	1.9626
19°	0.3256	0.9455	0.3443	64°	0.8988	0.4384	2.0503
20°	0.3420	0.9397	0.3640	65°	0.9063	0.4226	2.1445
21°	0.3584	0.9336	0.3839	66°	0.9135	0.4067	2.2460
22°	0.3746	0.9272	0.4040	67°	0.9205	0.3907	2.3559
23°	0.3907	0.9205	0.4245	68°	0.9272	0.3746	2.4751
24°	0.4067	0.9135	0.4452	69°	0.9336	0.3584	2.6051
25°	0.4226	0.9063	0.4663	70°	0.9397	0.3420	2.7475
26°	0.4384	0.8988	0.4877	71°	0.9455	0.3256	2.9042
27°	0.4540	0.8910	0.5095	72°	0.9511	0.3090	3.0777
28°	0.4695	0.8829	0.5317	73°	0.9563	0.2924	3.2709
29°	0.4848	0.8746	0.5543	74°	0.9613	0.2756	3.4874
30°	0.50000	0.8660	0.5774	75°	0.9659	0.2588	3.7321
31°	0.5150	0.8572	0.6009	76°	0.9703	0.2419	4.0108
32°	0.5299	0.8480	0.6249	77°	0.9744	0.2250	4.3315
33°	0.5446	0.8387	0.6494	78°	0.9781	0.2079	4.7046
34°	0.5592	0.8290	0.6745	79°	0.9816	0.1908	5.1446
35°	0.5736	0.8192	0.7002	80°	0.9848	0.1736	5.6713
36°	0.5878	0.8090	0.7265	81°	0.9877	0.1564	6.3138
37°	0.6018	0.7986	0.7536	82°	0.9903	0.1392	7.1154
38°	0.6157	0.7880	0.7813	83°	0.9925	0.1219	8.1443
39°	0.6293	0.7771	0.8098	84°	0.9945	0.1045	9.5144
40°	0.6428	0.7660	0.8391	85°	0.9962	0.0872	11.4301
41°	0.6561	0.7547	0.8693	86°	0.9976	0.0698	14.3007
42°	0.6691	0.7431	0.9004	87°	0.9986	0.0523	19.0811
43°	0.6820	0.7314	0.9325	88°	0.9994	0.0349	28.6363
44°	0.6947	0.7193	0.9657	89°	0.9998	0.0175	57.2900
45°	0.7071	0.7071	1.0000	90°	1.0000	0.0000	—

8. 데시벨의 정의

1 데시벨(dB)은 편리하다

(1) 데시벨이란

그림(3)과 같은 증폭기의 전압 증폭도(增幅度)는 $A_v = V_2 / V_1$로 계산할 수 있다. 여기서 $V_2 = 10V$, $V_1 = 1V$일 때, $A_v = 10$이며, A_v의 대수(對數)의 20배를 취하여, dB값이라 부르며, 편리하게 사용한다.

$$20\log A_v = 20\log_{10} = 20 \times 1 = 20[dB]$$

이다.

◆ 데시벨(dB)의 정의(전압, 전류비(比)) ◆

$$dB값 = 20\log V_2 / V_1$$

전기 회로에서 dB은 매우 널리 사용하고 있다. 그 이유는 단지 증폭도가 몇 배라고 표현하는 것보다 dB로 하면 그 수치가 사용하기 쉽고 편리하기 때문이다. 예를 들면 그림(4)와 같이 2개의 증폭기와 1개의 감쇠기(減衰器, 전압의 진폭을 작게 하는 기능)를 접속했을 때, 전체의 종합 증폭도 A_t는 어떻게 되는지 생각하면,

$$A_t = A_1 \times A_2 \times A_3$$

이며, 윗식의 20log를 인용하면,

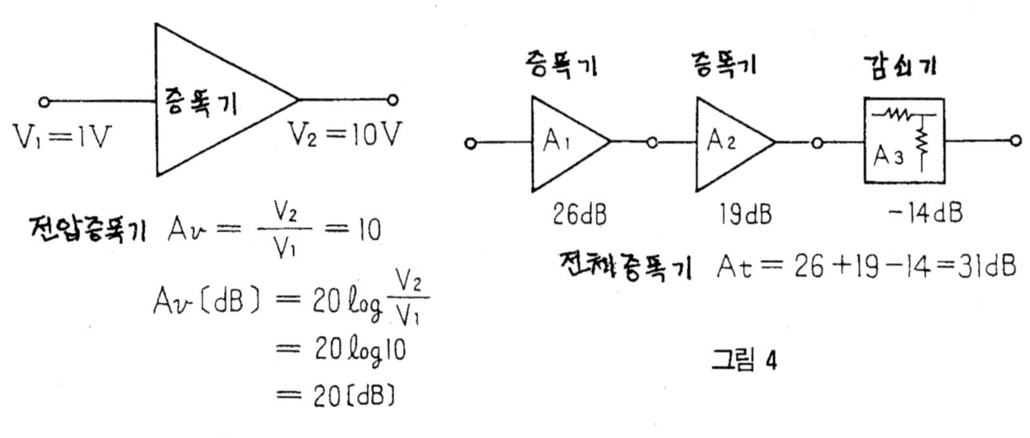

그림 3

그림 4

$$20\log A_t = 20\log A_1 + 20\log A_2 + 20\log A_3$$

$$A_t[dB] = A_1[dB] + A_2[dB] + A_3[dB]$$

즉 증폭도를 dB값으로 하면, 곱셈이 아니라 합계를 하면 된다.

그림(4)의 경우 곱셈을 하는 것보다는, A_v가 26dB, 19dB의 증폭기 2대와 −14dB의 감쇠기를 접속한 때의 전체의 증폭도 A_t는 이것을 합계하여 31dB로 간단히 구할 수 있다. 이것은 일예이다. 또 증폭도의 주파수 특성을 그래프로 나타낼때, dB값을 눈금으로 하면 2개의 증폭기의 종합 주파수 특성은 그래프 상에서 합계를 내어 간단히 구할 수 있다. 또 100배는 $10\times10 = 2\times20dB = 40dB$이고, 1000배는 $3\times20dB = 60dB$이다.

주요한 배수(倍數)의 dB값을 암기하고 있으면 편리하나, 간단한 계산법(概算法)을 설명한다.

dB의 계산표(概算表)

전압(전류)비(比) V_2/V_2	dB값 (근사값)	약산(略算)의 방안
1배	0dB	증폭이 없으면 0이다.
√2배	3dB	√는 1/2승(乘)이므로 6dB의 1/2 근사값이지만,
2배	6dB	암기할 것
3배	10dB	이것도 근사값, 암기할 것.
4배	12dB	$4=2\times2$이며 6dB+6dB+6dB=12dB
5배	14dB	$5=10\div2$이며 20dB−6dB=14dB
6배	16dB	2×3=6dB+10dB=16dB
7배	17dB	6배와 8배의 중간의 dB값을 취한다.
8배	18dB	$8=2\times2\times2$이며 6dB의 3배는 18dB
9배	19dB	8배와 10배 사이의 dB값, 19dB
10배	20dB	정확한 값, 암기할 것.
100배	40dB	10×10=20dB+20dB=40dB
1000배	60dB	10^6=3×20dB=60dB

2배는 6dB, 3배는 10dB, 10배는 20dB, 이 3개만을 기억하고 있으면 다음은 간단하며, 암산으로 구할 수 있다.

$$500 = 5\times10\times10$$

이므로 위의 약산표(略算表)에서 5는 14dB이고, 따라서

$$14dB + 20dB + 20dB = 54dB$$

를 간단히 구할 수 있다.

① 나눗셈은 dB에 −부호를 붙인다

2배는 6dB이고 1/2은 −6dB이다. 2배하여, 다시 1/2로 하면, 결과는 1배이며, dB로는 6dB−6dB=0dB가 된다.

위표의 1~10배에 대응하는 dB값은, −부호를 붙이면 1/1, 1/2……1/6……1/10로 대응한다. 8/5=1.6배는 18dB−14dB=4dB이다. 나눗셈도 1/2은 −6dB, 1/3은 −10dB, 1/10은 −20dB로 통째로 암기하는 것이다.

(2) 전력비의 경우

◆ 데시벨(dB)의 정의(電力比) ◆

전력 증폭도의 dB값=10log P_2/P_1

전력의 dB값은 전압의 dB값의 절반의 값이 된다.

2배는 3dB, 3배는 5dB, 10배는 10dB이다. 감쇠의 경우는 −dB로 되는 것도 전압의 경우와 같으며, 1/2은 −3dB, 1/3은 −5dB, 1/10은 −10dB로 된다.

(3) dB로 전압, 전력의 절대값도 나타낼 수 있다.

① 전압의 절대값 표시

기준 전압으로 V_1[μV]로 잡고, 예를 들어 10μV, 100μV, 1mV의 전압을 V_2로 하여 각각 20dB, 40dB, 60dB의 전압이라 부르는 경우가 있다.

② 전력의 절대값 표시

기준 전력으로 P_1=1[mW]를 잡고, 예를 들어 10mW, 100mW, 1W의 전력을 P_2로 하여 각각 10, 20, 30[dBm]의 전력이라 부르는 경우가 있다.

◈ 전기전자 회로 보는법 정가 17,000원

1994년 11월 15일 초판 발행
2023년 4월 1일 재판 발행

엮은이 : 신 원 향
발행인 : 김 길 현
발행처 : (주) 골든-벨
등 록 : 제 1987-000018호

I S B N : 89-7971-036-4-93550

㈜ 04316 서울특별시 용산구 원효로 245 (원효로1가 53-1) 골든벨 빌딩 5-6F
• TEL : 영업부 02-713-4135 / 편집부 02-713-7452
• FAX : 02-718-5510 • http : // www.gbbook.co.kr • E-mail : 7134135@ naver.com